油气管道地质灾害风险评价理论与实践应用丛书

油气管道地质灾害风险性评价原理与方法

冼国栋　吴　森　余东亮　刘惠军　等　著
范　伟　邓　晶　袁　伟　周　灵

科学出版社

北　京

内 容 简 介

本书归纳总结管道地质灾害类型及其对管道的危害,建立并介绍单体与区域管道地质灾害风险评价原理与方法,对管道地质灾害风险管理进行论述,最后,以西南管道为例,进行油气管道地质灾害风险评价实践。

本书可供地质工程、油气储运工程、城市燃气工程、地理信息系统等专业及其相关领域的技术人员、研究人员、大专院校的教师、研究生和高年级大学生参考使用。

图书在版编目(CIP)数据

油气管道地质灾害风险评价原理与方法 / 冼国栋等著. —北京:科学出版社,2019.3

ISBN 978-7-03-059960-5

Ⅰ. ①油… Ⅱ. ①冼… Ⅲ. ①油气运输–管道工程–地质灾害–风险管理 Ⅳ. ①TE973 ②P694

中国版本图书馆 CIP 数据核字(2018)第 279240 号

责任编辑:罗 莉 / 责任校对:王 翔
责任印制:罗 科 / 封面设计:陈 敬

科 学 出 版 社 出版
北京东黄城根北街 16 号
邮政编码:100717
http://www.sciencep.com

四川煤田地质制图印刷厂印刷
科学出版社发行 各地新华书店经销
*
2019 年 3 月第 一 版 开本:787×1092 1/16
2019 年 3 月第一次印刷 印张:16 1/2
字数:392 000
定价:168.00 元
(如有印装质量问题,我社负责调换)

"油气管道地质灾害风险评价理论与实践应用丛书"
编著委员会

主　　任：邹永胜　　安世泽

副主任：刘奎荣　　冼国栋　　张　鹏

　　　　　时建辰　　钱江澎　　刘宗祥

委　　员：苏灵波　　王向东　　周　广　　潘国耀

　　　　　余东亮　　张　林　　王成锋　　谭　超

　　　　　伍　颖　　陈渠波　　唐　侨　　吴　森

　　　　　辜寄蓉　　袁　伟　　张　恒　　陈国辉

　　　　　邓　晶　　刘文涛

《油气管道地质灾害风险性评价原理与方法》
作者名单

冼国栋　吴　森　余东亮　刘惠军

范　伟　邓　晶　袁　伟　周　灵

陈国辉　钟涵翰　彭朝洪　吴成波

序

管道作为油气的主要运输手段，承载着我国 70% 的原油和 90% 的天然气运输的重任，助力我国经济的发展。长输油气管道分布范围广，不可避免要穿越山高谷深、地形陡峻、地震及活动断裂发育的地带，面临滑坡、崩塌、泥石流、山洪等灾害风险。

位于我国的兰（州）—成（都）—渝（重庆）成品油、兰（州）—郑（州）—长（沙）成品油、兰（州）—成（都）原油、中（卫）—贵（阳）天然气、中缅原油及天然气等重要能源管道建成运营以来，为了加大管道沿线风险预控，中石油西南管道公司协同四川省地质工程勘察院、西南石油大学先后完成了地质灾害风险评级体系与评价模型研究、地质灾害风险性图形库建设、地质灾害监测预警系统开发等相关课题，形成了国内首批针对油气管道地质灾害方面的系统性研究成果。以《地质灾害危险性评估规范》（DZ/T 0286—2015）、《滑坡崩塌泥石流灾害调查规范（1：50000）》（DZ/T0261—2014）等技术规范为基础，结合《油气田及管道岩土工程勘察规范》（GB 50568—2010）、《油气管道地质灾害风险管理技术规范》（SY/T 6828—2017）等技术规范，首次系统地构建了管道沿线地质灾害风险评级体系与评价模型，建立了地质环境风险性图形库，为管道沿线地质灾害风险防控规范评价体系的确立提供了参考；结合管道地质灾害特点，研发针对管道地质灾害的监测预警方法，填补了油气管道地质灾害防治领域的诸多空白。

为了总结油气管道地质灾害防治系统性研究成果，为科研、设计、运营管理、领导决策提供参考依据，中石油西南管道公司组织专家学者和科研人员共计 100 余人，历时两年编撰了"油气管道地质灾害风险评价理论与实践应用"丛书，该系列共有 4 个专题分册，分别为：《地质灾害下油气管道安全可靠性》《油气管道地质灾害风险性评价原理与方法》《油气管道沿线地质灾害风险管控平台建设与应用》《油气管道地质灾害防治与监测技术》。其中：《地质灾害下油气管道安全可靠性》系统研究油气管道在遭受滑坡、水毁、崩塌、泥石流等地质灾害下的力学行为；《油气管道地质灾害风险性评价原理与方法》系统总结油气管道地质灾害风险性评价原理与方法；《油气管道沿线地质灾害风险管控平台建设与应用》系统介绍管道沿线地质环境风险管控平台建设与应用;《油气管道地质灾害防治与监测技术》系统阐述油气管道地质灾害防治与监测技术。

　　这套技术丛书,既是对油气管道地质灾害系统性研究成果的提炼总结,也是对未来油气管道地质灾害防治工作的展望。希冀此套丛书成为地灾风险防控工作的新起点,为管道安全运行提供支撑和保障。

殷跃平研究员

国际滑坡协会主席

自然资源部地质灾害防治技术指导中心首席科学家

前　言

管道是一种特殊交通运输方式，作为石油天然气运输中最常用、最安全、最经济的运输方式，在全世界的石油天然气工业运输中发挥着重要的作用，目前其运输也越来越向长距离、大口径和跨国运输方向发展。中国的管道运输是和石油天然气工业的发展同步进行的，早期主要在油田附近以短距离运输为主，随着改革开放，中国经济的快速发展，汽车拥有量的快速提升，加油站大量出现，石油天然气需求量的巨大提升，都对中国管道的建设提出了更高要求。在这个经济发展过程中，中国的管道建设从无到有，从小到大，目前，中国管道的总运输里程已达到 15 万公里，位居世界第一，到 2020 年，这一规模将达到 16.9 万公里，成为国民经济发展的重要支柱。在中国从大国走向强国，全面建成小康的决胜阶段，社会经济发展对管道建设提出了更高的要求，安全可靠的管道运输是能源领域必须要解决的关键，任重道远，使命光荣。

中国作为世界最辽阔的国家之一，地质条件复杂，各类地貌发育，管道建设中面临更为复杂的地质问题；中国人口众多，生态环境脆弱，需要保护和避让的对象众多，中国生物多样性复杂，历史悠久，需要保护的历史遗迹众多；管道建设过程，也是中国高铁、高速公路建设过程，相互间影响大；中国大江大河多，近东西向发育，中国管道建设需要穿越的地区较多，与内陆接壤建设的国际管道中，多为无人区、荒漠区、高山峡谷区，建设难度大。可以说中国面临着世界管道建设的一切难题，也是管道建设的地质博物馆，这种环境条件对管道的建设和运营提出了更高的要求、更高的目标。

中国的管道建设是随着经济建设的发展同步进行的，建成中国范围内闭环，纵横统一的管道运输网也成了国家目标和全民意志，保证国家目标和全民意志的实现，保障国家能源安全使管道建设者感到无上光荣。

管道建设为"管道人"提供了舞台，同样也提出更高的要求。中国自然灾害严重发育，对管道建设提出了挑战，对管道的安全运行要求越来越高，发现隐患要求时间越来越短，治理周期要求越来越短，特别是管道对人民生活影响越来越严重的情况下，最大程度减轻地质灾害对管道造成的影响，进行科学评价和准确的判断，成为本书研究的出发点。

本书共分 6 章。第 1 章为油气管道地质灾害风险评价概论，主要介绍油气管道地质灾害的概念和类型、油气管道地质灾害风险评价目的与任务、研究现状、技术与方法。

第 2 章，主要介绍油气管道地质灾害的类型，以及各类型灾害的特征与破坏模式。

第 3 章是本书的重点，目前，对管道的风险评价有定性、半定量、定量等方法，采用的数学手段有信息权法、模糊数学、多元统计方法等。根据长期工作经验，"灾害成因机制分析→评价因子提取→已有灾害样本反演→评价因子确权→构建地质灾害风险评价指标体系"的建模思路，从灾害风险概率、管道失效后果两方面考虑，构建出了滑坡、崩塌、泥石流等 7 类地质灾害风险评价模型。

第4章对区域管道进行评价。目前，对区域管道风险性评价还存在许多问题，特别是区域评价目标选取，实现目的等。本书对区域评价做了有益尝试，建立以地形地貌为主要因素的控制指标，提出评价方法。

第5章对管道地质灾害风险管理进行阐述，从灾害的识别、评价到灾害的防治工程、监测预警工程建设，系统地归纳总结不同类型地质灾害的风险管控技术与方法。

第6章是前述内容的具体应用，中国西南地区是地质灾害最严重的地区，在西南管道建设中，面临较多地质灾害问题，实践对管道风险评价提出了要求，西南管道做了大量的工作，这部分所述内容也是这些年来具体的工作实践和总结，希望这部分内容能为相关单位、研究机构提供借鉴。

油气管道地质灾害风险评价是一个动态实践过程，也是一个理论和实践不断完善的过程。书中大量的实例来自工程实践，这部分内容有相关勘察、设计、施工、监理等同志的付出，这是对现有成果的一个总结，凝聚着大家的心血。值此机会，将这些成果以书籍的形式展现出来，这是对以往的管道地质灾害建设理论的一个初步总结，也是对管道建设历史的一个交代。在本书写作过程中，相关管道公司提供了大量的工程实例，本书章节中也引用了诸多专家学者的研究成果；在编辑出版过程中，科学出版社的编辑也付出了大量心血，在此一并表示真挚的谢意！

在中国管道快速发展的今天，希望本书的出版能为管道建设贡献微薄之力！书中不足之处，敬请批评指正！

目　　录

第1章 油气管道地质灾害风险评价概论

1.1 油气管道地质灾害的概念和类型

管道运输是一种特殊的交通运输方式，其优点是运输量大、运输距离长、运输成本低、不受气候影响，特别是在石油、天然气的运输方面有很大优势。近几十年来，我国油气管道建设取得了长足发展，建成了西气东输、中缅油气管道等一系列长输油气管道工程，这些工程在保障国家能源安全、优化不同地区的能源消费结构、减少环境污染等方面具有重大作用，取得了明显的成绩。十九大报告中将管道运输列入大力发展的交通运输形式之一。

我国幅员辽阔，地貌单元众多，管道沿线地形、地貌和水文条件复杂，崩塌、滑坡、泥石流、河沟道水毁等地质灾害十分活跃，管道面临的危险性较大。不同类型地质灾害对管道的危害如图1-1所示。

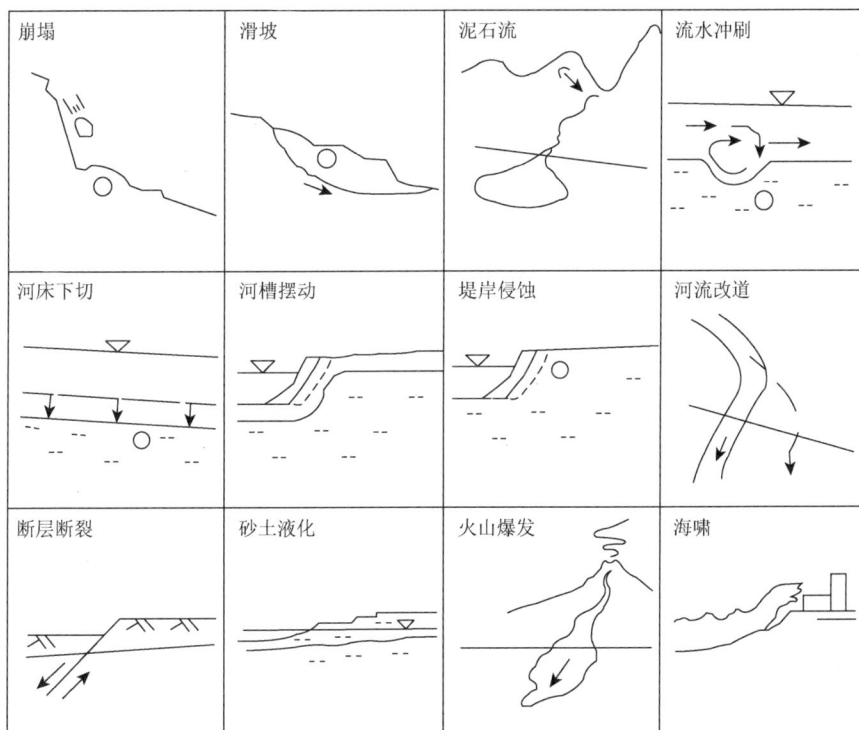

图 1-1 不同类型地质灾害对管道危害示意图

在自然或人为因素的作用下形成或诱发的,对管道输送系统安全和运营环境造成危害的地质作用或与地质环境有关的灾害称为管道地质灾害。管道地质灾害可分为岩土类灾害、水力类灾害和地质构造类灾害。

(1)岩土类灾害是由侵蚀、人工活动、地震、冻融等因素引起的岩土体移动,包括滑坡、崩塌、泥石流、地面塌陷(包括采空区塌陷和岩溶塌陷)、特殊类岩土(如黄土)陷穴、膨胀土胀缩、冻土冻融、盐渍土溶陷盐胀、风蚀沙埋等灾害,这些灾害发生频率高、危害大,特别是滑坡、崩塌、采空区塌陷等灾害,常常造成管道长距离失效,是管道地质灾害的主要类型。

(2)水力类灾害是由水力因素引发的,包括坡面水毁、河沟道水毁、台田地水毁等。河沟道水毁又可以细分为河床局部冲刷、河床下切、堤岸垮塌、堤岸侵蚀、河流改道等几种类型。水力类灾害发生频率高,常导致管道浅埋、漂管、露管等现象发生,不利于管道防护,是山区管道最常见的管道地质灾害类型。

(3)地质构造类灾害是由地壳构造运动等内应力因素引起的,主要指由断层错动、地震(地震引起的砂土液化、地面移动、海啸等)、火山喷发等引发的岩土类地质灾害或水力类灾害,对管道造成间接破坏。地质构造类灾害对管道的危害同样不可小觑。

目前管道地质灾害常见的、危害较大的灾害类型主要是岩土类灾害和水力类灾害,分别为滑坡、崩塌、泥石流、采空区塌陷、黄土湿陷、风蚀沙埋、冻土、盐渍土和三类水毁(坡面水毁、河沟道水毁和台田地水毁)。由于地质构造类灾害的特殊性,并且在管道前期选线、勘察、设计和后期施工当中一般考虑避开灾害影响区域,所以在管道运营阶段很少涉及这一类灾害。

由于地处亚欧板块与印度板块的交汇处,地质构造复杂,地质活动强烈,从西向东地形起伏大,从北向南气候变化强烈,各类地貌环境发育,所以中国成了地质环境最复杂、地质灾害最发育的国家。中国管道在建设中,不可避免地受到管道经过地区地质环境的影响,同时地质灾害对管道的影响也越来越强烈。随着油气管道建设的高速发展,地质灾害对管道建设及运营的影响日益突出。中国早期的管道建设主要在东部,地质环境条件简单,同时,管道建设距离短,穿越的地貌单元与河流较少,地质灾害对管道的影响也相对较小,相关单位对管道受到地质灾害的影响还不太重视。改革开放以来,中国经济快速发展,对能源的需求越来越大,经济发达地区主要在东部,能源产地主要在西部,经济建设对能源的需求日益增大,对管道运输的需求也越来越大,跨地区、长距离、大管径的管道建设成了社会经济发展的需求。西气东输一线、二线等长距离管道在中国大量建设,这些管道的建成对中国经济发展起到重要的作用。但由于建设距离长,穿越的地貌单元与河流多,这些管道遭受着非常多地质灾害的影响。

以西南管道公司所管辖区为例,辖区内管道穿越区处于欧亚板块与印度板块强烈碰撞、挤压的地槽区,地质活动强烈,分布着一系列深大断裂和次生断裂。区内山高谷深,河流与山脉相间排列,管道蜿蜒于大山大河之间,如六盘山、秦岭、无量山、乌蒙山、怒江、澜沧江、金沙江、嘉陵江等。管道沿线地质环境条件和自然地理条件复杂多样,部分地段山高谷深、地形陡峻、地震及活动断裂发育,滑坡、崩塌、泥石流等地质灾害密布且十分活跃,管道穿越众多河流、地表水与地下水水源保护区、邻近人群聚居区等地质环境较复杂的地区，面临很大的地质灾害危害风险。加之辖区内的管道站多、线长、面广，几乎穿越了所有地质灾害类型区，特别是在山区及丘陵区、黄土分布区等地质灾害易发区，管道的建设和运营受到地质灾害的威胁，危害情况比其他地区管线更为严峻。如兰成渝输油管道投产以来，先后经历了 2003 年 10 月，2006 年 5 月 3 日，2006 年 7 月 27 日，2008 年 9 月 23～24 日，2009 年 7 月 18～19 日五次大洪水的袭击，给管道安全造成很大威胁。其中东裕沟、响河沟、火烧沟、石亭江等区段发生了大量的水毁、泥石流灾害，造成管道露管、漂管、悬管，投入数千万元的治理费用。2008 年"5•12 地震"发生后，管道穿越秦岭山区段发生了大量的滑坡、崩塌地质灾害，这些地质灾害危害性大，投入的治理费用达数千万元。

中国是地质灾害多发、频发的地区，对油气管道建设及运营造成较大的限制和影响。因此，加强地质灾害防治，提高油气管道安全保障已成当务之急。

为了更深入地了解油气管道沿线地质灾害的发育和分布规律，做好地质灾害风险评价和防治工作，尽可能减少油气管道沿线地质灾害威胁风险，本书在对管道沿线地质环境基础数据组成、环境影响因子及地质灾害对管道影响研究的基础之上，对单体管道的地质灾害、区域管道地质灾害风险进行深入研究，并结合管道沿线地质灾害的发育特点，运用半定量、定量法建立单体与区域地质灾害风险评价模型，实现对管道沿线地质灾害的风险评估。

本书可提高管道建设、管理、运营等单位部门在地质灾害防治方面的相关管理能力，也可以对相关科研机构、大专院校等的研究工作起到一定的借鉴作用。

1.2　油气管道地质灾害风险评价目的与任务

1.2.1　管道地质灾害风险评价目的

油气管道作为一种特殊的运输方式，其运输对象是天然气、原油和成品油，运输过程中以高压输送方式为主。在遭受地质灾害的过程中，管道的安全运行受到影响，轻则造成管道运输量降低，重则泄漏，更严重者可能爆炸，对环境造成污染破坏，对该区域居民的生命财产安全造成威胁。因此，对管道沿线地质灾害进行风险评价，采取有针对性的措施，成为管道安全运营中需要考虑的一个重要问题。地质灾害风险评价是对一定周期内地质灾害发生的概率及其可能造成危害的性质和程度进行定性或者定量化分析与评估的过程。

管道地质灾害风险评价是评估管道地质灾害风险大小以及确定风险是否容许的过程，是对管道地质灾害风险进行识别、评价、控制和再评价的过程，目的是将管道地质灾害风险降低到可接受范围，通过评价地质灾害的危险性及其后果的严重性，为工程建设和运行中的地质灾害预防及治理工程提供科学依据。

管道地质灾害风险评价作为管道风险管理的基础，是通过计算某段管道或整条管道系统的风险值对各个管段（或各条管道）进行风险排序，以识别高风险的部位，确定哪些是最可能导致管道事故和有利于预防潜在事故的至关重要的因素，确定管段维护的优先次序，为合理分配经济提供依据，最终使管道的运行管理更加科学化。

1.2.2　管道地质灾害风险评价任务

风险往往是与灾害密不可分的。管道风险常常与地质灾害相关联，一些管道沿线的地质环境和自然地理条件复杂多样，山高谷深、地形陡峻、地震及活动断裂十分发育，造成崩塌、滑坡、泥石流、岩溶塌陷等地质灾害，威胁着管道的安全运行。特别是在山区、丘陵区、黄土分布区、岩溶发育区等地质灾害易发区，管道的建设和运营受到地质灾害的威胁及危害情况更为严峻。因此对管道沿线地质灾害进行风险性研究，通过了解各灾害体的诱发因子和相应的响应模式以及其对管道的破坏力，建立科学的评价模型，对管道运行与维护有重要的意义。

管道穿越了不同的地貌单元，面临着各种地质灾害的威胁，在建设初期要对其遭受的地质灾害进行识别判定，提出有效的应对措施。在管道建设中也有可能会诱发地质灾害，需要提前对可能诱发的地质灾害进行有效的防治。

管道在运营过程中由于地震、降雨及不合理的人类工程活动等影响，会引发新的地质灾害，对运营构成威胁。同时管道经过的许多地区在进行大规模的建设，对其安全产生很多负面影响。同时，管道的破坏对当地的环境、人民的生命财产安全构成了威胁，特别是管道输送的天然气和石油，由于输送压力大，一旦发生破坏将会对周围环境和人民造成重大的影响。因此管道地质灾害的风险评价是一项非常重要的工作。

管道风险评价的任务有以下三项内容：①查明管道遭受地质灾害的分布位置、规模、危险性以及发育现状等内容；②对管道的易损性进行评价；③对管道地质灾害风险性进行评价。

需要说明的是，管道地质灾害是一个变化的过程，具有时效性，因此对管道地质灾害的风险性评价是一个周而复始的过程。做好管道地质灾害的风险评价，需要按一定时间规律进行再评价。

1.3　油气管道地质灾害风险评价研究现状

油气管道地质灾害风险评价与管道完整性管理技术起源于 20 世纪前半叶，以美国为首的欧美各国开始借鉴经济学和其他技术领域中的风险分析技术来评价油气管道沿线地质灾害的风险性，以期最大限度地降低油气管道的事故发生率，尽可能地延长重要干线管道的使用寿命，做到合理地分配有限的管道维护费用。

1.3.1　国外研究现状

在油气管道的地质灾害风险评价分析方面，国外公司根据管道实际运行的各种情况，已进行了近 30 年的研究和应用，积累了丰富的管道地质灾害失效经验和事故数据，取得了一定的降低管道风险的成效，并且实现了由安全管理向风险管理的过渡，以及由地质灾害定性风险评价向半定量和定量风险评价的转化，使地质灾害风险评价已逐步走向规范化、系统化和完整化。

　　1985 年美国 Battelle Columbus 研究院发表了《风险调查指南》，在管道风险评价方面运用了评分法。美国阿莫科（Amoco）管道公司从 1987 年开始采用专家评分法对所属的油气管道和储罐进行风险评价，到 1994 年已使年泄漏量由原来的工业平均数的 2.5 倍降到 1.5 倍，同时使公司每次发生泄漏的支出降低 50%。该公司多年的实践应用表明，完善的风险管理手段可降低泄漏修理和环境保护的费用，对腐蚀管线采用合理使用原则可明显降低维修费用成本。

　　1992 年美国的 W.Kent Muhlbauer 撰写了《管道风险管理手册》，该书详细阐述了管道风险评价模型和各种评价方法，它是对美国早期开展油气管道风险评价技术研究工作的成果总结，并为世界各国管道风险评价所接受，是开发风险评价软件的重要参考依据。1996 年该书再版时作者增加了约 1/3 篇幅的内容介绍不同条件下的管道风险评价修正模型，并在风险管理部分补充了成本与风险关系的内容，使该书更具有实际指导意义。2006 年该书修订到第四版，风险评价方法从定性、半定量的打分法发展到更加精确的定量风险评价方法——肯特改进指数量化风险评价模型。

　　意大利 SNAM 公司于 20 世纪 70 年代建立了地质灾害监测网，该监测网还在不断更新与完善，该公司近年来用于地质灾害的科研经费高达数百万欧元。1997 年美国西北管道实施地质灾害风险管理，较大地提升了管道完整性管理水平。1998 年加拿大贯山管道实施地质和水毁灾害风险管理。2005 年南美管道实施自然灾害风险管理。2002 年 Nor Andino 管道实施地质灾害风险管理，2005 年对风险管理系统进行了升级。

　　地质灾害风险管理的实施为管道运营企业带来了显著的管道安全效益，如南美洲的 Nor Andino 管道在进行地质灾害风险管理后，其失效概率由原来的 0.64 次/(1000km·a)降低到了 0.28 次/(1000km·a)。

　　在对某些单点地质灾害的处理方面，国外的一些做法也值得借鉴，如加拿大 AEC 管道 House River 滑坡。1977 年 AEC 公司发现该滑坡不稳定，进行了简易观察；1991 年对滑坡进行勘察，并监测滑坡的深部位移；1996 年发现滑坡位移明显增加；1998 年对滑坡进行了地质评价，采用数值模拟手段评价了管道受力，在此基础上提出了五种防灾减灾方案；1999 年 5 月专门开发了基于风险的决策树模型，分析了防灾投资与管道失效的耦合成本，确定了减灾方案；1999 年 9 月实施减灾方案；2000 年 8 月通过监测重新评价风险，发现风险仍不可接受，于是实施附加的减灾方案。从开始识别灾害到彻底的治理，历时 23 年，其间反复地研究比选，最后治理的成本仅为 30 万美元，充分显示了科学研究和成本管理的优势。

　　与各管道运营公司的地质灾害管理相比，科研机构始终走在前面。加拿大 BGG 公司从 20 世纪 90 年代开始研究管道地质灾害的风险管理，其研究基于 Kent 的管道风险模型，充分运用国际上流行的风险评价方法，结合 3S 技术，开发地质灾害风险管理系统，并先后在超过 30000km 的管道得到应用。

　　国际管道研究协会（Pipeline Research Council International，PRCI）是管道科研方面的知名机构，从 20 世纪 70 年代起，他们就针对管道地质灾害开展了深入的研究。研究的重要课题有：滑坡作用下海底管道的稳定性、管道-土体相互作用模型、土体运动区管道失效的防治、地面塌陷区管道的监测与防治等。PRCI 开展的研究课题包括：非传统方法用于监测管道地质灾害、基于量化风险法的地质灾害作用下管道完整性的精确评价、改进的管道-土体相互作用模型及其响应预测、地面移动条件下管道屈曲的预测、利用土工织物减小管道土体之间的摩擦力等。PRCI 的研究工作代表了国际上管道地质灾害研究的较高水平，也为实施地质灾害风险管理提供了强有力的技术支撑。

美国科学系统公司（Scientific System Inc, SSI）研究开发的气体管道仿真软件 TGNET 和液体管道仿真软件 TLNET 已在世界上 45 条油气管道上应用。这些仿真软件可以对管道运行的瞬态水力状况进行模拟，用来反映管道是否遭受地质灾害，其在线模拟系统由实时模型、预测模型和自动先行模拟等几个模拟软件组成。

加拿大 C-CORE 研究院也较早开展了管道地质灾害的研究，依靠一流的实验设备，他们在土-冰-管道相互作用、土-管道动力相互作用下进行了物理模拟和数值模拟，管道地质灾害的遥感识别以及风险评价方面保持了较强的优势。相比之下，GE PII 公司开发的管道水毁灾害评价方法则比加拿大 BGG 公司的方法简单，前者仅考虑水流侵蚀的有无、水毁防护系数、河床的淤积变化、水毁影响历史等，指标赋分法则也相对简单。

1.3.2　国内研究现状

我国长输油气管道地质灾害风险评价技术研究起步较晚，风险评价技术基本上还处于理论研究阶段，油气场站评价较多，定性方法采用较多，如故障树分析（fault tree analysis, FTA）、故障模式及影响分析、作业条件危险性评价（likelihood exposure consequence, LEC）等等。为突破传统的地质灾害定性评价方法，也有一些研究结合了数学方法（如模糊数学），以实现定量的评价，但进行实际应用较少。

1995 年著名油气储运专家潘家华教授在《油气储运》杂志上介绍管道风险评价技术后，很快引起管道企业管理和科技研究人员的关注，随着国内油气运输业发展的需要，专家们进行深入的研究和引进，并尝试应用和实践。

1994 年天津大学开始进行风险分析技术的研究，受中国石油天然气股份有限公司的委托，先后完成了"淮河跨越大桥的安全寿命与风险分析""原油长输管线风险评估方法研究"等项目，他们在借鉴国外研究成果的基础上，综合运用专家评分法、故障树法和模糊数学等多种分析方法，建立了长输原油管道大中型穿、跨越段的风险评价体系，提出了一整套切实可行的评价方法。

国内开展管道地质灾害风险管理的主要工程有西气东输输气管道、陕京输气管道和兰成渝输油管道。①西气东输管道公司在对西气东输管道全线所经地区环境地质条件进行调查分析的基础上，针对西气东输管道环境地质灾害类型，建立了西气东输管道环境地质灾害风险评估的半定量指标体系，开发了相应的评估软件，为西气东输管道的环境地质灾害预防提供决策。②北京华油天然气有限公司对陕京二线输气管道工程山西境内沿线地质灾害点进行了调查识别，对崩塌、滑坡、泥石流、洪水冲蚀、黄土陷穴等地质灾害进行了危险性预测评估，并制定了基于风险的管道地质灾害防控管理方案。③中石油管道研究中心以兰成渝输油管道地质灾害监测方法及防治技术研究课题为依托，对兰成渝管道地质灾害进行危险度分区评价及危险性分段预测，形成了一套基于 GIS（geographic information system，地理信息系统）的管道区域地质灾害危险性评价方法体系，借助该体系提出兰成渝管道地质灾害监测与防治对策，开发出管道地质灾害信息数据库。

另外，《油气输送管道完整性管理规范》（GB32167—2015）及《油气管道地质灾害风险管理技术规范（SY/T 6828—2011）》等几个相关规范，为地质灾害风险评价提供了理论支撑。

随着我国管道建设的快速发展，特别是在中国西部地区，地质条件复杂，地质灾害和各类型灾害容易发育，对管道的风险性评价也越来越重要。总体来说，国内在管道风险评价方面实践少，管道运行经验不成熟，还没有形成系统的失效数据库，但是已经逐步开展积累历史数据和完善评价技术的工作。

在实验和数值模拟方面，林东等（2008）通过滑坡实验得出边坡前缘临空条件和地下水情况是影响边坡稳定性的两个最重要因素的结论。刘金涛等（2007）首次系统地阐述了实施管道横穿滑坡实验所需要控制的内容，并根据实际的大尺度模型建立了 FLAC3D 数值模型，通过对比实验结果和数值模拟结果，验证了数值模型的准确性。郝建斌等（2010）利用极限平衡法对管道在横穿滑坡时其受到推力的大小进行了分析，得出了影响推力大小的主要因素。焦中良等（2014）先后通过 ABAQUS 有限元软件模拟了不同影响因素下管道的受力情况，为滑坡灾害下管道的安全运营提供了依据。牛文庆等（2015）进行了管道所处不同滑坡位置的力学试验，得到了管道所处位置与坡体滑动前后的受力规律，为管道穿越滑坡或不稳定坡体时的铺设提供了参考。

钟威和高剑锋（2015）为了准确、快速地评价典型地质灾害对油气管道的危险性大小，基于典型地质灾害对油气管道的危害形式分析，对崩塌、滑坡、泥石流三种地质灾害危险性影响因素进行辨识、分类整理，计算各影响因素的相对权重，以此建立了油气管道典型地质灾害危险性评价指标体系。详细论述了各因素的影响程度分级标准、评分标准以及危险性评价标准，综合考虑地质灾害的易发性、管道易损性，选取简单、易于操作的指标体系法进行危险性评价，最后将评价方法成功应用于某管道工程的地灾案例中，结果表明，油气管道典型地质灾害危险性评价技术具有较强的操作实用性。该研究成果在指导地质灾害发育点的管道施工风险控制方面有非常重要的参考价值。

李越和刘波（2018）通过阆中-南充输气管道的建设，运用地质灾害风险管理的方法，对该管道所经地区的地质、地貌特征以及灾害类型进行分析，对管道全生命周期的各个环节提出了具体做法，通过工程实践，初步建立了一套适合其所在地质环境的管道地质灾害防治体系。

总体说来，国内在管道风险评价方面已开始大范围的展开，特别是通过近二十年来长输管道的运行，积累起一定的经验，有些单位已开始建立或准备建立系统的失效数据库，并逐步开展了积累历史数据和完善评价技术的工作。因此，对国内目前已有的成果进行总结，建立起适合中国国情的管道地质灾害风险评价指标体系与评价模型，为各方所期盼。本书就是对不同类型单体与区域管道地质灾害风险评价方法及评价模型进行研究，旨在建立一套完整的单体、区域管道地质灾害风险评价体系与评价模型，对以往的管道地质灾害风险工作进行总结，为从事这方面工作的相关单位提供参考，以提高防灾减灾工作管理的信息化水平，为灾害的防治、评估等提供信息、技术支撑和服务，为管道地质灾害研究提供借鉴。

1.4　油气管道地质灾害风险评价技术与方法

1.4.1　管道地质灾害风险评价

地质灾害风险评价在早期主要是针对单体的评价，就是对一个灾害体进行风险评价，主要方法有定性评价、半定量评价和定量评价法。在地质灾害防治规划阶段，宜采用定性评价；半定量评价方法适用于单体地质灾害风险评价；对列入近期治理规划的规模较大的地质灾害点，宜采用定量评价法进行风险评价。

目前，在单体管道地质灾害风险评价方面，国际上多采用定性或半定量方法。而对于定量评价，虽然做了一些研究，但由于管道地质灾害的复杂性，需要地质灾害和管道专业知识的结合，定量评价方法往往只采用单一指标来评价，指标相互之间的作用考虑不足，造成的评价结果与实际之间存在较大差异。为了综合考虑，许多研究者采用模糊数学、神经网络等非线性理论方法进行评价分析，这些方法的优点是考虑指标全，但由于管道地质灾害的复杂性，得到的研究方法和成果适用性较差，在现场可操作性差，理论研究进展缓慢，做了大量简化，与实际不符，因此目前还没有系统的评价方法。对于定性或半定量方法，油气管道地质灾害风险评价主要采用以下两种评价模型，即 W.Kent Muhlbauer 开发的定性管道风险管理模型和地质灾害风险评价通用模型——基于指标评分法的模型。定性评价和半定量评价将单体地质灾害风险划分为五个级别：高、较高、中、较低、低。

1.4.2　管道地质灾害风险评价方法

风险评价始于 20 世纪 30 年代的美国保险业，经过 80 多年的发展和完善，现已形成了多种关于风险评价的理论和方法。据统计，目前各行各业使用的风险评价方法众多，总体可以分为三大类：定性风险评价、半定量风险评价和定量风险评价。其中，半定量风险评价方法是目前被各行业公认的一种普遍实用的风险评价方法。石油行业中的油气管道风险评价方法经历 30 多年的发展，现已拥有了较为完善的风险评价方法，较为常用的有以下几种。

1）故障树分析方法

故障树分析（fault tree analysis，FTA）方法是一种常见的安全风险分析方法，该方法是美国贝尔电话实验室的 A.B.米伦斯在 1962 年首先提出的。其采用逻辑的方法，形象地分析危险的工作，特点是直观、明了、思路清晰、逻辑性强，可以做定性分析，也可以做定量分析。体现了以系统工程方法研究安全问题的系统性、准确性和预测性，是安全系统工程的主要分析方法之一。我国于 1976 年开始引入使用这种方法，并在核工业、航空、航天、机械、电子等领域广泛应，对提高产品的安全性和可靠性发挥了重要作用。FTA 是一种具有广阔的应用前景和发展前途的分析方法。故障树是由若干结点和连接这些结点的线段组成的，每个结点表示某一具体事件，而连线则表示事件之间的某种特定关系。

FTA 是一种逻辑演绎分析工具，用于分析所有事故的现象、原因和结果事件及它们的组合，从而找到避免事故的措施。这种分析方法是分析系统事故和原因之间关系的因果逻辑模型，从某一特定的事故开始，运用逻辑推理方法找出各种可能引起事故的原因，也就是识别出各种潜在的影响因素，求出事故发生的概率，并提出各种控制风险的方案。

2）指数法

1992 年美国 W. Kent Muhlbauer 出版的专著 *Pipeline Risk Management Manual*（1996 年经修改后又出了第二版）完整地提出了管道风险指数评分法。评价时对影响风险的各因素做了独立性假定，并考虑到最坏状况，其得分值具有主观性和相对性，认为管道事故的原因有第三方破坏、腐蚀、设计和操作四大类，分别对这些因素进行分析评分，每方面的评分均为 0～100 分。结合管输介质的危险性和环境因素，评价泄漏影响系数，从而得出相对风险数，风险数越大表明风险越小。具体评价公式如下：

$$风险总评分 = 第三方评分 + 腐蚀评分 + 设计评分 + 误操作评分 \quad (1-1)$$
$$相对风险数 = 风险总评分 \div 泄露影响系数 \quad (1-2)$$
$$泄漏冲击指数 = 介质危险程度 \div 影响系数 \quad (1-3)$$
$$影响系数 = 泄漏评分 \div 人口状况评分 \quad (1-4)$$

3）模糊数学方法

模糊数学是研究和处理模糊现象的一种数学理论和方法，可以对现实中很明确界定集合的模糊问题进行处理和研究。

在生产实践、科学实验乃至日常生活中，人们遇到的问题可以分为随机不确定问题和模糊不确定问题。随机不确定问题主要是因为因果关系的不确定，比如抛硬币就是典型的随机不确定问题；模糊不确定问题主要指难以清晰划分界限、不以因果关系而获得结果的不确定问题，比如人的高矮胖瘦、美与丑、好与坏的划分，此类界限不明而导致的不确定问题可以称为模糊不确定问题。对于模糊不确定问题很难用代数方程或者微积分等主要数学工具研究，而模糊数学的模糊集概念可以较为清晰地描述模糊问题，因此，模糊数学成了研究模糊问题主要数学工具和理论。由于模糊数学理论的实用性和可操作性，模糊数学的应用已经涉及生活的方方面面。

4）专家评价法

专家评价法是一种简单有效的定性评价方法，美国 Makridakis 在 *Forecasting: Methods and Applications* 一书中提出，该方法以专家调查法为基础，提出了主观概率法、专家评议法、交叉影响法和德尔菲法等评价法。

专家评价法包括评价法和质疑法两类。评价法是指组织专家对具体问题共同讨论，是一种集思广益的评价方法；质疑法一般进行两次会议，第一次会议共同评议问题，第二次会议对第一次会议的设想提出质疑。

5）层次分析法

层次分析法（analytic hierarchy process，AHP），是美国著名运筹学家萨蒂（T.L.Saaty）

于 1973 年提出的，它是把复杂问题中的各因素划分成相关联的有序层次，使之成为条理化的多目标、多准则的决策方法。

层次分析法的基本思想是首先要把问题层次化，根据问题的性质和要达到的总目标，然后将一个复杂问题分解为各个组成因素，并将这些因素按支配关系分组，从而形成一个有序的递阶层次结构，最终把系统分析归结为最底层（如决策方案）相对于最高层（总目标）的相对重要性权值的确定或相对优劣次序的排序问题，为决策方案的选择提供依据。通过两两比较的方法确定层次中各因素的相对重要程度，然后综合专家的经验确定决策权重。这种方法是目前系统工程处理定性与定量相结合问题的比较简单易行的一种系统分析方法。

上述各评价方法均把自然灾害作为诱发管道风险的一个致灾因子，依据调查统计或历史资料分析，为不同的自然灾害赋以相应的权重，在众多参评因子的影响下，往往忽略了自然灾害的重要性，给管道风险评价造成很大的思维漏洞。截至目前，国内外还没有专门研究管道环境地质灾害风险评价的先例。目前在管道危险性评价中，模糊综合评价法和层次分析法应用较多，许多单位和个人在管道环境地质灾害的风险性评价研究中应用了此方法。

1.4.3 管道地质灾害风险评价存在的问题

地质灾害对管道工程的危害表现在建设施工期间施工人员受到伤害和机具损坏，以及运营期间管道本体及伴行路、阀室、站场和其他地面设施受到的破坏等方面。其中，对管道本体的危害形式多，危害机理较为复杂。

滑坡对管道的危害主要表现为：管道在滑坡下部通过时，滑坡对其形成挤压加载破坏；在滑坡中部通过时，管道因承受运动物质的巨大拖拽力而发生弯曲变形、拉裂甚至整体断裂等失效形式；在滑坡上部通过时，管道易面临悬空或被拉断的风险。

崩塌对管道危害的主要表现为砸坏管道。崩塌体的规模、强度、与管道的相对高度、运动方式以及管道上覆土层的厚度等均会对管道受破坏风险的高低产生影响。当管道位于崩塌体正下方时，受垂直冲击作用，管道受破坏的风险最高。

泥石流对管道的危害，根据管道通过泥石流区域的不同，一般分两种：①管道在流通区通过，泥石流对管道的危害表现为下切侵蚀，造成管道暴露，使管道遭受泥石流的冲击，泥石流对岸坡的侵蚀可造成坍岸，使管道暴露或临空；②管道在堆积区通过，这种通过方式对管道的主要危害是泥石流淤埋管道并有轻微的下切侵蚀和侧蚀作用。

对地质灾害危险性进行分析、评价时，首先采用专家调查法和层次分析法分析，辨识出影响其危险性的各个因素，并建立地质灾害危险性评价指标体系，对各个因素进行比较分析后，将各个因素对地质灾害危险性影响的重要程度进行半定量化，确定各因素的相对权重，然后将各因素对地质灾害危险性的影响程度分级，并给予一定的分值，确定评分标准，最后根据各因素权重值和各因素实际状况对应的分值，按一定的标准进行危险性评价。

影响因素辨识地质灾害危险性的概念包含两层含义：灾害发生的频率或可能性、灾害造成的后果。管道地质灾害危险性评价问题的提出，应综合考虑管道沿线灾害发生的可能性和灾害后果等因素。

单体管道地质灾害风险定性评价内容应包括地质灾害易发性、管道易损性和后果损失的评价。地质灾害易发性是在指某一给定的时间内,某一特定的地质灾害发生的概率。潜在地质灾害易发性的影响因素主要包括地质、地形地貌、气候、水文、植被和人类活动等各种基础条件与诱发条件。管道易损性是指受地质灾害影响时,管道受损伤的程度。其易损性条件包括管道的最小埋深、管道位置、管道敷设方式以及管道工程保护措施等。管道地质灾害易损性评价包括社会经济易损性评价和管道易损性评价。前者主要分析和评价地质灾害诱发管道事故给人民生命和财产造成的可能损失;后者通过分析管道位置、管道的保护措施来评价管道遭受损坏的可能性。在此重点考虑地质灾害对管道的影响,不考虑对社会经济的影响,因此,仅对管道易损性进行评价。

根据灾害易发性、管道易损性和后果分级结果综合确定灾害风险分级。其中灾害易发性、管道易损性和后果评价分级时可只划分为高、中、低共三个等级,在风险分级时再划分为五个等级,灾害易发性、管道易损性和后果分级标准和风险分级方法参见表 1-1、表 1-2。

表 1-1　单体管道地质灾害风险定性评价分级

级别	地质灾害易发性	管道易损性	后果
高	滑坡不稳定,正在变形中,或 2 年内有过明显变形(如滑坡出现拉裂、沉降、前缘鼓胀或剪出);危岩(崩塌)主控裂隙拉开明显,后缘拉张裂隙与基脚软弱、发育岩腔构成不利的危岩体结构,有小规模崩塌事件或预计近期要发生灾害,崩塌岩块破坏强度大;泥石流形成条件充分,泥石流沟的发育阶段处于发展期或旺盛期,近年来有过泥石流发生事件;沟道或坡面侵蚀严重,2 年内地貌改变明显,发生过坍塌、堤岸后退等水毁现象具具备一定规模,河沟槽摆动明显,河床掏空或下切深度达 1m 以上;陷穴发育,形成串珠状的湿陷坑和潜蚀洞穴;采空区地面出现沉降,错位大于 10cm,地面建筑物发生明显变形	危害性大,如管道破裂或断裂将发生泄漏,或严重扭曲变形造成输油气中断。管道处在以下情况时可判定为此级:管道在滑坡内部;管道在崩塌落石块体可能的直接冲击区域;管道在泥石流流通区;管道悬空、漂浮,流水冲击管道;管道位于塌陷区或潜在塌陷区内	影响大,灾害点附近有城镇、重要交通干线、河流、自然保护区等
中	滑坡潜在不稳定,目前变形迹象不明显或局部有轻微变形,但从地形地貌及地质结构判断,有发展为滑坡的趋势;危岩主控裂隙拉开较明显,或有基脚软弱、发育岩腔,具有崩塌的趋势,崩塌岩块破坏强度较大;泥石流形成条件较充分,泥石流沟的发育阶段处于较旺盛期,泥石流堆积;沟道或坡面发生侵蚀,近年来地貌有改变,有坍塌、堤岸后退等水毁现象;黄土有湿陷性,陷穴有发育但规模小;地下有采空区,地表有零星塌陷坑,地裂缝发育特征不甚明显	危害性较大,如管道裸露、悬空、漂浮、变形及损伤等,可能引起介质少量泄漏,可以在线补焊和处理的事故。管道处在以下情况时可判定为此级:管道处在滑坡、崩塌影响区,泥石流堆积区,管道发生露管和埋深严重不足,管道位于塌陷区边缘	影响较大,附近有村镇、居民点、溪流等
低	基本稳定,一般条件下不会发生地质灾害,但在地震或特大暴雨、长时间持续降雨条件下可能出现崩塌、滑坡或泥石流;有发生水毁、黄土湿陷、采空塌陷的可能性,但表现不明显	不构成明显危害,各种灾害影响到管道安全的可能性小	有少数零星居民

表 1-2　定性评价风险等级分级

风险等级	各评价内容组合
高	(高,高,高)、(高,高,中)、(高,高,低)、(高,中,高)、(中,高,高)
较高	(高,中,中)、(高,中,低)、(中,高,中)、(中,高,低)、(高,低,高)、(高,低,中)、(中,中,高)、(中,中,中)、(低,高,高)、(低,高,中)
中	(高,低,低)、(中,中,低)、(低,中,低)、(中,低,高)、(中,低,中)、(低,中,高)、(低,中,中)、(低,低,高)
较低	(低,中,低)、(中,低,低)、(低,低,中)
低	(低,低,低)

注:括号里自左至右依次表示地质灾害易发性、管道易损性、后果的等级。

面对严重的地质灾害威胁，各管道运营公司投入巨资进行地质灾害治理，但缺乏对地质灾害的系统管理与规划，地质灾害治理工作被动，防治方式单一，治理费用居高不下，一系列制约管道安全生产的地质灾害问题仍然没有得到解决。主要表现如下：

（1）缺乏系统有效的管道地质灾害风险识别方法。目前，地质灾害风险的识别主要依靠专家调查及巡线人员的巡查。前者成本高、周期长，后者效率低、误差大，容易漏报错报。InSAR、卫星遥感、激光扫描等新技术新方法的出现，为系统有效地识别地质灾害开辟了一条新的途径，但其应用和推广还存在一定的限制，有待进一步加强。

（2）管道的地质灾害风险评价多为定性结果，给管理和决策带来不确定性。风险是无处不在的，如何对管道地质灾害的风险实现最大可能的量化，并给出合理权威的管道失效判据和风险可接受值，需要综合考虑技术、经济、政治等各种因素进行系统研究。另外，目前国内开展的研究工作更多关注于对地质灾害体本身的研究，而对其导致的管体受损或失效概率的研究则较少涉及。实际上，地质体的失稳并不一定导致管道风险，只有导致管道受损或失效的地质体失稳才能称其为灾害。管道运营企业关注的是管道安全，管道的风险才是运营单位需要考虑的。定量评价地质体失稳对管道安全的影响，是风险管理的重点和难点。

（3）管道地质灾害风险控制措施单一，风险与成本的矛盾无法得到有效的解决。一般来说，投资越高，风险就能降得越低，但是所有投资都是有限的，这是一个投资效益比的问题，找到投资和安全之间的平衡点是现实的需要，也是科研和技术工作者必须要解决的问题，如果现场机制判断准确，就会找到最有效的方法也就能够取得最佳的投资效益比。需要在投资与风险中找到一个平衡，使投资有效，并保证管道是安全的。另外，管道地质灾害风险控制措施是多种多样的，应创造性地采用技术先进、成本低廉的控制措施，而非一味追求高投入、"一劳永逸"的防治措施。

（4）管道地质灾害风险管理的技术标准和相关规范缺乏。目前，地质灾害防治的相关标准很多，但针对管道地质灾害的标准或规范目前还较为缺乏。应尽快开展相关系列标准的制定工作，如管道地质灾害识别，管道地质灾害风险评价，管道地质灾害监测预警方法，管道地质灾害防治，管道地质灾害风险管理的效能评价，管道地质灾害风险管理系统的建立等，这对规范管道地质灾害风险管理工作意义重大。

有关管道地质灾害风险评价及风险管理的研究是一个系统的工程，既涉及管道工程本身的技术特点，还涉及灾害学、环境学、地质学、管理学等许多学科。虽然国内外在管道地质灾害的风险管理方面已取得了一定的发展，然而囿于所涉及的学科太多，目前尚未形成可直接用于管道地质灾害风险管理的系统方法和技术体系，因此对管道地质灾害风险管理的研究还有许多技术难题需要解决。相信随着有关科研工作的全面开展，我国油气管道地质灾害风险评价及风险管理的水平将得到进一步提高。

第2章　油气管道地质灾害类型及其对管道的危害

2.1　油气管道地质灾害类型

中国是世界上地质灾害最发育的国家之一，地质灾害的主要类型有滑坡、崩塌、泥石流、管道水毁、黄土陷穴等。灾害类型不同，其对管道的影响也不同，另外管道与灾害体位置不同，相同的灾害对管道造成的影响也不同。要做好地质灾害对油气管道的影响研究，必须对地质灾害做出正确的评价。

2.1.1　滑坡

滑坡是指在一定的自然条件与地质条件下，组成斜坡的部分岩土体，在以重力为主的作用下，沿斜坡内部一定的软弱面（或软弱带）发生剪切而产生的整体下滑破坏，如图2-1所示。

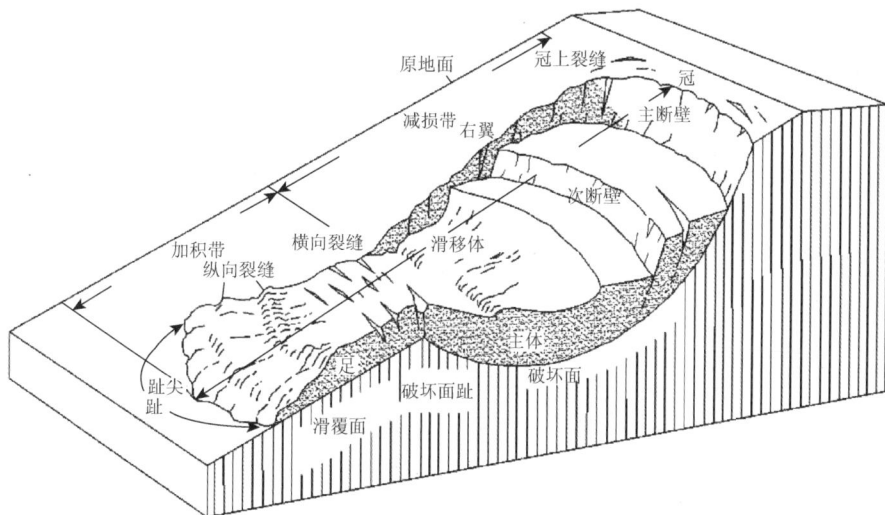

图2-1　典型滑坡示意图

滑坡一般发生在斜坡体上具有滑动空间，且两侧有切割面的部位（图 2-2）。从斜坡的物质组成来看，其具有松散土层、碎石土、风化壳和半成岩土层，抗剪强度较低，容易产生变形面下滑；坚硬岩石中由于岩石的抗剪强度较大，能够经受较大的剪切力而不变形滑动。但是如果岩体中存在着滑动面，特别是在暴雨之后，由于水在滑动面上的浸泡，使其抗剪强度大幅度下降而产生滑动。

图 2-2 滑坡灾害

滑坡的主要影响因素为长时间的降雨及特大暴雨、冰雪冻融，日差气温变化剧烈；风化剥蚀，地震与火山喷发，地面沉降；开挖坡脚或削坡，地下采空，爆破等人工活动。其中降雨对滑坡影响很大，表现在雨水大量下渗，使斜坡上土石层饱和，增加了滑体的重量，降低土石层的抗剪强度，导致滑坡产生。不少滑坡具有"大雨大滑、小雨小滑、无雨不滑"的特点。

滑坡对管道产生剪切或者挤压的外力破坏，轻微时造成防腐层破坏，管道凹陷，严重则造成管道暴露、悬空和断裂。另外滑坡还可能破坏伴行路、站场和阀室等设施。

2.1.2 崩塌

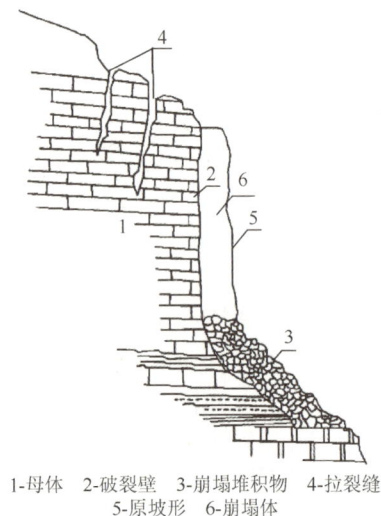

1-母体 2-破裂壁 3-崩塌堆积物 4-拉裂缝
5-原坡形 6-崩塌体

图 2-3 崩塌示意图

崩塌是指在一定的自然条件与地质条件下，组成斜坡的部分岩土体在重力作用下，向下（多数悬空）崩落的块体运动；规模大的岩土体称为山崩，有可能崩落的岩土体称为危岩体。也可理解为高陡斜坡上岩土体完全脱离母体后，以滚动、跳动、坠落等为主的移动现象，如图 2-3 所示。

崩塌一般发生在坡度大于 45° 的陡峻斜坡上，其中反坡大于 90° 的悬崖更容易发生崩塌（图 2-4），高度越高崩塌发生的概率越大，崩塌的规模相对也越大。高山峡谷段岸坡、河流弯道的凹岸、冲沟沟壁、陡崖等处都是容易发生崩塌的地带。一般来说，坚硬且呈脆性的岩体容易发生崩塌而不易发生滑坡；由软硬相间岩层构成的坡体，其中的软弱岩层易遭风化，致使硬质岩层的岩块突出而成"探头"岩块，容易发生崩塌；新构造运动强烈，地震频繁，岩层倾角近直立、近水平或微向坡内倾斜，与坡体延伸方向近平行的高陡构造面的斜坡，容易发生崩塌。

图 2-4　崩塌灾害

崩塌的主要影响因素为长时间的降雨及特大暴雨、冰雪融冻及冰崩,日差气温变化剧烈;地表水流冲刷坡脚,或大量渗入高陡斜坡上的岩土体,地下水侵蚀或浸润软化结构面;开挖坡脚或削坡过程,地下采空,大爆破,水库蓄水、引水、排水及渗漏等人工活动。

崩塌虽然没有滑坡对管道的破坏规模大,但是由于其突发性强,对伴行路和管线安全的威胁不容小觑。

2.1.3　泥石流

泥石流是介于流水与滑坡之间的一种地质作用。典型的泥石流由悬浮着粗大固体碎屑物并富含粉砂及黏土的黏稠泥浆组成。在适当的地形条件下,大量的水体浸透山坡或沟床中的固体堆积物质,使其稳定性降低,饱含水分的固体堆积物质在自身重力作用下发生运动,与洪水叠加就形成了泥石流。典型的泥石流在流域上可划分为形成区、流通区和堆积区三部分,如图 2-5 所示。

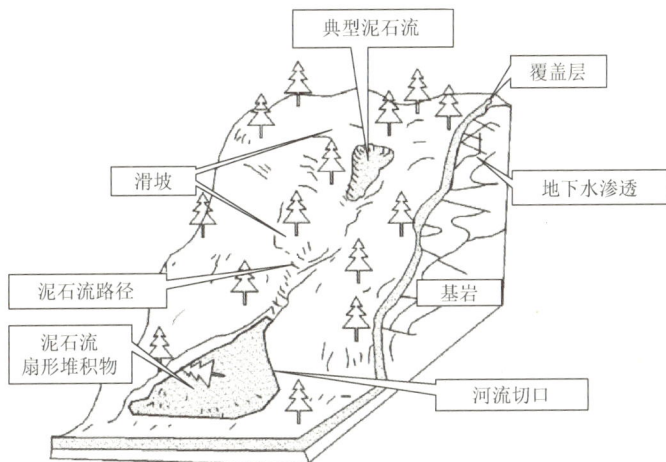

图 2-5　泥石流示意图

　　陡峭的地形、丰富的松散固体物质和强降雨是区内泥石流形成的基本条件（图2-6），尤其短历时、高强度的降雨必须注意，这种降雨容易产生特大型泥石流，如震惊全国的甘肃舟曲特大型泥石流灾害就由高强度降雨引起。泥石流一般发生在半干旱山区或高原冰川区，由于地形十分陡峭，泥沙、石块等堆积物较多，树木很少，一旦暴雨来临或冰雪融化，堆积物便会顺着斜坡滑动，形成泥石流。

图 2-6　泥石流灾害

　　泥石流的主要影响因素有：长时间的降雨及大暴雨，冰雪融化，水库溃决，不合理的开采开挖破坏地表、滥采滥伐导致植被减少和水土流失。滥伐森林、开山采矿、采石弃渣等人类活动，也为泥石流发生提供大量的物质来源。

　　泥石流对管道的危害巨大，当管道敷设于泥石流形成区时，泥石流形成时造成水土流失导致管道埋深不足甚至露管；当管道敷设于泥石流流通区时，泥石流造成河沟下切导致埋深不足、露管、防腐层破坏，甚至局部凹陷、断裂；当管道敷设于堆积区时，泥石流堆积后，使管道深埋，危害不明显；泥石流还可能冲毁、堵塞站场、伴行路等管道附属设施。

2.1.4　管道水毁

　　管道水毁灾害主要是由水动力引起的地质灾害，表现为洪水冲击、地表冲刷、坡面垮塌、冲沟、河床下切和河流改道等，可分为坡面水毁、河沟道水毁、台田地水毁。

1. 坡面水毁

　　坡面水毁是指分布在斜坡表面，地形坡度大于 5°的季节性细沟等小冲沟，因斜坡坡降较大，集中降雨后在坡面上形成股状洪流，汇流冲刷管道设施，如图2-7所示。管道部位产生的集中冲刷会导致管道保护层或覆盖层变薄，严重者导致管道外露。若水流进入松散管沟，形成地下暗流，则容易带走管沟填土中的细粒土，导致管道悬空、管沟塌陷。特别是在一些黄土地区，可能导致长距离的管道悬空。

(a) 坡面水毁（坡中、上部）　　　　　　　(b) 坡面水毁（坡脚）

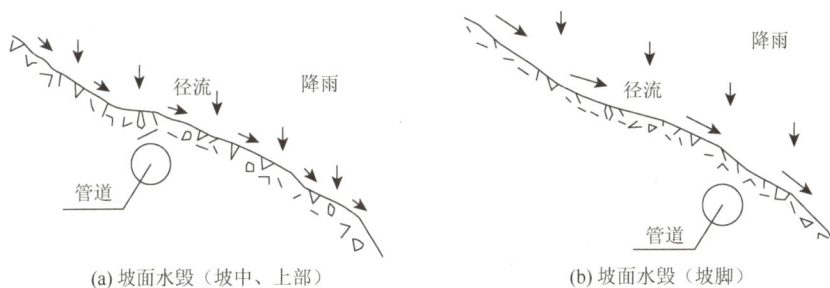

图 2-7　坡面水毁示意图

坡面水毁的发生通常与水源及汇水条件、地形坡度、土壤性质、植被覆盖率、人工活动有关。其中水动力是水毁灾害发生的根本原因，坡面水毁的水源一般为高强度降雨，也有可能为灌溉水或地下水，而水毁区域往往为坡面汇流的集中通道。对于在山区敷设的管道，管道建设时开挖斜坡破坏植被，管沟回填不密实，而坡形的改变往往使管沟成为斜坡水流的汇流路径，导致管沟坡面水毁严重（图 2-8）。

(a) 坡面水毁导致露管　　　　　　　　　　(b) 坡面汇流导致水毁拉槽

图 2-8　坡面水毁灾害

2. 河沟道水毁

河沟道水毁属管道水毁的一种，主要分布在常年性或季节性河道的河床及河沟道两岸。由于管道穿越的河沟床部位纵坡坡降较大（一般大于 6%），洪水暴发时对河沟道产生强烈的下蚀和侧蚀作用。除此以外，河沟道凹岸部位常常表现出强烈的冲刷，外加岸坡重力侵蚀，使坍岸、岸坡后退，导致沿河沟岸敷设的管道保护层或覆盖层变薄乃至外露、悬空，危害性较大，如图 2-9 所示。

河沟道水毁的发生通常与水源、河床坡度和河沟道形态有关，应注意以下河流或河段：洪水期水流量大的季节性河流；有水量、水质变化的常年性河流；河床坡度较大的河流；河流的凹岸，拐弯处，受水流直接冲击处（图 2-10）。

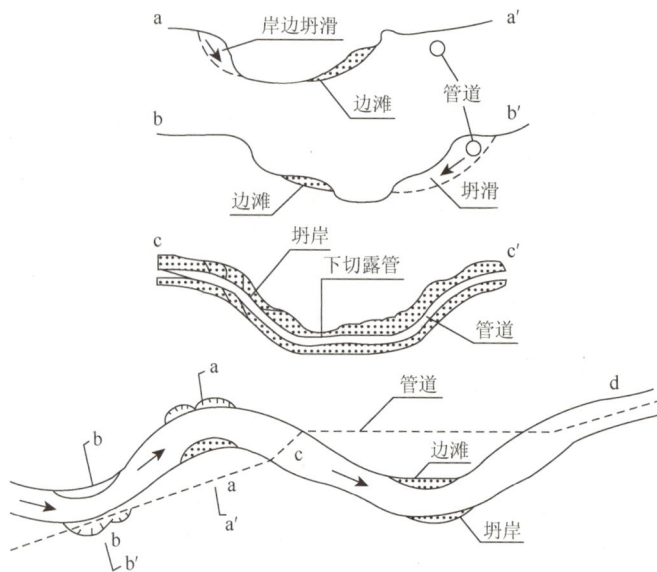

图 2-9　河沟道水毁淘蚀

(a) 管道埋深不足　　　　　　　　　　(b) 河流冲刷使管道悬空

图 2-10　河沟道水毁造成的危害

3. 台田地水毁

台田地水毁是指管道在台地、田地敷设时，由于台田坎垮塌、管沟塌陷等原因造成的管道埋深不足、耕地毁坏等现象，如图 2-11 所示。

台田地水毁的主要原因是管道敷设破坏了原本稳定的台坎、田坎，未恢复或恢复不好，遇水垮塌（图 2-12），或管沟回填土不密实，遇水沉陷。水源以灌溉水为主，降雨是主要诱发因素。

2.1.5　黄土陷穴

黄土陷穴是黄土地区一个典型的工程地质问题，黄土由于其钙质胶结，在全新世黄土

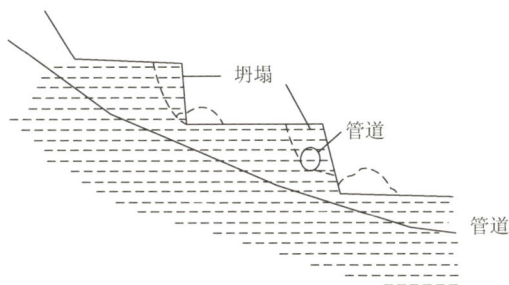

图 2-11　台田坎水毁示意图

(a) 管道平行田坎敷设　　　　　　　　　(b) 管道垂直田坎敷设

图 2-12　台田地水毁灾害

和马兰黄土中具有湿陷性，黄土的湿陷性由于地表水的冲蚀和溶蚀以及地下水潜蚀作用，在黄土地区浅表部形成暗沟、暗洞、暗穴等。在地形起伏多变、地表径流容易汇集的地方，以及在土质松软、垂直节理较多的新黄土中，最容易形成陷穴（如图 2-13 所示）。黄土陷穴的分布和黄土地区地下水密切相关，多发生在汇水所在部位，黄土低洼处，或者黄土地下水排出部位。这些黄土陷穴深度和规模不大，起初主要是自然因素的影响，包括降雨、地形等，改变了原先达到平衡的地下水补给排条件；使得地下水沿管道与黄土接触部位形

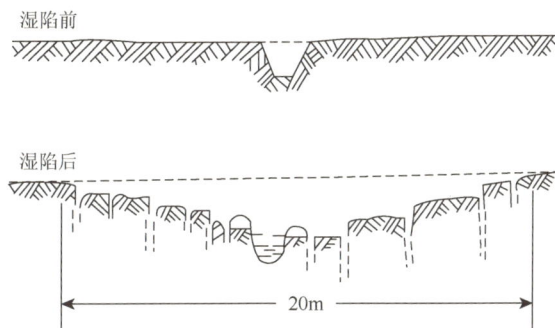

图 2-13　黄土陷穴示意图

成新的通道，同时黄土和管道成为整个管道-黄土体中最薄弱的部位。在黄土修建管道后，由于管道回填后土的状态与黄土原状土相比，岩土体工程性质有所下降，同时改变了地下水的流向，造成在沿管道修建部位的顶部、左右两侧等形成黄土陷穴。其数量和规模大小受降雨影响较大，一般而言，降雨量越大的黄土地区，黄土陷穴易发育。

土质松散且具有垂直或倾斜的裂隙，有比较集中的地表水下渗，地形起伏变化较多处，特别是缓坡突变为陡坡处是黄土陷穴的形成条件。但不合理的改移沟道，堵截深沟，造成上游大量积水，增加水利梯度，使水渗入地下冲蚀土体，造成暗穴、暗沟；施工弃土不当、不平整，降雨后积水也会促成陷穴的产生（图 2-14）。

(a)　　　　　　　　　　　　　　　　　　(b)

图 2-14　黄土陷穴灾害

管道下方黄土湿陷形成陷穴，导致管道长距离悬空甚至破坏；管沟回填黄土松散，遇水湿陷，发生管沟沉陷，导致管道埋深不足或悬空；诱发滑坡等次生灾害。

2.2　油气管道地质灾害危害特征与破坏模式

通过对国内主要管道沿线地质灾害调查和统计，管道沿线发育的地质灾害类型包括滑坡、崩塌、泥石流、潜在不稳定斜坡、黄土陷穴和水毁（坡面水毁、河沟道水毁、台田地水毁）等。

输油气管道主要采用地埋方式敷设，具有埋深浅、薄壳、线状及内含高压易燃易爆介质的性质，决定了管道沿线地质灾害对管道的危害有其特殊性，较小的地质灾害也可能造成对管道的重大危害。因此，地质灾害规模不是导致其危害大小的决定性因素，而是由灾害类型、管道与灾害的位置关系和敷设方式决定，并且不同类型的地质灾害对管道的危害特征、危害程度也不尽相同，其危害和破坏方式特征主要表现为浅埋、深埋、裸露管、悬管、挤压弯曲变形、破裂和断管（拉断、剪断）等。

2.2.1　滑坡灾害对管道的危害特征与破坏模式

滑坡的发育状态及其与管道的空间位置关系，决定了管道受到地质灾害风险的大小。

根据滑坡与管道的空间位置关系，分为管道位于滑坡体内和滑坡体外围影响区两类，如图 2-15 所示。

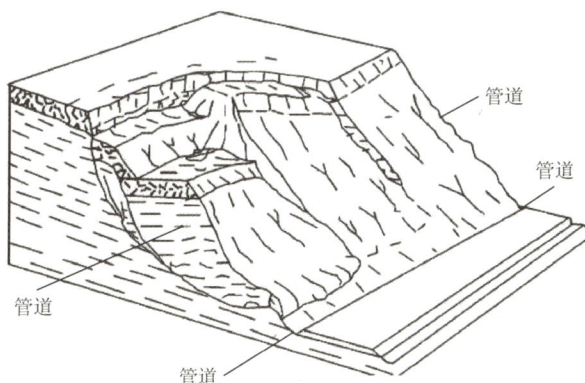

图 2-15 滑坡灾害对管道的危害特征

1）管道位于滑坡体内

位于滑坡体内的管道，如果滑坡发生滑移变形，将会造成管道的同步变形。当滑坡发生蠕滑或局部的滑塌时，将会使管道发生裸露管、悬管或挤压弯曲变形；当滑坡发生整体滑移变形或下滑时，下滑力将会使管道发生大的变形破坏，使管道发生破裂或断管（拉断、剪断）（图 2-16）。当管道位于滑坡体内横向或斜向敷设时，受滑坡的剪切破坏作用较大，将发生弯曲变形或断管（剪断）；当管道位于滑坡体内纵向敷设时，受滑坡的拉张破坏作用较大，将发生拉（破）裂或断管（拉断）。

图 2-16 滑坡造成的管道破坏

2）管道位于滑坡体外围影响区

位于滑坡体外围影响区或滑坡边界处的管道，如果滑坡发生滑移变形，将会影响管道发生同步变形。其中位于滑坡体后缘、侧缘边界及外围影响区的管道，当滑坡发生滑移变形或下滑时，将会发生裸露管、悬管，同时受滑坡外围影响区的牵引力作用，可能使管道发生拉（破）裂或挤压弯曲变形；位于滑坡体前缘边界及外围影响区的管道，当滑坡发生滑移变形或下滑时，将会使管道被深埋、受压，同时受滑坡的下滑力作用，可能使管道发生挤压弯曲变形，如果下滑力过大，将会造成管道变形加剧，甚至发生断管（剪断）。

滑坡灾害的危险性较明显、危害性较大，一旦发生滑动，可能对管道造成的危害较严重，降低其输送能力和使用寿命，甚至中断输油（气）、发生管道泄漏等险情，影响管道安全运营，造成巨大的损失。部分滑坡还威胁到站场、阀室、管道沿线附属设施、伴行路及居民的生命财产（如住房、田地、输电线路等）安全。

下面以某输油管道滑坡为例对滑坡灾害对管道的危害和破坏进行介绍。

滑坡位于四川省广元市，一条大致呈北西-南东向（走向约 125°）山脊分水岭的南西侧（图 2-17）。属低山中切割地貌，地势北东高、南西低，地形起伏较大，在斜坡中上部形成多级较宽缓平台，斜坡中部为基岩陡坡，斜坡中前部为缓坡。

图 2-17　某输油管道滑坡

2002～2010 年开挖埋设输油管道后，管道所处斜坡土层局部出现了不同程度变形。2010 年 7 月雨季，受暴雨影响，斜坡变形加剧，后缘（管道埋设处）形成多条连续的拉张裂缝，中部基岩陡坎出现鼓胀变形，坡脚出现连续拉张裂缝和错落坎，前缘也发生不同程度垮塌、变形、前缘房屋开裂变形。2010 年 8 月受连续降雨影响，斜坡多处又形成新的拉张裂缝、错落坎，坡面多处形成坡面流，上体被冲蚀严重。

滑坡从整个斜坡区域纵向来看，中部-后缘表层土体整体较薄，后缘发育多条连续的拉张裂缝，且错落高度达到 30～80cm，岩体受后期构造错动和风化作用改造，"X"形剪切裂隙发育，连通性好，裂隙把岩体切割成楔形状块体，加之基岩中软弱夹层分布较多，部分软弱夹层已连通贯穿。根据以上变形迹象及岩土体结构判断，滑坡中部-后缘为基岩的推移式破坏运动，滑体主要为长石石英中砂岩和局部表层的块石土构成。

中部-前缘主要变形迹象为斜坡前部土质陡坎滑塌推移、下错沉陷；电线杆整体向前倾斜；房屋被后侧滑体推挤，地基已出现错位、地面鼓胀开裂、墙体开裂严重；连续降雨期间滑坡前缘有地下水呈泉或浸润状出露地表，以上变形区域为滑坡剪出口。

根据滑坡变形迹象判断，该滑坡为后部先行沿软弱带（面）逆层、切层滑动，推动、挤压中前部变形滑动，为推移式破坏机制。

根据该滑坡的变形特征及形成机制分析，该滑坡的影响因素有坡度、坡向、坡面形态、地表曲率、高程、岩土体类型、植被覆盖率、土地利用类型、滑体厚度、滑带土类型、滑带土状态、滑体面积、滑面倾角、土体密实度、滑床特征、滑面贯通情况、滑动距离、历史滑塌、滑塌规模、现今变形、地震、地下水影响、人类工程活动、降雨、地表水入渗等。其中，滑体岩土体（残坡积块石土、粉质黏土和长石石英中砂岩）、历史滑塌、现今变形、土体密实度（土体中的粗粒物结构较松散、孔隙发育）、坡面形态（总体呈一略向外凸出的弧状地形）、人类工程活动（管道施工、建房切坡）、降雨等是该滑坡形成的主要控制因素。

目前管道情况为：由于滑坡体的缓慢变形造成管道一直处于受力状态中，其弯曲变形越来越接近极限值，一旦滑坡启动将会造成管道受损破坏。

2.2.2　崩塌灾害对管道的危害特征与破坏模式

崩塌对管道的危害主要表现为崩塌体特别是大块石的冲击作用（图 2-18），当较坚硬的有一定规模的落石从一定高度坠落时，会对地面产生巨大的冲击力，并且这种冲击作用力和落石的方量、高度呈正比关系，方量越大其冲击能越大，高度越高冲击能越大，这种作用力曾砸毁大桥。因管道埋深较浅，覆盖层对冲击力的缓冲能力有限，所以较大冲击力直接作用于管道时，会导致管道受力集中而变形甚至被破坏。

1）管道位于崩塌（危岩）体下方

位于崩塌（危岩）体下方的管道，如果崩塌（危岩）体发生崩塌坠落，可能导致管道被砸中而受到冲击破坏（图 2-19）。管道直接受到崩塌（危岩）体坠落物的冲击，冲击力过大或坠落物进入覆盖土体深度过深，将会使管道发生挤压弯曲变形、破裂或断管；但当管道距离坡脚较远时，受到崩塌（危岩）体坠落物直接冲击的影响较小，将会使管道被崩塌堆积体深埋，管道可能因崩塌堆积而受压。

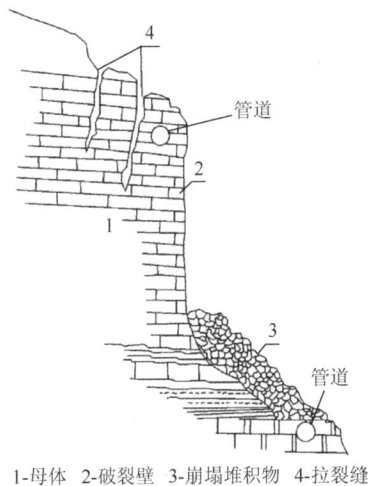

1-母体　2-破裂壁　3-崩塌堆积物　4-拉裂缝

图 2-18　崩塌灾害对管道的危害特征

2）管道位于崩塌（危岩）体上方

位于崩塌（危岩）体上方或后缘的管道，如果管道前缘崩塌（危岩）体发生崩塌坠落，将会使管道发生裸露管、悬管；当管道位于崩塌（危岩）体内部或影响区内时，将会使管道发生挤压弯曲变形，严重时可能造成断管（剪断）。

崩塌灾害的危险性较明显，危害性较大，一旦发生崩塌坠落，可能对管道造成的危害较大，降低其输送能力和使用寿命，甚至中断输油（气）、发生管道泄漏等险情，影响管道安全运营，造成巨大的损失。部分崩塌还威胁到站场、阀室、管道沿线附属设施、伴行路及居民的生命财产（如住房、田地、牲畜等）安全。

图 2-19　崩塌造成的管道破坏

下面以某输油管道崩塌为例对崩塌灾害对管道的危害和破坏进行介绍。

该危岩体位于甘肃省康县甘陕交界处附近（图 2-20），八海河河流左岸。危岩呈北东向展布。管道从危岩体坠落点正下方伴行路内侧通过，管道顺坡脚长约 120m，受危岩体危害影响极大。管道敷设方式以管沟开挖为主，管顶埋深约 1m，管顶上方为开挖回填堆积层。

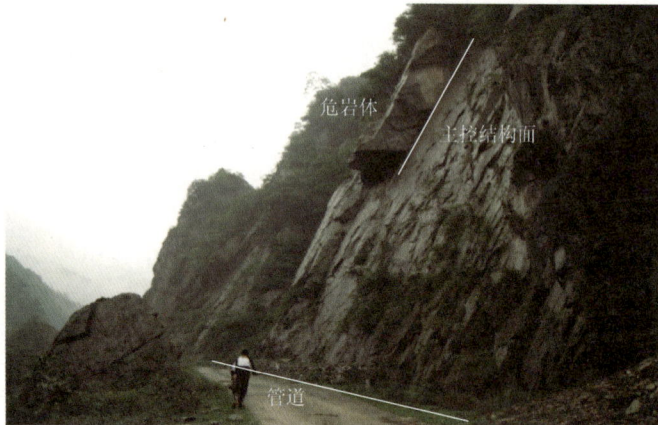

图 2-20　某天然气管道崩塌

危岩体所处区域属于侵蚀构造中山峡谷地貌，伴行路傍河依山而建，位于中山斜坡中下部，管道沿伴行路内侧敷设，危岩边坡为人工开挖形成的岩质边坡，危岩边坡最大高度35m，长约 120m，危岩卸荷带深 10～20m，坡度 82°，主崩方向 255°，岩层产状 277°∠78°，为陡倾顺向基岩边坡，岩性为深灰色砂质板岩。斜坡岩体节理裂隙较发育，统计有两组主要的裂隙：①产状 145°∠64°，张开度 5～8mm，贯通长度 2.8m，发育深度 0.4m，结构面光滑，无充填；②产状 310°∠46°，张开度 3～6mm，贯通长度 1.5m，发育深度 0.3m，结构面光滑，无充填。由这两组岩体裂隙相交将坡体岩体切割成楔形块状，坡体发育多处危岩体，方量大小不等，危岩体坠落高度 15~25m，极其危险。其中该边坡发育有一块方量约 300m³ 稳定性极差的悬空危岩体，危岩体最大落距 25m，危岩体底部悬空，呈尖棱角状。

通过定性分析和定量计算相结合，对典型坠落式危岩进行综合分析，得出该类危岩对管道的破坏与坠落危岩块体大小、坠落高度、触地面积密切相关。危岩体越大，坠落高度越高，触地面积越小，危岩体坠落陷入土体深度越大，对管道冲击力越大。因此对此块危岩必须采取一定的工程措施，采用清危和支撑进行治理，同时管道上部增加沙袋保护。野外对危岩进行调查分析时，可根据类似方法对危岩进行初步定性分析，掌握危岩对管道的危害程度，为危岩的防治提供有力依据，也对今后同类危岩的防治有一定的借鉴作用。

2.2.3　泥石流灾害对管道的危害特征与破坏模式

泥石流对管道的危害主要是指管道穿越泥石流沟和管道沿泥石流沟谷敷设区段，对沟道局部冲刷、下切，堤岸坍塌、侵（侧）蚀和保护设施的破坏等，如图 2-21 所示。

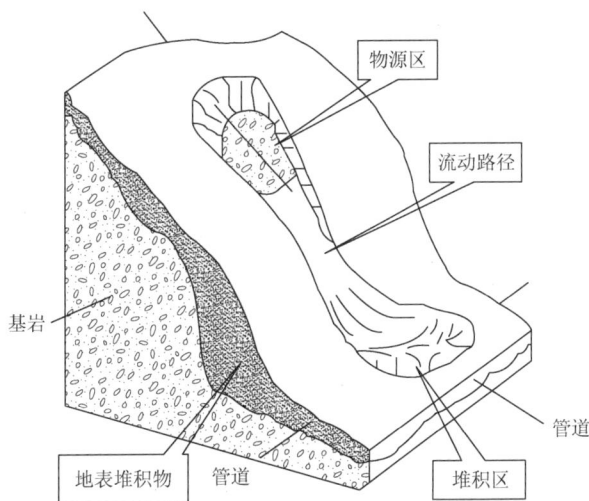

图 2-21　泥石流灾害对管道的危害特征

1）管道穿越泥石流沟

当管道位于形成区和流通区穿越泥石流沟时，由于受泥石流侵蚀、冲刷和冲击作用，沟道将发生冲刷、侵蚀下切，岸坡将发生侵蚀、坍塌、崩滑等破坏特征，使沟道内管道覆盖层变薄、裸露管、悬管，同时受洪流及所夹杂的浮木、树枝和石块、巨砾冲（撞）击，将会使裸露、悬空的管道防腐层破损或弯曲变形，甚至管道发生破裂或断管（剪断）；当管道穿越泥石流堆积区时，泥石流将会在堆积区堆积下来，使管道被泥石流堆积体深埋，造成管道受压；在岸坡段敷设的管道受岸坡侵蚀、坍塌、崩滑破坏的影响，将会使管道发生裸露管、悬管或挤压弯曲变形，如果受力过大，将会造成管道变形加剧，甚至发生断管（剪断）。

2）管道沿泥石流沟谷敷设

当管道沿泥石流沟谷敷设，管道位于形成区和流通区时，由于受泥石流侵蚀、侧蚀、冲刷和冲击作用，泥石流沟道将发生冲刷、侵蚀下切，将会使沟道内管道覆盖层变薄、裸露管、悬管，同时受洪流及所夹杂的浮木、树枝和石块、巨砾冲（撞）击，将会使裸露、悬空的管道防腐层破损或受侧向挤压发生弯曲变形，甚至使管道发生破裂或断管（拉断、剪断）；当管道位于堆积区时，泥石流沟道将被淤堵、淤埋，会使管道被泥石流堆积体深埋，造成管道因堆积而受压。

泥石流灾害的危险性较明显，当管道位于泥石流沟的形成区和流通区时，管道遭受泥石流灾害的危害性大；当管道位于泥石流沟的堆积区时，管道遭受泥石流灾害的危害性较小。因此，在泥石流沟的形成区和流通区敷设的管道，一旦发生泥石流灾害，可能对管道造成的危害较大，降低其输送能力和使用寿命，甚至中断输油（气）、发生管道泄漏等险情，影响管道安全运营，造成巨大的损失。部分泥石流还威胁到站场、阀室、管道沿线附属设施（特别是水工保护工程设施）、伴行路及居民的生命财产（如住房、田地、输电线路等）安全。管道在沿泥石流沟谷穿越时，由于其与泥石流接触的距离长，特别是在坡降较大的沟谷中，由于泥石流侵蚀能力越趋于洪水，对管道影响会越大，如果在管道施工时还采用相同埋置深度，就很容易在泥石流流通区内造成露管，对管道的安全运行影响较大，因此在设计时就必须有充分考虑。

下面以某输油管道泥石流为例对泥石流灾害对管道的危害和破坏进行介绍。

该泥石流沟位于云南省永平县（图 2-22）。泥石流平面形态呈扇形，流域面积约 4km²，高差 420.9m。主沟沟道弯曲，中、上游陡峻而狭窄，下游较宽缓，纵长 2944.2m，源于山顶梁子，最高点高程为 2415.5m，最低点位于沟口处，高程为 1857m，相对高差 558.5m，沟道平均纵坡降 189.7‰。沟域内山坡较陡，平均坡度 25°～35°，沟道两侧斜坡更陡，坡度 30°～40°。沟道整体呈上游、下游平缓，中游陡峻之势，且中游段沟道两侧地形陡峻。

图 2-22　某天然气管道泥石流

1986 年 7 月 27 日下午 4 点左右，该地连降 2 小时暴雨，导致该沟堆积区和形成区两侧斜坡发生大面积土体滑塌，大量物源进入主沟道，持续长时间的暴雨致使大量降雨汇入沟道内进而激发泥石流，整个泥石流持续数十分钟，造成泥石流沟道淤深 1~3m。

总体上，该泥石流沟域内支沟较多、不良地质作用发育，泥石流固体物源量多；泥沙补给段主要分布于主、支沟中游段，补给长度比 30%~40%；沟谷纵坡降 181.9‰~254.6‰，沟谷纵坡降较大，具有泥石流前移的动力条件；区域新构造运动处于地壳强烈上升区，沟谷下切和侧蚀作用剧烈，地震活动较频繁，岩土体破碎且松散。

该泥石流沟在暴雨作用下，地表水冲刷坡面松散堆积体，将坡面的各类松散堆积物源携带进入沟道，并顺陡峭的沟道而下，通过沟道揭底冲刷卷动沟道内的松散堆积物源，把松散固体物质往下游带走，从而暴发泥石流。这条泥石流沟物源丰富，具有典型性。

对该泥石流的特征及形成机制进行分析，其发育的因素有主沟纵坡降、补给段长度比、相对高差、沟槽横断面、流域面积、山坡坡度、植被覆盖率、松散物源储量、新构造影响、地层岩性、土地利用类型、降雨等因素。其中，主沟纵坡降（平均纵坡降 181.9‰~254.6‰）、补给段长度比（30%~40%）、相对高差（相对高差 558.5m）、山坡坡度（坡度 30°~40°）、松散物源储量（松散固体物源相对较丰富，且物源分布集中）、不良地质现象（不良地质作用发育）、降雨等是主要控制因素。这种泥石流在降雨条件下就会发生，同时适宜的地形条件为泥石流发生起到了加剧作用，这种泥石流具有高频度的特点，当管道通过这种泥石流沟时一定要尽可能以穿越方式通过，并做好防护措施；如果沿河谷通过，那就要做好充分论证，并有充分的工程措施，否则对管道运行影响非常大。

2.2.4　水毁灾害对管道的危害特征与破坏模式

1. 坡面水毁对管道的危害特征与破坏模式

坡面水毁灾害是指主要发育于管道沿斜坡敷设区段，因水动力引起的斜坡水土流失。其表现形式主要为地表冲刷侵蚀、坡面局部的滑（垮）塌、水毁冲沟、水毁潜蚀塌陷和水工保护设施的破坏等。位于坡面水毁发育范围内的管道，将会使管道发生裸露管、悬管，或管道上方覆盖层变薄、管道浅埋等安全隐患，如图 2-23 所示。

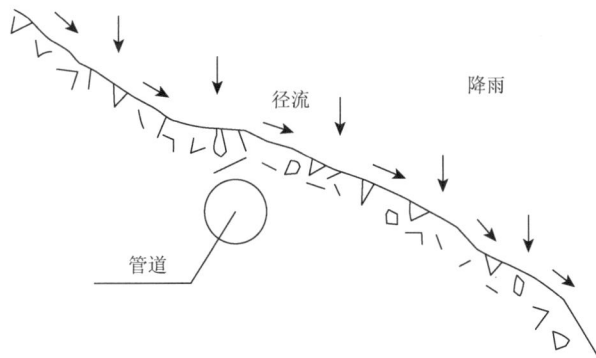

图 2-23　坡面水毁灾害对管道的危害特征

随着坡面水毁的不断发展扩大，可能对管道造成更大的危害。当管道通过斜坡时，由于集中降水后在坡面上形成股状洪流、汇流集中冲刷坡面或对管道设施部位产生的集中冲刷侵蚀，使得坡面面蚀、沟蚀情况加剧，受地表水的冲刷切割作用和地下水活动影响，在较陡斜坡处土体易发生局部滑（垮）塌等水毁破坏，以上情况将会使管道发生长距离的露管、悬管或挤压弯曲变形，严重时可能造成断管；当管道敷设段斜坡由地表水的下渗形成地下径流或沿管沟形成暗流时，易发生水毁潜蚀塌陷等水毁破坏，将会使管道发生长距离的悬管或挤压弯曲变形，严重时可能造成断管。

下面以某管道坡面水毁为例对坡面水毁灾害对管道的危害和破坏进行介绍。

该坡面水毁位于江西省梧州市（图 2-24），该处为丘陵地貌，周围山体坡度 15°～30°，顶部标高 105.5m，谷地标高 55.00m，相对高差约 50m。坡面植被以松树、桉树、杂草为主，植被覆盖率达 70%。天然状态下，山体的稳定性较好。该处呈"U"形的沟谷，走向约 170°，管道基本垂直沟谷走向布设，需治理的两处坡面分别位于沟谷两侧。

图 2-24　某管道（甘肃段）坡面水毁

北坡段坡向 90°，坡度约 30°。坡面土体裸露，坡面上没有任何护坡措施。由于埋设管道施工完成后，坡面缺乏科学有效的排水设施，再加上未能及时恢复植被，导致坡面长期受雨水直接冲刷，形成较多冲沟，且较大的冲沟均沿管道两侧分布。冲沟宽 0.5～1.2m，深 0.5～1.2m，长度 10～50m 不等，坡顶部发育有一圆形的土坑，土坑直径约 5.3m，深约 2.2m，土坑内管道出露。管道东侧存在土质挖方边坡，边坡长约 80m，高 1.0～3.0m，坡度约 60°，局部地段近似直立。该边坡未发育有崩塌、滑坡地质灾害。

南坡段坡向 20°，与北坡段直线距离约 800m。该段坡面有少量杂草生长存活。但在管道东侧发育有一条雨水冲沟，自坡顶分布至下方简易道路处，为坡面雨水的主要排汇口。该冲沟总长度约 40m，宽度近 1.5m，深度约 1.0m。该冲沟距离管道约 0.5m。

斜坡处上覆第四系残坡积层厚度约 5m，为黄色—棕黄、棕红色粉质黏土，土体结构松散。下伏寒武系黄洞口组（ϵh）紫红色粉砂岩。

根据该坡面水毁灾害的特征及形成机制分析，影响该坡面水毁灾害的因素有坡度、坡面形态、高差、汇水面积、土体类型、土地利用类型、植被覆盖率、坡面冲刷程度、土体状态、降雨、人类工程活动等。其中，坡面形态、土体类型、坡面冲刷程度、土体状态、降雨、人类工程活动是该坡面水毁灾害形成的主要控制因素。

2. 河沟道水毁对管道的危害特征与破坏模式

河沟道水毁危害与管道敷设方式之间的相对空间关系包括"交切"与"平行"两种模式，可进一步分为管道穿越河沟道、管道跨越河沟道和管道顺河沟床敷设三种类型。不同的敷设方式下可能存在河沟床冲刷下切、淤积抬升和岸坡坍塌等危害，进而对管道的危害程度也不尽相同，如图 2-25 所示。

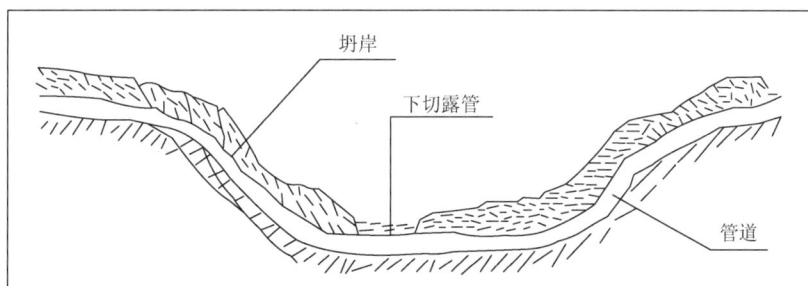

图 2-25　河沟道水毁灾害对管道的危害特征

河沟道水毁灾害是指主要发育于管道穿越河沟、顺河沟和岸坡敷设区段，因水动力引起的地质灾害。其表现形式主要为河沟床局部冲刷、河沟床下切、堤岸坍塌、堤岸侵（侧）蚀、河流改道和水工保护设施的破坏等。

河沟道水毁主要分布在常年性或季节性河沟的河沟床及岸坡，暴发洪水时产生强烈的冲蚀、侵蚀和淘蚀作用，使得管道穿越河沟和顺河沟（岸）敷设段的河沟床下切（蚀）和岸坡侧（淘）蚀。由于管道与河沟道水毁灾害的位置关系和敷设方式不同，其对管道的危害特征、危害程度也不尽相同，主要的危害特征表现在以下三个方面。

（1）管道穿越河道、冲沟、水渠敷设时，主要遭受河（沟）床的冲刷、下切侵蚀作用和岸坡侧（淘）蚀作用，导致管道上方覆盖层变薄、河（沟）床冲蚀下切和岸坡的坍（垮）塌、侵蚀等水毁破坏。将会使河（沟）床内管道浅埋、裸露管、悬管，同时受洪流及所夹杂的浮木、树枝和石块、巨砾冲（撞）击，将会使裸露、悬空的管道防腐层破损或弯曲变形，甚至管道发生破裂或断管（剪断）；在岸坡段敷设的管道受岸坡坍（垮）塌、侵蚀破坏的影响，将会使管道发生裸露管、悬管或挤压弯曲变形，如果受力过大，将会造成管道变形加剧，甚至发生断管（剪断）。

（2）管道顺河（沟）床或顺岸坡敷设时，其中当管道顺河（沟）床敷设时，主要遭受河（沟）床的冲刷、下切侵蚀作用，将会使河（沟）床内管道埋深变浅或发生长距离的裸露管、悬管，同时受洪流及所夹杂的浮木、树枝和石块、巨砾冲（撞）击，将会使裸露、悬空的管道防腐层破损或弯曲变形，甚至使管道发生破裂或断管（拉断）；当管道顺岸坡敷设时，主要受岸坡坍（垮）塌、侵蚀破坏的影响，将会使管道发生长距离的裸露管、悬管或受侧向挤压发生弯曲变形，甚至使管道发生破裂或断管（拉断、剪断）。

（3）在部分管道通过的较大型河流中人工采砂石活动频繁，导致河道形态改变，水文条件发生改变，加剧了河道的下切侵蚀和侧（淘）蚀作用，导致岸坡、河床稳定性降低，加剧河沟道水毁灾害的发育，可能对管道造成更大的危害。

管道沿线发育的河沟道水毁数量较多，但水毁灾害成灾规模以一般水毁为主，部分段发育大型水毁，河沟道水毁灾害与管道沿线暴发的暴雨（洪水）密切相关，且多具有发生频率高、突发性强、破坏性强、危害性较大等特点，因此，河沟道水毁灾害的危险性较明显、危害性一般相对较大。一旦发生水毁破坏，可能对管道造成的危害较大，降低其输送能力和使用寿命，甚至中断输油（气）、发生管道泄漏等险情，影响管道安全运营，造成巨大的损失。部分河沟道水毁还威胁到站场、阀室、管道沿线附属设施（特别是水工保护工程设施）、伴行路及居民的生命财产（如住房、田地、输电线路等）安全。

下面以某管道（甘肃段）沟河道水毁为例对河沟道水毁灾害对管道的危害和破坏进行介绍。

该河沟道水毁位于甘肃省礼县，管道沿河流左岸敷设，并穿越支沟，采用开挖埋设通过，河岸及支沟发生水毁（图 2-26）。

图 2-26　某管道（甘肃段）河沟道水毁

水毁段所处地貌为黄土高原沟间地地貌，地势平坦开阔，现为耕地，表层为黄土。

该点管道敷设于宋家河左岸一级阶地平台，村民田地内，管道走向与沟道基本平行，管道埋深约 1.8m。由于入汛以来降雨量增大，导致宋家河水位上涨，水流速度增大，沟道流水对两岸岸坡的侧蚀作用增加。垮塌区后缘距离管道 3～5m，由于该处岸坡高陡，若后期在流水的继续冲蚀下，该处岸坡将继续被掏蚀至垮塌，一旦管道外侧岸坡完全垮塌，将导致管道露管甚至悬空，威胁管道的安全。对于水毁应充分考虑管道埋设时距离河道边的安全距离，同时也应考虑河流凹岸冲刷凸岸堆积特征，如在凹岸部位应做好防护工作，凸岸地段就应减少或不做工程措施。

根据该河沟道水毁的特征分析，影响该河沟道水毁的因素有岸坡形态、坡高、河岸坡度、流域面积、地层岩性、岸坡及河沟道变形情况、岩土结构类型、降雨、流量、流速、人类工程活动等。其中，岸坡形态、河岸坡度、地层岩性、岩土结构类型、降雨、流量、流速、人类工程活动等是主要控制因素。

3. 台田地水毁对管道的危害特征与破坏模式

台田地水毁灾害是指主要发育于管道沿台地、田地敷设区段（图 2-27），因水动力引起的台田地水土流失。其表现形式主要为台田坎垮塌、台田地塌陷、水毁冲沟和水工保护设施的破坏等。位于台田地水毁发育范围内的管道，将会使管道发生裸露管、悬管，或使管道上方覆盖层变薄，对管道形成安全隐患。

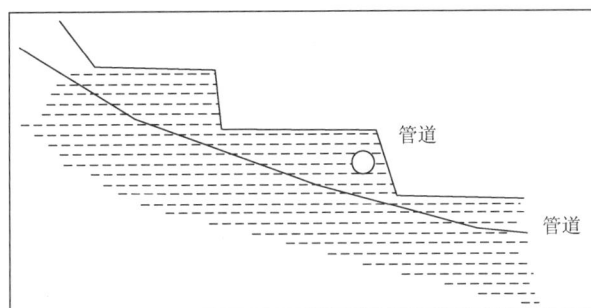

图 2-27　台田地水毁灾害对管道的危害

但随着台田地水毁的不断发展扩大，可能对管道造成更大的危害。当管道敷设段台田地由地表水的下渗形成地下径流或沿管沟形成暗流，易发生水毁潜蚀塌陷等水毁破坏，将会使管道发生长距离的悬管或挤压弯曲变形，严重时可能造成断管。

管道沿线发育的坡面水毁和台田地水毁数量较多，但水毁灾害成灾规模以一般水毁为主，其影响较小，主要以露管危害等为主，直接危害较小，间接危害较大，特别是管道水毁对管道伴行路的安全影响大，水毁易造成伴行路不畅，对管道运行维护影响较大。随着水毁灾害的不断发展扩大，其潜在危险性较明显，可能对管道造成的危害程度较大，降低其输送能力和使用寿命，甚至发生中断输油（气）、管道泄漏等险情，影响管道安全运营，造成巨大的损失。部分台田地水毁还威胁到站场、阀室、管道沿线附属设施（特别是水工保护工程设施）、伴行路及居民的生命财产（如住房、田地、输电线路等）安全。

通过对管道沿线发育的地质灾害类型、规模特征、发展趋势、管道与灾害的位置关系、敷设方式和灾害对管道的危害、破坏方式特征的分析、统计，管道沿线的滑坡、崩塌、泥石流和河沟道水毁灾害对管道的危害性相对较大，主要表现为受挤压、剪切、冲击、冲刷、侵蚀等作用影响后，管道发生的裸露管、悬管或挤压弯曲变形，而随灾害的进一步发展、发生，部分灾害会造成管道的破裂或断管（拉断、剪断）的严重危害。潜在不稳定斜坡、黄土陷穴、坡面水毁和台田地水毁灾害对管道的危害性相对较小，主要表现为受挤压、剪切、冲刷、侵蚀、潜蚀等作用影响后，管道发生的浅埋、裸露管、悬管，随灾害的进一步发展、发生，范围的进一步扩大，部分灾害会造成管道的弯曲变形，严重时可能造成断管。部分地质灾害还威胁到站场、阀室、管道沿线附属设施（特别是水工保护、护坡等工程设施）、伴行路及居民的生命财产（如住房、田地、输电线路等）安全，同时产生人为破坏或在裸露管段发生盗油等次生危害，造成较大损失。对于局部管段的人类工程活动（如河道采砂石活动等），现虽未对管道形成大的威胁，但随人类活动的发展，可能对管道形成潜在的危害，一旦加剧诱发形成地质灾害，会对管道造成严重的危害，因此应该对管道沿线此类人类活动更加重视，加强监测、排查。

下面以某天然气管道台田地水毁为例对台田地水毁灾害对管道的危害和破坏实例进行介绍。

该水毁位于四川省广元市（图 2-28）。该点属于构造剥蚀中低山地貌，斜坡地形，地形纵向上呈阶梯状延伸，各梯坎间呈 6～15m 的平台展布，现为耕地，表层为第四系含碎石粉质黏土，基岩为砂岩、泥岩互层，管道顺坡铺设，由于管道铺设处斜坡坡度较陡，加上管道左侧为当地居民要求过路的施工便道，便道处土质比较松软，所以在降雨作用下，土体逐渐饱和，墙后土压力增加，地基承载力降低，基础出现不均匀沉降，导致垮塌处有逐渐扩大的趋势。

图 2-28　某天然气管道台田地水毁

根据该台田地水毁的特征分析，影响该灾害点发育的因素有坎高、岩土类型、植被覆盖率、裂隙发育程度、土地利用类型、地表水体、降雨、人类工程活动等。其中，坎高、岩土类型、降雨、人类工程活动等是主要控制因素。

2.2.5　黄土陷穴灾害对管道的危害特征与破坏模式

黄土陷穴灾害是地表水、地下水对黄土的渗透、冲刷及溶蚀、侵蚀、潜蚀作用所产生的侵蚀性灾害，其灾害表现形式主要为陷穴、陷坑、陷沟、落水洞和管沟塌陷等。位于黄土陷穴发育范围内的管道，容易使管道发生裸露管、悬管，甚至发生弯曲变形，如图 2-29 所示。

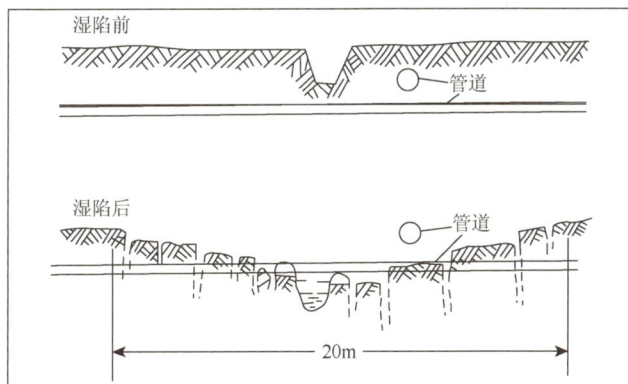

图 2-29　黄土陷穴灾害对管道的危害

随着黄土陷穴的不断发展扩大，可能对管道造成更大的危害。当管道位于谷坡上部、梁峁塬的边缘陡坡地带或冲沟的沟头附近时，由于陷穴的发育对促进沟头的伸展、谷坡的扩展有很大的作用，对管道的威胁和潜在威胁较大，将会使管道发生长距离的露管、悬管或挤压弯曲变形，严重时可能造成断管（剪断）；当管道敷设段发育的黄土陷穴继续发展扩大，可能在管道下方形成暗穴和串通的穴间孔道，引起管沟带产生长距离的黄土陷落、塌陷，将会使管道发生长距离的悬管或挤压弯曲变形，严重时可能造成断管（剪断）。

管道沿线发育的黄土陷穴灾害规模一般较小，黄土陷穴灾害的危险性、危害性一般相对较小。但随着黄土陷穴的不断发展扩大，其潜在危险性较明显，可能对管道造成的危害较大，降低其输送能力和使用寿命，甚至中断输油（气）、发生管道泄漏等险情，影响管道安全运营，造成巨大的损失。部分黄土陷穴还威胁到站场、阀室、管道沿线附属设施（特别是水工保护工程设施）、伴行路及居民的生命财产（如住房、田地、牲畜等）安全。

下面以某管道黄土陷穴为例对黄土陷穴灾害对管道的危害和破坏进行介绍。

该水毁位于甘肃省陇西县（图 2-30），管道由北向南沿山脊线布设，该处管道前进方向左侧约 25m 处布设有与管道基本平行的乡间小路，该乡间小路形成明显的低凹地貌，乡间小路两端的汇水在此处汇集后顺管道方向外泄，因此该处较厚的黄土丘陵地貌在水流的作用下形成湿陷黄土陷穴。调查时未见保护措施，陷穴有逐渐扩大的趋势，如不加治理，

图 2-30　某管道黄土陷穴

湿陷的范围将继续扩大、加深,可能导致管道浅埋,最终造成露管、悬管,对管道的安全构成威胁。

根据该地质灾害点的特征分析,影响该地质灾害点发育的因素有地形起伏程度、微地貌特征、汇水面积、植被覆盖率、土体类型、土地利用类型、土层厚度、黄土湿陷程度、土体密实度、降雨、变形特征、地表水入渗情况、人类工程活动等。其中,微地貌特征、土体类型、黄土湿陷程度、土体密实度、降雨、地表水入渗情况、人类工程活动等是主要控制因素。

第3章 单体管道地质灾害风险评价原理与方法

3.1 评价原则与目标

3.1.1 评价原则

单体管道地质灾害风险评价是在地质灾害易发性评价基础之上建立的，考虑外在易于诱发地质灾害发生的各种因素及各因素间可能的相互组合对地质灾害发生的影响，并跟踪地质灾害现今所处变形破坏阶段，评价和预测地质灾害发生的可能性大小及可能对管道造成的危害。评价因子是指评价中能反映管道地质灾害要素和环境整体质量要素（或参数）的种类。对于一个复杂的管道系统如何选取评价因子进行评价或分级不像单一因子分级那么容易，其直接影响着评价结果的准确性。因此单体管道地质灾害风险评价应遵循以下原则。

1）综合性原则

综合性主要体现在以下几个方面：

（1）综合考虑各要素。区域内各单元的地质灾害危险性程度是该单元各要素物质、能量和外部形态及各要素相互共同作用的综合结果，评价应该尽可能全面综合各要素的作用。

（2）综合运用各种方法与模型。由于考虑问题的出发点不同，可以采取多种方法和模型分别对单体管道地质灾害危险性作出评价，这些方法和模型各有优缺点并互为补充，因而需要采取适当的措施综合各种方法和模型得出评价结果，最终得到一个更为准确客观的危险性评价结果。这种综合不是简单的算术平均或者加权平均，有学者曾提出"专家判断＋机制分析＋定量模型"互补评价模型，诸如这样的综合才是有理论和实践意义的。

2）主导因素原则

控制和影响地质灾害孕育发生的各个要素对其危险性的贡献各不相同，因此各要素在评价中所起的作用也理当不同，在无法全面考虑所有因素及其相互关系的情况下，应抓住主导因素对管道地质灾害风险性的控制作用，忽略次要因素的影响。对于单体管道地质灾害危险性评价这样一个高度复杂的问题，这种简化是非常必要的。

3）限制性原则

或称敏感因子原则。由于某一个或者某些要素（敏感因子）对斜坡的稳定性程度起着至关重要的制约和限制作用，因此在进行单体管道地质灾害风险性评价时，常常需要根据实际情况突出这些敏感因子的作用，即当这些敏感因子组合满足某种条件时，无论其他因素条件状态如何，都倾向于判定该斜坡的稳定性差、地质灾害危险性高。

4）层次性原则

在进行管道地质灾害危险性评价时需要充分体现层次性原则。层次性原则主要体现在如下几个方面：

（1）灾害类型的层次性。不同的地质灾害类型，受控的主次要因素存在差异。在进行风险性评价时，需要区分不同的地质灾害类型，针对不同类型的地质灾害，对因素权重进行适当调整。必要时，针对某种或某几种特定的地质灾害，还可能需要采用完全不同的评价指标体系。另外，获得的资料详细程度不同、区域内地质灾害发育的复杂程度不同，评价时采用的指标体系、评价单元的形式与大小、评价模型和方法相应地也都可能不同。

（2）因素条件组合层次性。考虑到未来环境条件可能发生的变化，单体管道地质灾害的潜在危险性有可能存在不同的结果。因此在进行单体管道地质灾害风险性评价时需要分析未来环境可能发生的变化，分层次拟定一系列因素条件组合，针对这些因素条件组合分别进行现状评价、预测评价，从而得到一系列评价预测结果。

5）定性与定量相结合的原则

单体管道地质灾害自身的特点决定了在对其进行风险评价时需要定性与定量两种方法相结合，以定量分析的途径作为定性分析的数学表达，以定性分析的结果作为约束定量评价的框架，二者缺一不可。

3.1.2　评价目标

单体管道地质灾害风险评价是在一定周期内对风险区威胁管道安全运行的地质灾害发生的概率及其可能对管道造成危害的性质和程度进行定性或者定量化分析与评估的过程。管道地质灾害评价就是要从管道地质灾害管理的需要出发，在管道地质灾害管理的全过程中，全方位跟踪调查、总结、研究、分析和评价整个区域内部过去、现在和未来不同时期地质灾害发生的方式、强度、频率、地点、影响范围、（可能）造成的损失、对管道安全运营造成的影响大小（重要性排序），为制定科学合理的管道地质灾害防治管理战略、防治管理规划、发展规划提供依据，并反馈评价地质灾害防治管理对策的绩效，进而在管道后续管理中采取相应的工程措施，为管道工程建设和运行中的地质灾害预防及治理工程提供科学依据。

3.2　单体管道地质灾害风险评价理论及评价数学模型

3.2.1　风险评价理论

单体管道地质灾害风险评价可采用定性评价、半定量评价和定量评价法。在地质灾害防治规划阶段，宜采用定性评价、半定量评价方法实施单体管道地质灾害风险评价；对列入近期治理规划的规模较大的滑坡、崩塌灾害点，宜采用定量风险评价法进行评价。

目前，在单体评价方面，国际上多采用定性或半定量方法。而对于定量评价，虽然做了一些研究，但多采用数值模拟和物理模型试验等理论方法，现场可操作性差，理论研究进展缓慢，做了大量简化，与实际不符，尚没有系统的评价方法。对于定性或半定量方法，油气管道地质灾害风险评价主要采用以下两种评价模型，即 Kent 开发的定性管道风险管理模型和地质灾害风险评价通用模型——基于指标评分法的模型。定性评价和半定量评价将单体管道地质灾害风险划分为五个级别：高、较高、中、较低、低（分级原则参照表 3-1）。

表 3-1　地质灾害风险分级原则

风险等级	风险描述
高	该等级风险为不可接受风险
较高	该等级风险为不希望有的风险
中	该等级风险为有条件接受风险
较低	该等级风险为可接受风险
低	该等级风险处于可忽略程度

3.2.2　风险评价数学模型

模型是实际的概化,一个切合实际的模型只有对所研究系统的构成、结构等有了深刻认识,占有了大量实际资料、数据,掌握了实际问题的变化规律后,才可能从实际系统中抽象出反映实际变化过程的概念模型。因此,在确定单体管道地质灾害风险评价数学模型时,必须对单体地质灾害发育的地质环境背景进行深入、全面、系统的定性分析,在此基础上建立概念模型,进而抽象出数学模型。

从另一个方面讲,只有给数学模型输入高质量的能贴切反映地质环境因素性状的参数,才能获得令人信服的结果。为此,也必须对研究区地质环境进行系统的调查、监测和全面的分析研究。此外,由于地质环境的复杂性与不确定性,以及人们对其本质认识的局限性,使得人们在对某一具体地区的单体管道地质灾害危险性进行综合评价时,往往还需依靠专家的经验判断来评价某一因子的贡献大小。总之,单体管道地质灾害风险性评价应以定性分析为基础,进而力求实现定量化。

在评价地质环境时,对于不同地区的地质灾害,甚至是同一地区的不同类型的地质灾害,由于其所受内在因素和外动力条件各不相同,对灾害稳定性进行空间预测比进行时间预报还要困难。国内外已有不少研究者提出了灾害稳定性的空间预测方法,比如信息量法、逻辑信息法、综合判别分析法、模糊综合评判法、专家评分法、变形破坏指数法、回归分析法、危险概率分析法以及神经网络模型法等。综合考虑其适用条件、可操作性、数据的可获得性、分析结果的可靠性等多个方面的因素,选定了神经网络模型法、信息量法、模糊综合评判法、回归分析法作为评价的基本数学模型。同时,作为对这些数学模型必要的和有益的补充,引入敏感因子模型和地质分析推理方法这两种定性分析为主的模型或思考方法。

1. 人工神经网络模型

人工神经网络(artificial neural network)又称并行分布式处理(parallel distributed processing),最早出现于 20 世纪 40 年代至 80 年代后期,世界范围内掀起了神经网络研究开发的高潮。

人工神经网络是由大量与自然神经细胞类似的人工神经元互联而成的网络。神经网络解决问题的方式与传统的统计方法完全不同,它是模拟人脑的思维,把大量的神经元连成一个复杂的网络,利用已知样本对网络进行训练,即类似于人脑的学习;让网络存储变量间的非线性关系，即类似于人脑的记忆功能；然后利用存储的网络信息对未知样本进行分类或预测，即类似于人脑的联想功能。它是一种智能化的数据处理方法，其处理具有非线性关系数据的能力，是目前其他方法所无法比拟的。

目前，随着各种神经网络理论模型和学习算法的提出，神经网络理论已日趋成熟，其应用已渗透到生物学、物理学、地质学等诸多领域，并已在智能控制、模式识别、非线性优化等方面取得了令人鼓舞的进展。

Lees 曾经描述到"神经网络是一种处理设备，被用作一种算法或者用在硬件中，其设计是受哺乳动物的脑的结构和功能的启发，它们以某种方式对训练数据输入做出反应以对它们的初始状态作出调整，不同于传统算法的是它们可以学习"。P. Aleotti 等进一步认为神经网络是一种用于处理那些常规数学模型很难完成的滑坡地质灾害危险性评价的有效的方法。

随着计算机技术发展，软硬件的提升，人工智能已经成为科学热点，将神经网络应用于地质灾害已有计算科学软硬件支撑，当足够的样本具备，将使相同区域预测成为可能。

在现有的几种学习算法中，误差向后传播（error back-propagation）是最流行的一种算法（BP 法），这种学习过程因其网络传播误差而得名，其一般对应前向网络模型。如图 3-1 所示，网络结构由三部分组成：输入层、中间隐含层、输出层。三部分之间通过各层结点之间的连接权依次前向连接。中间隐含层可为一层或多层，但已证明，对应于一个三层网络，便可以实现以任意精度近似任何连续函数，所以一般只设一层中间层。

随着样本提高，就可以增加样本权重取值的准确性，同时，计算能力的提升使得多层计算的进行成为可能，层数设计越高，其函数的连续性越能得到保障。因此当不同层之间不存在奇异点时，计算就会取得非常满意的效果。

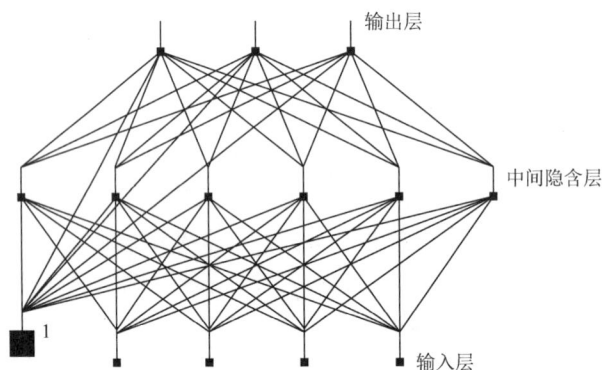

图 3-1　三层 BP 神经网络模型结构示意图

1）BP 算法

用任意小（一般取[0，＋1]）的随机数设置各层结点之间的初始连接权和各结点的初始阈值。

设 BP 神经网络的输入层有 n 个结点，隐藏层有 q 个结点，输出层有 m 个结点，输入层与隐藏层之间的权值为 v_{ki}，隐藏层与输出层的权值为 ω_{jk}，隐藏层的激活函数为 $f_1(\bullet)$，输出层的激活函数为 $f_2(\bullet)$。

$$\begin{cases} Z_k = f_1 \left(\sum_{i=0}^{n} v_{ki} X_i \right), k = 1, 2, \cdots, q \\ O_j = f_2 \left(\sum_{k=0}^{q} \omega_{jk} Z_k \right), j = 1, 2, \cdots, m \end{cases} \tag{3-1}$$

式中，X_i——第 i 结点的输出；

　　　Z_k——隐藏层结点的输出值；

　　　O_j——输出层结点的输出值。

其中，i、j、k 为对应层结点序列；激活函数 $f(\bullet)$ 一般取 Sigmoid 函数，即

$$f(x) = (1 + e^{-x})^{-1} \tag{3-2}$$

比较输出层各结点实际输出值和期望输出值之间的差别，将误差反向传播给输出层以下各层结点，即按下式用迭代法对输出层和隐藏层进行权值修正：

$$\begin{cases} \omega_{jk}(n) = \omega_{jk}(n-1) + \eta \delta_j(n) Z_k \\ v_{ki}(n) = v_{ki}(n-1) + \eta \delta_k(n) X_i \end{cases} \tag{3-3}$$

式中，δ_j、δ_k——第 j、k 结点的误差；

　　　η——学习率；

　　　n——迭代次数。

采用期望输出值和实际输出值差的平方和为误差函数，于是得到 p 个样本的误差，即

$$E_p = \frac{1}{2} \sum_{j=1}^{m} (y_j^p - o_j^p)^2, j = 1, 2, \cdots, m \tag{3-4}$$

式中，y_j^p——期望输出值；

　　　o_j^p——实际输出值；

　　　p——样本数。

重复迭代计算，直至实际输出与期望输出的均方差小于某一给定值 ε 为止，网络训练完毕。

运用学习好的网络，输入待预测的样本，便可以直接得到相应的预测结果（图 3-2）。

从上面的学习过程可以看出，误差反向传播学习分成两个阶段：①对于给定网络输入，通过现有连接权将其正向传播，获得各个单元的实际输出；②首先计算出输出层各单元的一般化误差，这些误差逐层向输入层方向逆向传播，以获得调整各连接权所需各单元参考误差。

值得指出的是，当已知样本数目和因素变量数目都比较大的时候，网络的学习训练往往需要成千上万次迭代才能收敛到满足要求的精度范围，需花费一定计算时间，但只要网络学习完毕，预测便比较容易。

2）算法优化和改进

BP 学习算法存在着一些不足之处，相应的可以有一定的优化改进措施：该学习算法的收敛速度非常慢，常常需要成千上万次的迭代，而且随着训练样本维数的增加，网络的性能会变差。为了提高其收敛速度，可以采用加冲量法或者自适应学习率算法、采用共轭梯度法等。同时也可以考虑适当降低输入结点的数目，即减少变量数。

从数学上看，它是一种梯度下降法，这就可能导致局部最小问题。当局部极小点产生

时，BP 算法所求得的就不是问题的解，故而此算法是不完备的（所谓算法的完备性是指，若问题有解，运用算法就一定能够求得其解）。目前采用一定的方法，比如模拟退火法，可以在一定程度上防止其陷入局部最小。

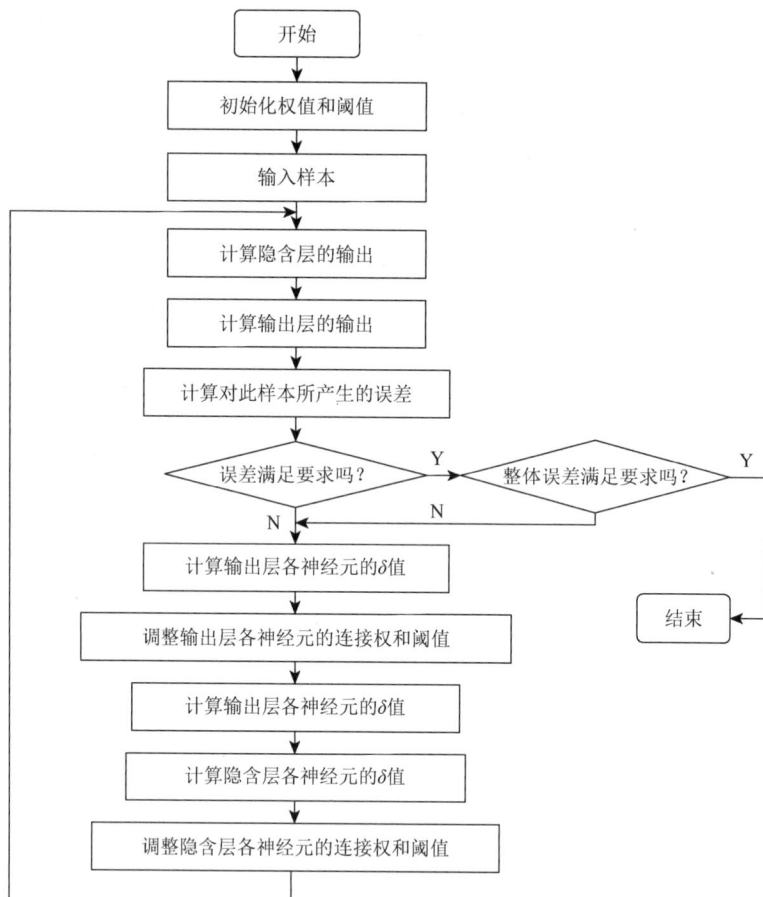

图 3-2　神经网络学习算法

比如可以采用自适应学习率算法来调节学习率，因为学习率的选取对神经网络来说是很重要的，总是希望它能够在训练过程中被自动调整。该算法的原理主要是：如果当前时刻误差大于前一时刻误差的一定量时，说明权值修正方向发生偏离，应当减小学习率；反之，如果当前时刻误差小于前一时刻误差时，说明此时的权值修正方向完全正确，需要加速学习速度，应当使学习率升高。这个方法能够使神经网络以较大的速率进行训练，同时又不至于偏离误差最小的方向。根据经验，给出了如下的学习率调整公式：

$$\eta(t+1) = \begin{cases} \phi\eta(t), \phi>1, \text{当}\Delta E<0, \\ \phi\eta(t), \phi<1, \text{当}\Delta E>0。 \end{cases} \tag{3-5}$$

式中，$\Delta E = E(t) - E(t-1)$，$E(t)$ 为 t 时刻的误差；

ϕ——调节因子。

$$\begin{cases} \phi = 1.05, \Delta E < 0, \\ \phi = 0.75, \Delta E > 0。 \end{cases} \tag{3-6}$$

网络中隐含层结点数目的选取尚无理论上的指导。经验表明，中间层结点数目过少，不能有效映射输入层与输出层之间的关系，而中间层结点数目过多，同样收敛速度较慢，这是由于网络过于精细地反映了输入层与输出层之间的关系，反而易于"因小失大""一叶障目，不见泰山"。所以准确地说，到底选取多少中间层结点数比较合适，往往要靠反复多次的演算训练，才能得出较为圆满的答案。程序中根据输入层和输出层的结点数，推荐了一个中间层结点数，一般情况下是可行的。

当有新的样本加入时，会影响已经学习过的样本，而且要求刻画每个输入样本的特征的数目相同。如果存在着相互矛盾的样本，但由于神经网络具有一定的容错性，其收敛速度必然受到很大的影响。所以对与这些矛盾样本输入模式类似的未知样本的预测的准确性也将有很大的影响。

正是由于神经网络的预测原理是基于通过对已知样本的学习记忆（图 3-3），按照记忆的特性来进行联想预测的，所以待预测的未知样本必须和已知样本有较大的相似性，否则网络将得出错误的结论。预测样本与已知样本差别越大，预测的准确性就越低。这要求在进行预测时，首先要保证学习样本尽量包括各种类型，以便神经网络在自学习和自组织过程中记忆尽可能多的样本特性。另外，样本的数目也不能太少，否则网络的学习效果会受到影响。

当人工智能提高时，处理的速度和效率就会提高，当样本修正以及其自主学习强时，依托云计算能力就会取得很大突破，这将为管道保护运行提供充分的依据。

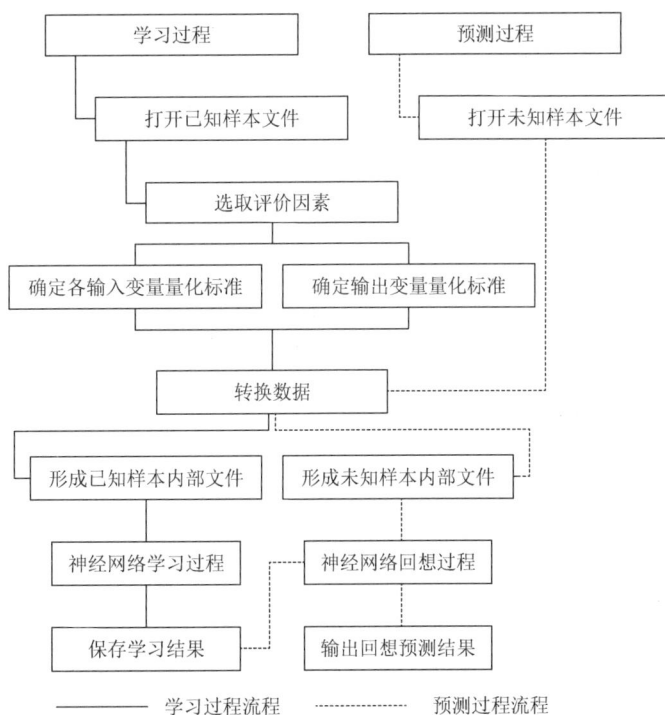

图 3-3　神经网络评价预测模型框图

2. 信息量法

信息量法是由信息论发展而来的一种评价预测方法。信息论是由 C. E. Shannon 创立的，他首先提出了信息概念及信息熵的数学表达。晏国珍（1988）将信息论引入到滑坡预测中继而被许多学者广泛应用到地质环境质量评估和地质灾害危险性评价中。

信息量法通过计算诸影响因素对斜坡变形破坏所提供的信息量值叠加，作为预测的定量指标，其具体计算过程如下：

1）计算单因素（指标）x_i 提供给滑坡地质灾害发生（A）的信息量 $I(x_i, A)$：

$$I(x_i, A) = \lg \frac{P(x_i/A)}{P(x_i)} \qquad (3\text{-}7)$$

式中，　$P(x_i/A)$ ——滑坡发生条件下出现的概率；

　　　　$P(x_i)$ ——研究区指标出现的概率。

具体运算时，总体概率用样本频率计算，即

$$I(x_i, A) = \lg \frac{N_i/N}{S_i/S} \qquad (3\text{-}8)$$

式中，S——预测区总单元数；

　　　　N——预测区已知发生滑坡的单元总数；

　　　　S_i——含有的单元个数；

　　　　N_i——含有指标，并且已经发生了滑坡的单元个数。

2）计算某一单元在 p 种因素组合情况下，提供边坡变形破坏的信息量，即

$$I_i = I(x_i, A) = \sum_{i=1}^{p} \lg \frac{N_i/N}{S_i/S} \qquad (3\text{-}9)$$

式中符号意义同上。

3）根据单元 I_i 的大小，确定单元危险性等级：$I_i < 0$，该单元发生地质灾害的可能性小于区域平均发生地质灾害的可能性；$I_i = 0$，该单元发生地质灾害的可能性等于区域平均发生地质灾害的可能性；$I_i > 0$，该单元发生地质灾害的可能性大于区域平均发生地质灾害的可能性。即单元信息量值越大，滑坡地质灾害越易发生。

经统计分析（主观判断或聚类分析）找出分界点，将所得结果转化为相应的危险性程度。

3. 信息权法

谭卓英等（2005）在信息量模型的基础上，利用现代信息理论，提出了信息权的概念并建立了信息权模型。采用分级计权方法，反映了要素及要素与因子间的作用程度及层次关系，并采用数理逻辑推理，避免了人为因素干扰，适合于地质环境系统环境变量数据的不确定性和不完备性以及多数工程只需广义危险性评判的需要。

谭卓英等指出，在以上信息量模型中，评价因子各状态指标值（或变量值）是以事件出现的概率来表征的，未考虑评价因子及其状态指标在评价中所起作用大小的程度，显然这是不客观的。事实上，地质灾害危险性评价中包括了多个评价因子（或要素），各评价

因子对地质灾害危险性这一评价目标的贡献是不同的,而且各评价因子有多种状态或有多个变量指标,它们对目标的贡献也是不同的,应该区别对待。在传统的信息量模型中,将变量提供的信息量作为信息权看待,实际上考虑的不是权,而是一种概率。概率只反映了指标变量数方面的特征,而作为作用程度的权重是隐含的量,并未被考虑。

因此,信息量模型是一种未考虑因子权重的评价方法,不能很好地反映重要因子的影响。应该指出,重要因子是一个动态的概念,评价对象不同,评价目标不同,评价的侧重点也相应不同。

1)信息权模型原理

(1)单变量的信息权。

定义信息权如下:设评价目标总体为 Q,第 i 因素状态指标或单要素评价因子 x_{ij}(i = 1, 2, $\cdots$, m;j = 1, 2, $\cdots$, k)提供给目标 Q 的信息为 $I(x_{ij}, Q)$,且符合 Shannon 信息的定义,则同样总体概率可用样本概率估计,即

$$I(x_{ij}, Q) = \lg \frac{(N_{ij} / N)}{(S_{ij} / S)} \tag{3-10}$$

如将 x_{ij} 提供给地质灾害危险性的信息权记为 $H(x_{ij}, Q)$,则

$$H(x_{ij}, Q) = W_{ij} I(x_{ij}, Q) = W_{ij} \lg \frac{(N_{ij} / N)}{(S_{ij} / S)} \tag{3-11}$$

式中, W_{ij} ——单因素状态指标 x_{ij} 对目标 Q 的权重。

在实际应用中,式(3-11)还可以采用面积密度、体积密度、线密度及点密度来计算。主要视评价对象、评价目标及数据提取的方便性而定。实际运用中采用何种方法,应以数据采集方便、保真度高为原则。

(2)单因素信息量。

某一评价因素 i 状态指标 x_{ij} 有 k 种指标状态(状态标志变量),则因素 i 提供给目标的信息权为

$$H_i = \sum_{i=1}^{k} W_{ij} I(x_{ij}, Q) = \sum_{i=1}^{k} W_{ij} \lg \frac{(N_{ij} / N)}{(S_{ij} / S)} \tag{3-12}$$

(3)评价单元总信息量。

若某个评价单元有 m 个因子,各因子的权重为 W_i,则该评价单元 m 个因子提供给地质灾害危险性 Q 的总信息量 I_d(d 为评价单元数,d = 1, 2, $\cdots$, N)为

$$I_d = \sum_{i=1}^{m} H_i W_i = \sum_{i=1}^{m} \left(W_i \sum_{j=1}^{k} W_{ij} \lg \frac{(N_{ij} / N)}{(S_{ij} / S)} \right) \tag{3-13}$$

据此,可计算评价单元信息量的大小,并根据一定的判据对评价单元划分危险性等级并进行分区。

2)单因素(变量)指标权重 W_{ij}

单因素状态变量指标分为状态分级指标和变量数值指标两种类型。

(1)状态分级指标。

在地质灾害危险性评价中,常将某种要素分成几种等级状态。如区域地壳稳定性常以

地震烈度进行分级。此时，每一种状态相当于一种变量，且同一因素的各种状态数据类型和量纲相同。对于描述性的状态指标，则应先给出评分标准，再给各级状态打分。打分时应力求客观，避免人为因素的影响。最后根据得分值进行归一化处理。

因素各状态均包含于同一因素之中，其物理意义相同。其数值的大小即反映因素贡献的大小，因而权重的确定可直接用该因素下各状态因子组成的 $1 \times k$ 维向量矩阵进行初值化、均值化或极值化等归一化处理。各种状态的归一化处理值即为该状态分级指标的权重值。若因素 X 包含有 k 种状态指标（已转化为数值指标），各状态指标（变量）的权重为 W_{ij}，则可以有如下几种不同的权重定义：

初值化权重

$$W_{ij} = x_{ij} / x_{i1} \tag{3-14}$$

均值化权重

$$W_{ij} = x_{ij} / \overline{x}_i, \quad \overline{x}_i = \frac{1}{k} \sum_{j=1}^{k} x_{ij} \tag{3-15}$$

极值化权重

$$W_{ij} = (x_{ij} - x_{i\min}) / (x_{i\max} - x_{i\min}) \tag{3-16}$$

或者

$$W_{ij} = x_{ij} / x_{i\min}, \quad W_{ij} = x_{ij} / x_{i\max} \tag{3-17}$$

式中，$j = 1, 2, \cdots, k$；

$\overline{x}_i$ ——状态变量指标中的 x_{ij} 变量评价指标的平均值；

$x_{i\min}$ ——状态变量指标中的下限指标值。$x_{i\min} = \mathrm{Min}\{ x_{i1}, x_{i2}, \cdots, x_{ik} \}$；

$x_{i\max}$ ——状态变量指标中的上限指标值。$x_{i\max} = \mathrm{Max}\{ x_{i1}, x_{i2}, \cdots, x_{ik} \}$。

（2）变量数值指标。

评价要素可能含有多个因子变量，这些因子变量的物理意义不同、数值不同、量纲不同，因而数据大小悬殊。此时，该因素下各变量组成的 $1 \times k$ 维向量矩阵的每一向量表征的意义不同，不能在同一矩阵内进行归一化处理。解决的办法是借用评价标准向量矩阵，利用各变量相应评价标准的初始向量、均值向量、极值向量进行初值化、均值化及极值化处理。这样处理后的结果反映了该变量贡献的大小，因此就表征了权重。

若第 i 个要素包括 $x_{ij} (j = 1, 2, \cdots, k)$ 个因子（变量），则变量组成的 $1 \times k$ 维向量矩阵 $\{ x_{i1}, x_{i2}, \cdots, x_{ik} \}$，其中，$x_{ij}$ 变量对应的评价标准组成的向量矩阵为 $\{ b_{i1}, b_{i2}, \cdots, b_{ik} \}$，$k$ 为该变量因子评价标准的分级数，则

初值化权重

$$W_{ij} = x_{ij} / b_{i1} \tag{3-18}$$

均值化权重

$$W_{ij} = x_{ij} / \overline{b}_i, \quad \overline{b}_i = \frac{1}{k} \sum_{j=1}^{k} b_{ij} \tag{3-19}$$

极值化权重

$$W_{ij} = (x_{ij} - b_{i\min}) / (b_{i\max} - b_{i\min}) \tag{3-20}$$

或者

$$W_{ij} = x_{ij} / b_{i\min}, \quad W_{ij} = x_{ij} / b_{i\max} \tag{3-21}$$

式中，$j = 1, 2, \cdots, k$；

$\overline{b}_i$——评价标准中的 x_{ij} 变量评价指标的平均值；

$b_{i\min}$——评价标准中的下限指标值。$b_{i\min} = \mathrm{Min}\{b_{i1}, b_{i2}, \cdots, b_{ik}\}$；

$b_{i\max}$——评价标准中的上限指标值。$b_{i\max} = \mathrm{Max}\{b_{i1}, b_{i2}, \cdots, b_{ik}\}$。

3）单因素权重 W_i

在地质环境质量评价中，评价要素是多方面、多层次且相互独立的。因素的量主要在状态变量指标中表征，但其重要程度（权重）还与其他因素在地质灾害危险性（事件）中的作用大小有关，用公式表示为

$$W_i = C_i \prod_{j=1}^{k} W_{ij} = C_i \times W_{i1} \times W_{i2} \times \cdots \times W_{ik} \tag{3-22}$$

式中，C_i——第 i 要素在地质灾害危险性中所占的比重（$i = 1, 2, \cdots, m$）。

令 $y_i = \prod_{j=1}^{k} W_{ij}$，则内部含量表征 y_i 所构成的 $1 \times m$ 维向量矩阵为 $\{y_1, y_2, \cdots, y_m\}$，向量矩阵经标准化处理即可得各要素在总体 Q 中的权重，即

$$C_i = y_i / \sum_{i=1}^{m} y_i \ (i = 1, 2, \cdots, m) \tag{3-23}$$

信息权模型是在信息量模型基础上发展起来的信息评价方法，考虑了要素及要素与状态指标（变量）的层次关系，以及它们对地质灾害危险性的贡献，采用数理逻辑推理，权重的确定不受人为因素的干扰，确保了评价方法的可靠性。方法简单，适用于单因素及多因素综合评价。根据评价要求，该法甚至可避开地质灾害系统参数的不确定性和不完备性问题，并满足多数工程只需广义危险性识别的要求，因而具有广阔的应用前景。

4. 模糊综合评判

模糊综合评判方法是应用模糊关系合成的特性，从多个指标对被评价事物隶属等级状况进行综合性评判的一种方法，它把被评价事物的变化区间作出划分，又对事物属于各个等级的程度作出分析，这样就使得对事物的描述更加深入和客观。故而模糊综合评判方法既有别于常规的多指标评价方法，又有别于打分法。

1）模糊综合评判数学原理

由于地质环境系统的复杂性，地质环境评价需要研究的变量关系较多且错综复杂，其中既有确定的可循的变化规律，又有不确定的随机变化规律，人们对生态地质环境的认识也是既有精确的一面，也有模糊的一面。用绝对的"非此即彼"有时不能准确地描述生态地质环境中的客观现实，经常存在着"亦此亦彼"的模糊现象，其刻画与描述也多用自然语言来表达。自然语言最大的特点是模糊性。从逻辑上讲，模糊现象不能用 1 真（是）或 0 假（否）二值逻辑来刻画，而是需要一种用区间[0, 1]的多值（或连续值）逻辑来描述。可见，运用模糊理论解决地质环境质量评价问题，是模拟人脑某些思维方式，提高认识生态地质环境系统的一种有效方法。因此，生态地质环境质量评价中引入了模糊综合评判方

法是客观事物的需要，也是主观认识能力的发展。

模糊综合评判数学原理表达如下：

设 $U = \{u_1, u_2, \cdots, u_m\}$ 为评价因素集，$V = \{v_1, v_2, \cdots, v_n\}$ 为危险性等级集。评价因素论域和危险性等级论域之间的模糊关系用矩阵 $\underset{\sim}{R}$ 来表示：

$$\underset{\sim}{R} = \begin{bmatrix} r_{11} & r_{12} & \cdots & r_{1n} \\ r_{21} & r_{22} & \cdots & r_{2n} \\ \vdots & \vdots & & \vdots \\ r_{m1} & r_{m2} & \cdots & r_{mn} \end{bmatrix} \tag{3-24}$$

式中，$r_{ij} = \mu(u_i, v_j)(0 \leqslant r_{ij} \leqslant 1)$，表示就因素 u_i 而言被评为 v_j 的隶属度；矩阵 $\underset{\sim}{R}$ 中第 i 行 $R_i = (r_{i1}, r_{i2}, \cdots, r_{in})$ 为第 i 个评价因素 u_i 的单因素评判，它是 V 上的模糊子集。

实际上，不同因素在地质灾害危险性评价中所起的作用是有大小之分的，即必须考虑因素的权重问题。

假定 $\alpha_1, \cdots, \alpha_m$ 分别是评价因素 $u_1, \cdots, u_m$ 的权重，并满足 $\alpha_1 + \cdots + \alpha_m = 1$，令 $\underset{\sim}{A} = (a_1, a_2, \cdots, a_m)$，则 $\underset{\sim}{A}$ 为反映了因素权重的模糊集（即权向量）。

由权向量与模糊矩阵进行"合成"得到综合隶属度 $\underset{\sim}{B}$，即通过模糊运算 $\underset{\sim}{B} = A o R$，求出模糊集 $\underset{\sim}{B} = (b_1, b_2, \cdots, b_n)(0 \leqslant b_j \leqslant 1)$，其中 $b_j = \sum_{i=1}^{m} a_i r_{ij} M(\bullet, \oplus)$，$M(\bullet, \oplus)$ 为加权算子。

根据最大隶属度准则，$b_{i_0} = \max_{1 \leqslant k \leqslant n} \{b_j\}$ 所对应的分级即为危险性等级 i_0。

b_j 表示被评级对象从整体上看对评价等级模糊子集元素 V_j 的隶属程度。

2）隶属度的确定

隶属度的确定实际上是单因素评判问题。评价因素根据其数据特征可分为定量因素和定性因素。这里认为定量因素的数据特征为实数，定性因素的数据特征为特征状态。对于特征状态型的定性因素，采用专家经验法、德尔菲法等方法确定评价因素对地质灾害危险性等级的隶属度。隶属函数的分界阈值，以及定性因素的隶属度的给定，依据具体情况，也可做特殊处理。表 3-2 是一个隶属度取值示例。

表 3-2　隶属度取值

评价因素	特征状态	隶属度			
		危险性低（Ⅰ）	危险性较低（Ⅱ）	危险性较高（Ⅲ）	危险性高（Ⅳ）
斜坡结构类型	陡顺倾坡	0	0	0.2	0.8
	中顺倾坡	0	0	0.2	0.8
	陡反倾坡	0	0	0.2	0.8
	中反倾坡	0	0.1	0.7	0.2
	缓顺倾坡	0	0.1	0.7	0.2
	近水平斜坡	0.1	0.7	0.2	0
	斜交坡	0.1	0.7	0.2	0
	横向坡	0.8	0.2	0	0

对于实数型定量因素，则常采用梯形型隶属函数来确定评价因素对危险性等级的隶属度。

例如，斜坡坡度的隶属度函数取梯形函数，危险性等级为 4 级（1 级为不危险，4 级为危险）。Ⅰ、Ⅱ、Ⅲ、Ⅳ分别为 1 到 4 级的危险性等级，斜坡坡度的隶属度函数如图 3-4 所示。

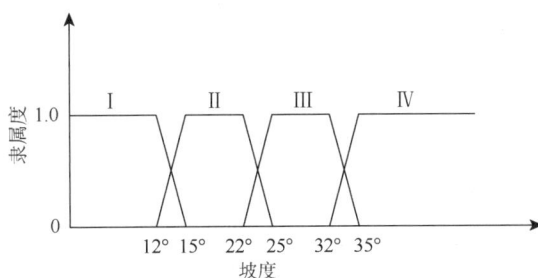

图 3-4　隶属函数示意图

其他定量描述的因素可类似考虑。

3）权重的确定

确定各评价因素在地质灾害危险性评价中所起作用的大小或重要程度（权重）有多种方法。建议主要采用层次分析法确定权重，它是多位专家的经验判断结合适当的数学模型再进一步运算确定权重的，是一种较为合理可行的系统分析方法。

在实际运用模糊综合评判的过程中，常常首先遵循地质和灾害发生的规律，将评价总目标分划为几个子目标，每个子目标又对应数个评价因素指标，对每个子目标进行模糊综合评判，然后再以子目标为评价因素，对评价总目标进行模糊综合评判，称之为两级模糊综合评判。

国内已有不少成功运用两级模糊综合评判的例子，两级模糊综合评判最大的好处在于分层次评价与人脑通常的思维方式吻合，特别是各个子目标下的因素指标相对较少、便于比较，这样便大幅度降低了确定权重和隶属度的难度。然而子目标的划分常常也不是件很容易的事情，何况往往无法保证各子目标所对应的因素指标完全独立。

两级模糊综合评判的数学原理和方法与一级模糊综合评判完全相同，此处不再赘述。

5. 多元统计方法

多元统计方法包括多元回归分析、逐步回归分析。多元分析方法具有很严密的数学推理，自然也必须在满足其应用条件（即各因素之间不相关、因素与目标线性强相关）的前提下才能得出较好的结果。但是，在实际评价过程中，已知样本的取得已经是非常困难的一件事，另外形成的已知样本常常通不过假设检验。因此这种方法在准确性上较神经网络、模糊综合评判要差一些，其应用也相应受到一定的限制。

1）线性回归方程的建立

设变量 y 与变量 $x_1, x_2, \cdots, x_p$ 有关，则其 p 元线性回归模型为

$$y = \beta_0 + \beta_1 x_1 + \beta_2 x_2 + \cdots + \beta_p x_p + \varepsilon \tag{3-25}$$

其中 ε 是随机误差。对 y 及 $x_1, x_2, \cdots, x_p$ 作 n 次抽样得到 n 组数据：

$$y_\alpha : x_{1\alpha}, x_{2\alpha}, \cdots, x_{p\alpha}, \varepsilon_\alpha (\alpha = 1, 2, \cdots, n) \tag{3-26}$$

于是有 $y = \beta_0 + \beta_1 x_{1\alpha} + \beta_2 x_{2\alpha} + \cdots + \beta_p x_{p\alpha} + \varepsilon_\alpha (\alpha = 1, 2, \cdots, n)$，其中 ε_α 是遵从正态分布 $N(0, \sigma^2)$ 的 n 个相互独立同分布的随机变量（$\alpha = 1, 2, \cdots, n$）。

设 $b_0, b_1, \cdots, b_p$ 分别为参数 $\beta_0, \beta_1, \cdots, \beta_p$ 的估计值，则得回归方程

$$y'x = b_0 + b_1 x_{1\alpha} + \cdots + b_n x_{n\alpha} \tag{3-27}$$

式中，　$y_\alpha (\alpha = 1, 2, \cdots, n)$ —— 样本值；

$y'x$ —— 回归值；

$y_\alpha - y'x (\alpha = 1, 2, \cdots, n)$ —— 残差，它刻画了样本值与回归值的偏差。

根据最小二乘法使残差平方和达到最小的原理，即

$Q = \sum_\alpha (y_\alpha - y'x)^2 = \sum_\alpha (y_\alpha - b_0 - b_1 x_{1\alpha} - \cdots - b_p x_{p\alpha})^2$ 为最小，根据微积分极值原理，b_0, $b_1, \cdots, b_p$ 必须满足

$$\frac{\partial Q}{\partial b_0} = 0, \frac{\partial Q}{\partial b_i} = 0 \quad (i = 1, 2, \cdots, p) \tag{3-28}$$

即

$$\sum_{\alpha=1}^{p} (y_\alpha - y'x)^2 = 0, \quad \sum_{\alpha=1}^{p} (y_\alpha - y'x) x_{i\alpha} = 0 \quad (i = 1, 2, \cdots, p) \tag{3-29}$$

得到

$$b_0 = \bar{y} - b_1 \bar{x}_1 - b_2 \bar{x}_2 - \cdots - b_p \bar{x}_p = \bar{y} - \sum_{k=1}^{p} b_k \bar{x}_k \tag{3-30}$$

式中，$\bar{x}_l = \frac{1}{n} \sum_{\alpha=1}^{n} x_{l\alpha}$；$l = 1, 2, \cdots, p$，$\bar{y}_\alpha = \frac{1}{n} \sum_{\alpha=1}^{n} y_\alpha$。

将 b_0 代入得到一线性方程组：

$$\sum_{k=1}^{p} b_k S_{ik} = S_{iy} \quad (i = 1, 2, \cdots, p) \tag{3-31}$$

即

$$\begin{cases} S_{11} b_1 + S_{12} b_2 + \cdots + S_{1p} b_p = S_{1y} \\ S_{21} b_1 + S_{22} b_2 + \cdots + S_{2p} b_p = S_{2y} \\ \quad\quad\quad\quad\quad \vdots \\ S_{p1} b_1 + S_{p2} b_2 + \cdots + S_{pp} b_p = S_{py} \end{cases} \tag{3-32}$$

记系数矩阵 $\boldsymbol{S} = \begin{bmatrix} S_{11} & S_{12} & \cdots & S_{1p} \\ S_{21} & S_{22} & \cdots & S_{2p} \\ \vdots & \vdots & & \vdots \\ S_{p1} & S_{p2} & \cdots & S_{pp} \end{bmatrix}$，式中，$S_{ij} = \sum_{\alpha=1}^{n} (x_{i\alpha} - \bar{x}_i)(x_{j\alpha} - \bar{x}_j)$；$S_{iy} = \sum_{\alpha=1}^{n} (x_{i\alpha} - \bar{x}_i)(x_{i\alpha} - \bar{x}_j)$

$(i = 1, 2, \cdots, p; j = 1, 2, \cdots, p)$。解出 $b_1, \cdots, b_p$，并解出 b_0 代入即得多元回归方程。

2）回归方程和回归系数的检验

一般样本区的观测值与回归值总有一些偏差，通常需考虑所配合的回归线与数据的发展趋势的配合程度，即所谓拟合优度问题。因此，对回归方程和回归系数要进行显著性检验。

可以证明：总的离差平方和 S_{yy} = 回归平方和 U + 残差平方和 Q。式中，$S_{yy} = \sum\limits_{\alpha=1}^{n}(y_\alpha - \bar{y})^2$，

自由度为 $f_{\text{总}} = n - 1$；$U = \sum\limits_{\alpha=1}^{n}(y'_\alpha - \bar{y})^2$，自由度为 $f_U = p$；$Q = \sum\limits_{\alpha}(yx - \bar{y}'_a)^2$，自由度为

$f_Q = n - p - 1$。

（1）检验回归方程的显著性，即等同于检验假设 H_0：$\beta_1 = 0, \beta_2 = 0, \cdots, \beta_p = 0$。

作统计量

$$F = \frac{U/f_U}{Q/f_Q} = \frac{U/p}{Q/(n-p-1)} \sim F(p, n-p-1) \tag{3-33}$$

给定检验水平 α，查表得 $F_\alpha(p, n-p-1)$，如果 $F > F_\alpha(p, n-p-1)$ 回归方程效果显著；$F < F_\alpha(p, n-p-1)$ 回归方程效果不显著。

（2）检验评价因素（因子）x_i 的显著性，即等同于检验假设 H0：$\beta_i = 0$。

作统计量

$$F = \frac{b_i^2/C_{ii}}{Q/(n-p-1)} \sim F(1, n-p-1) \tag{3-34}$$

式中，C_{ii}——系数矩阵 $\boldsymbol{S}$ 的逆矩阵 $\boldsymbol{S}^{-1}$ 的第 i 行 i 列的元素。

给定检验水平 α，查表得 $F_\alpha(1, n-p-1)$，如果 $F > F_\alpha(1, n-p-1)$，评价因素 x_i 的作用显著；$F < F_\alpha(1, n-p-1)$ 评价因素 x_i 的作用不显著，去掉评价因素 x_i 重新建立回归方程。

3）回归方程的预测和外推

在预测区，划分出评价预测单元（共 k 个），选出评价因素 p 个，利用已建立的回归方程 $y'x = b_0 + b_1 + b_1 x_1 + \cdots + b_p x_p$ 可进行预测，将评价单元 i 的各评价因素 $x_1^{(i)}, x_2^{(i)}, \cdots, x_p^{(i)}$ $(i = 1, 2, \cdots, k)$ 代入回归方程，得到 $y'^{(x)} = b_0 + b_1 + b_1 x_1^{(i)} + \cdots + b_p x_p^{(i)}$，用 $y'^{(x)}$ 作为 $y^{(x)}$ 的估计。

6. 敏感因子模型

上述这些数学模型的量化程度高，如果采取的评价指标体系合理，输入的数据准确，有望得出较为满意的评价结果。但是对于区域地质灾害危险性评价这样一个复杂的问题，单纯依赖这些数学模型，有时候可能并不能完全真实地反映区域地质灾害的现状和趋势，尤其是易于抹杀掉一些特殊类型的地质灾害特征，从而使得评价结果扁平化。有鉴于此，以下介绍一些以定性分析为主的评价模型，作为对上述数学模型的补充。

蔡鹤生等（1998）在进行地质环境质量评价时提出敏感因子模型，用以解决那些对环境质量起决定作用的环境因子的贡献大小问题。通过对影响地质环境质量的因子进行定性分析和分类，将那些对人类活动极为敏感或者具有决定性制约作用的环境因子或状态称为敏感因子，进而认为只要该环境因子存在，人们所确定的社会经济发展目标在该因子所在区域则绝难或极难实现，通俗地讲，即具有"一票否决权"。

正如前文评价指标体系中所述及的，在进行区域地质灾害危险性评价时，也存在与之类似的问题。一个评价区域内部各处的地质环境背景特征常常具有很大的差异，其控制和

影响地质灾害发生的方式也会不同，这样就需将该区域划分为小的评价单元来进行评价。然而划分出来的评价单元，因其所具有的地质环境特征不同，往往不能同等对待。不同单元其自身的环境特征可能比较均一，也可能相去甚远，将那些均一性太差的单元放在一起评价显然失之偏颇。在建立评价模型时应该充分考虑到评价单元之间的可比性，尤其不应该用同一数学模型对不具可比性的单元进行质量评价，即只有在定性分析的基础上，将所有的评价单元加以本质的区别，再对具有可比性的评价单元运用统一的数学模型进行评价，这也是应用上述数学模型进行定量评价的前提。

据此，可以建立如图 3-5 所示的敏感因子评价模型，其基本步骤如下：①通过工程地质系统分析，对构成地质灾害系统的环境因子进行定性描述和分析，将其分为敏感因子和一般因子。②选择敏感因子参与敏感因子评价。就所有的敏感因子逐个对研究区进行检验评价，凡单元中存在有一个敏感因子（状态），其检验评价就不予以通过，并将该单元的地质灾害危险性判为危险，不存在敏感因子的单元则参与下一步评价。③剩余的评价单元因不存在敏感因子（状态）而具有可比性，可将一般因子作为评价因子，选取合适的数学模型进行定量评价。

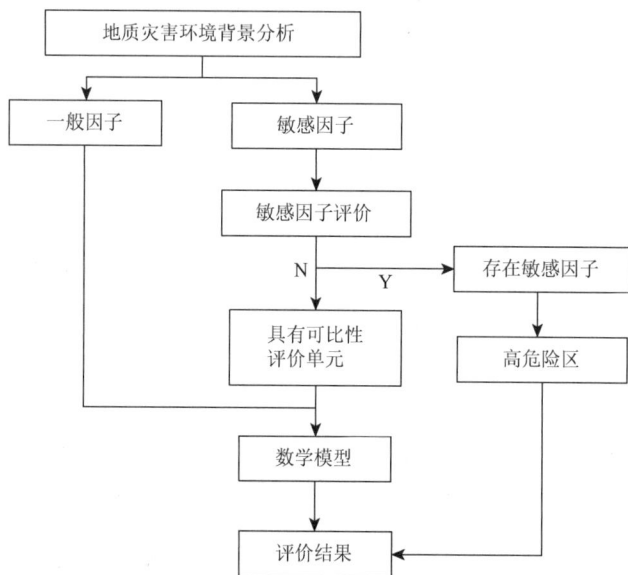

图 3-5　敏感因子模型

敏感因子模型的思想在岩溶地面塌陷等其他灾害类型的评价研究中也经常用到，特别是单一因素起控制作用的评价效果较好。

7. 定性分析推理

斜坡演化发展机制和地质灾害成因机理分析自始至终都应该贯穿于区域地质灾害危险性评价的全过程，对一个地区内具有代表性的地质灾害进行演化发展机制和成因机理分析的过程，实际上也是进行区域地质灾害危险性评价的过程。正因为如此，在充分强调定量数学模型作用的前提下，有必要强调定性分析推理这一必要的有益的补充。

概括地讲，定性分析推理就是在对区域地质环境背景具有充分了解，对地质灾害的成因机制进行深入分析的基础上，运用领域专家经验知识直接对整个区域进行地质灾害危险性分区和评价。定性分析推理并不是新概念，事实上地质灾害预测预报专家系统的精髓正是在于地质分析推理。20 世纪 80 年代以来，专家系统被引入灾害评价和预测领域，作为一项颇具生命力的技术和方法，将地质分析推理与先进的计算机技术相结合，从而使地质分析推理这一传统的研究方法与思想得以具体化、形式化。

专家系统技术在地学中的应用，是地学的现象学和发生学两种研究方法的统一，是区域和系统两种研究传统的统一。前者通过对地学现象综合的描述性解释获取地学专家认识和解决实际问题的框架和模式，后者通过对机理明确的子系统的定量计算获取该子系统的最优解，二者的结合可以提供在当前技术发展水平下解决复杂地学问题的最佳方案，这也正是"定性与定量相结合的综合集成技术"在地学中的具体应用。

从形式上看，专家系统在地学中的应用有两种类型。①计算机领域人工智能专家开发的地学专家系统模型，它比较强调专家系统的逻辑特性和知识组织以及整个系统的完整性，专家系统的地学内容只是其研究体系的一个例子，这种类型的地学专家系统并不以解决地学问题为最终目的。②地学工作者将人工智能的原理和方法引入地学领域，对已有的地学模型加以改造和运用，以解决实际存在的地学问题。在早期的地学专家原型系统中，这两种类型的区别非常明显，随着专家系统应用的深入，地学工作者应用计算机技术的能力逐渐增强，目前这两种类型已有融合的趋势。

早期的地学专家系统是采用人工智能语言编写的，如用于寻找矿藏的美国著名的PROSPECTOR 地质勘探专家系统，以及南京大学开发的用于寻找地下水的地下水勘探专家系统 KCGW。它们将地学专家的经验加以形式化表达并存储在知识库中，采用贝叶斯推理机制。当用户启动系统后，输入某一地区的观测事实及其可信度后，系统经过推理后将推理结果以及这个结果的可信度反馈给用户，当某一结论的可信度超过用户设置的阈值后，认为已推导出满足用户要求的结论。这些专家系统内在的机制允许用户查询推理过程，自动解释要求用户输入的事实的用途，允许用户修改推理规则等以帮助用户理解专家系统的机理，方便用户使用。这类早期的地学专家系统一般采用 PROLOG 和 LISP 等语言开发，有一些可以在 DOS 平台上运行，其他则只能在专用平台上运行。

专家系统将能收集到的所有信息整理成知识库，这些信息包括宏观的定性信息和监测数据、模型计算提供的信息等。然后通过一定的系统规则进行预测预报，预测预报的成果与其他定性预测预报模型的结果相同。

知识无疑是专家系统的核心，由于地质灾害评价、预测和预报的复杂性、广泛性、不确定性给知识的收集整理带来很大的困难，也就是说，其他评价模型和方法将碰到的困难和问题，在构建区域地质灾害危险性评价专家系统的过程中也同样无法回避。正因为如此，加之早期人工智能和专家系统的构建，往往需要依赖特定的编程语言，甚至专门的软硬件平台，所以在经历短暂的研究热潮之后，也不可避免地陷入举步不前的尴尬局面。

近年随着计算机软硬件技术的飞速发展，想要实现传统专家系统的功能，已经不再非要如从前那般依赖专门的编程语言或操作平台，几乎所有的功能都可以通过 VC、VB 等通用编程语言来实现，但这并不等于说专家系统就此失去了生命力，专家系统致力于解决复杂系统不确定性和模型性问题的基本思想将在今后相当长的时间内继续指导地质灾害危险性评价的理论与实践。

虽然定性分析推理并无明确的公式，这里仍然将之纳入区域地质灾害危险性评价的评价模型与方法体系之中，作为严格数学模型的一个不可或缺的补充。在实际运用中，也不太可能单独依靠地质分析推理来完成某个地区地质灾害危险性评价的全部工作，而是渗透贯穿在区域评价层次的划分、评价指标体系的确定、评价数据提取和其他评价数学模型应用的各个环节之中。主要体现在对权重的修正以及相关参数取值中，将定性的评价转为一定的数值，充分利用专家的知识和经验，与其匹配起来，然后不断地修正就可以取得相对满意的结果，但这需要综合性人才的出现，需要真正懂得和理解知识结合点体系的人才。

8. 关于评价模型和方法的讨论

1）评价模型和方法比较

在 P. Aleotti 等研究的基础上，将各种评价模型与方法的优缺点总结如表 3-3。

表 3-3　不同评价方法的优缺点及其适用范围一览表

方法	优点	缺点
野外现场分析判断	□ 允许考虑大量因素 □ 快速评价	□ 存在一定的人为随意性 □ 判断规则隐含 □ 评价结果正确性难以评判
加权打分法（含模糊综合评判）	□ 使用隐含规则解答问题 □ 各步骤完全自动 □ 数据管理标准化	□ 因素各状态打分（或隶属度确定）困难 □ 因素权重确定困难
监测类比法	□ 允许不同斜坡间的比较 □ 数学上严格	□ 需要埋置设备取得监测数据 □ 主要运用于低速滑坡
统计分析	□ 方法客观 □ 各步骤完全自动 □ 数据管理标准化	□ 收集和分析与不同因素相关的数据困难 □ 仅适合大范围评价
稳定性计算（确定性方法）	□ 客观、可靠 □ 结果定量	□ 需对研究区有详细的了解，常需大量试验 □ 无法在大范围内实施 □ 未考虑各种不确定性
破坏概率方法	□ 允许考虑不确定性 □ 定量、客观 □ 提供了确定性方法所没有的新视角	□ 如没有翔实的数据，则仍需进行主观概率分析 □ 概率分布很难获得，特别是对于低水平的危险性和风险 □ 无法在大范围内实施
神经网络	□ 方法上客观 □ 淡化对问题机理方面的分析	□ 已知样本获取困难 □ 解释和验证结果困难

表 3-3 中对各种评价模型和方法的优缺点的评判，在工程地质界基本达成了共识。P. Aleotti 等认为，虽然神经网络的运用相对不那么普遍，但神经网络试图以很简单的方式模拟人脑的机能，近年来在解决土木工程和斜坡稳定性评价中证明是有效的，近来的研究也一次次证明了神经网络是一个有力的、多功能的、颇具应用前景的基于计算机的

工具，并特别强调神经网络最大的优点在于运用中不需要关于问题机理方面的理论知识。对于这一看法，虽然表面看来神经网络的运用非常简便，但已知样本的选定是一件很困难的事情，并且由于神经网络是一个黑箱，其评价结果的解释相对也要困难得多。更何况，神经网络是模拟人脑的功能，倘若对问题的内在机理完全不清楚，也很难理解神经网络得出的结果。

表 3-3 中提到的监测类比法，通过对典型斜坡的各个控制和影响因素及其变形发展状况进行长期监测，以求分析找出控制影响因素与斜坡变形破坏之间的相互关系式，然后将其延伸到环境背景和结构特征与之相似的其他斜坡的稳定性评价预测上。有一点是可以肯定的，相较其他方法而言，此法更崇尚实证的研究精神，这种方法在环境条件、地质灾害类别、成因机理都相对比较单一的评价区域内是有望取得较好的评价预测结果的。只是需要投入大量的人力物力来进行监测，投入不菲而且周期长，可推广性较差。加之我国地质灾害广泛分布发育的西部山区环境背景条件往往十分复杂、地质灾害多种多样，因而此法在今后相当长时间内都很难在我国有大范围的实质性应用。

同样的原因，现阶段单纯依靠确定性方法或破坏概率方法来解决我国地质灾害的危险性评价和区划问题还需要做非常多的研究工作。

2）模型的综合运用

如前所述，上述各个模型各有优缺点，很难简单地说应该采用哪个丢弃哪个，只能在运用时结合研究区的实际情况灵活取舍、综合运用。

由此，拟定"成因机制分析→敏感因子分析和定性分析推理→数学模型分析→综合评价"这样一个模型综合运用流程，模型综合运用的基本原则初步总结如下：

（1）分析滑坡、崩塌、泥石流、水毁及黄土陷穴等灾害的成因机制，这是评价区划的第一层次；在对以上各个灾种的成因机制分析的基础上，选取影响滑坡、崩塌、泥石流、水毁及黄土陷穴稳定的主要因素，这是评价区划的第二层次。

（2）对不同的地质灾害类型，分别运用数学模型进行评价。可以采用神经网络、信息量法、信息权法或者多元统计方法进行危险性评价，当然也可以采用模糊综合评判，或者当缺乏这方面的数据时，可仅采用模糊综合评判来进行危险性评价。这是评价区划的第三层次。

3）评价结果的解释与表达

定量化的数学模型得出的危险性评价结果是一个综合表征地质灾害危险性的数值，定性或者半定量模型得出的危险性评价结果则是诸如"较危险""危险"这样的描述性判断。但无论是量化的数值结果，还是定性的描述性结果，都不足以清晰明确地阐明斜坡所处的状态。

理想状况下，对某个灾害点进行的危险性评价结果，应该包括灾害现今所处的状态，未来某个时间标度内可能的发展趋势及其相应的发生概率，导致地质灾害产生的条件因素以及评价采用的幕景假设（即对环境条件组合未来产生的变化的假设）。

基于以上论述，倾向于采用传统工程地质质量分区描述体系来进行区域地质灾害危险性评价结果表达，不仅要阐明地质灾害危险性的高低，更要详细说明引起这些危险性的因素条件。

3.3　管道地质灾害影响因子分析

3.3.1　滑坡灾害影响因子分析

滑坡是指斜坡上的土体或者岩体,受河流冲刷、地下水活动、雨水浸泡、地震及人工切坡等因素影响,在重力作用下,沿着一定的软弱面或者软弱带,整体或者分散地顺坡向下滑动的现象或过程。俗称"走山""垮山""地滑""土溜"等。

产生滑坡的基本条件是斜坡体前有滑动空间,两侧有切割面。例如中国西南丘陵山区,最基本的地形地貌特征是山体众多、山势陡峻、土壤结构疏松、易积水、沟谷河流遍布于山体之中与之相互切割,因而形成众多具有足够滑动空间的斜坡体和切割面。因广泛存在滑坡发生的基本条件,所以滑坡灾害发生相当频繁。

滑坡的形成受内因和外因两方面的条件控制,内因是滑坡形成的内在物质基础,主要包括地形地貌(如坡度、坡面形态等)和地质环境条件(岩土体类型、岩土结构特征等),外因为诱发产生滑坡的条件,主要包括地震、降雨、人类工程活动等。

根据典型滑坡灾害点的分析可知,影响滑坡发育的因素有高差、坡度、坡向、坡面形态、地表曲率、高程、距离主断裂距离、土体类型、植被覆盖率、土地利用类型、滑体厚度、滑带土类型、滑带土状态、滑体面积、滑面倾角、土体状态(密实度、塑性状态)、滑床特征、滑面贯通情况、滑动距离、历史滑塌、滑塌规模、现今变形、地震烈度、地下水影响、人类工程活动、降雨、水文地质条件、地表水冲刷、地表水入渗等,以下针对主要因素的影响程度进行分析。

1)地形地貌条件

地形地貌条件主要包括高差、坡度、坡向、坡面形态、地表曲率和高程等要素。只有处于一定的地貌部位,具备一定坡度的斜坡,才可能发生滑坡。第一,不同的坡度提供不同的重力势能,同时也提供产生滑坡所需要的临空面条件,一般而言,坡度大于 10°,小于 45°有利于滑坡的产生;第二,不同坡面形态产生滑坡难易程度差异也较大,如前缘开阔、下陡中缓上陡、上部成环状的坡面形态是产生滑坡的有利地形;第三,坡度、高差越大,滑坡势能越大,所形成滑坡的滑速越高,斜坡前方地形的开阔程度,对滑移距离的大小有很大影响,地形越开阔,则滑移距离越大;第四,斜坡坡向、地表曲率和高程等地形要素对滑坡形成影响仅为间接作用,如地表曲率的不同,导致汇水条件有差异,影响地表水下渗不同,间接影响滑坡的形成。例如兰成渝管道某滑坡(图 3-6),该滑坡位于黄土地貌区,整体地形相对开阔,相对高差 20m,总体坡度 21°,滑坡平面形态呈簸箕状,后部窄、中前部宽,滑坡体表部地形有起伏,滑坡体前缘开阔,有较好的临空面,为滑坡发育提供良好的地形条件。

综上可知,地形地貌是影响滑坡形成内在因素之一,尤其是其中的坡度、坡面形态起到的作用较大,而坡向、地表曲率和高程等起到的作用相对较小。

2)地质环境条件

地质环境条件包括土体类型、地质构造、植被覆盖率、土体利用类型等条件,也是影响滑坡形成的内在因素之一。

图 3-6　兰成渝管道某滑坡

（1）土体类型是产生滑坡的物质基础，包括滑体、滑带和滑床岩（土），尤其是滑带土类型的不同对滑坡形成起至关重要的作用。不同土体类型产生滑坡的难易程度差别较大。在相同条件下，土体相对于岩体更容易导致滑坡形成，这也是管道沿线滑坡主要为土质滑坡的原因所在；而土体中，细粒土与粗粒土相比，其内摩擦角较小，也更容易形成滑坡。

（2）地质构造作为地质环境条件对滑坡形成影响较大。地质构造可以将组成斜坡的岩、土体切割分离成不连续状态，为滑坡向下滑动提供条件。同时构造面又为降雨等水流进入斜坡提供了通道。故各种节理、裂隙、层面、断层发育的斜坡，特别是当平行和垂直斜坡的陡倾角构造面及顺坡缓倾的构造面发育时，最易发生滑坡。

（3）植被覆盖率和土地利用类型也往往通过改变地表水或降雨的入渗条件来影响滑坡的形成。例如兰成原油管道某滑坡（图 3-7），该处构造作用强烈，岩体破碎，滑体土的上覆土层由第四系崩坡积的碎石土组成，碎石成分主要为强-中等风化的板岩，结构松散，孔隙发育；滑带土为碎石土，呈灰褐色和灰黄色，由于碎石土呈松散-稍密状，其抗剪强度低。上述条件为滑坡的形成提供物质条件，另外，地质构造作为一个区域性控制因素，其影响范围较大，一般而言，断层上盘相对下盘岩体较破碎，越靠近断层岩体越破碎，许多灾害往往发生在断层周围，且越靠近断层灾害发育程度和规模越大。

图 3-7　兰成原油管道某滑坡

3）结构特征条件

结构特征条件包括滑体厚度、滑带土类型、滑带土状态、滑体面积、滑面倾角、土体状态（密实度、塑性状态）、滑床特征等，但影响滑坡形成的内在因素主要还是土体状态和滑体厚度。

（1）土体状态是导致滑坡形成的主要因素。结构松散和具有软弱夹层的岩土体往往物理力学性质较差，有利于滑坡的形成，如管道开挖后，由于回填不密实，往往导致滑坡的产生；而土体较密实，岩体结构较完整且不具有软弱结构面，其物理力学性质较好，因而这样的岩土体内摩擦角较大，相对而言就难以产生滑坡。

（2）滑体厚度也是导致滑坡形成的主要因素。按滑坡体厚度可以分为：浅层滑坡、中层滑坡、深层滑坡和超深层滑坡。在相同的条件下，滑体厚度越厚为滑坡提供了更大的重力势能，就越不利于滑坡的稳定性，也就越有利于滑坡的形成，并且导致的危害也越大。

4）变形特征条件

变形特征条件包括滑面贯通情况、滑动距离、历史滑塌、滑塌规模、现今变形。通过调查历史滑塌，可以得知滑坡产生的原因、滑塌规模、滑动距离等信息，然后通过现今变形，提前做好预防措施和防治措施，减少滑坡带来的损失。

5）诱发产生滑坡的外部因素

导致滑坡形成的外部因素较多，主要包括降雨、人类工程活动、地震、水文地质条件、地表水冲刷及地表水入渗。

（1）降雨。降雨对滑坡的影响很大。降雨对滑坡体影响有滑体含水率、滑体容重、滑带土内摩擦角、内聚力的变化等，该影响具有一定的时间进程。另一个直接影响是地下水位及孔隙水压力的变化，降雨导致滑坡的地下水位升高，孔隙水压力增大。地下水对滑坡及斜坡稳定性的影响包括对岩土体强度和斜坡受力状态的影响两个方面。滑坡坡度影响降雨产流的进程，进而影响地下水位及孔隙水压力的变化。同时，雨水的大量下渗，导致斜坡上的滑体饱和，甚至在斜坡下部的隔水层上积水，从而增加了滑体的重量，降低滑带土的抗剪强度，导致滑坡产生。不少滑坡具有"大雨大滑、小雨小滑、无雨不滑"的特点。

因此，降雨是滑坡的主要诱发因素，在滑坡的防治中尽可能要做截排水工程设计，在坡体外修建截水沟将进入坡体的水引到滑坡外的自然冲沟中，同时在坡体内应修建排水系统，单纯依靠抗滑工程而不修建排水工程是不合理的。

（2）人类工程活动。违反自然规律、破坏斜坡稳定条件的人类活动容易诱发滑坡。如开挖坡脚，修建铁路、公路、依山建房、建厂等工程，常常会使坡体下部失去支撑而发生下滑。例如修路或管道开挖破坏了斜坡的应力分布，前部形成坡度较陡的临空面，事后陆陆续续在边坡上发生了滑坡，给管道的运营带来危害。其主要包括以下几个方面。

蓄水、排水：水渠和水池的漫溢和渗漏，工业生产用水和废水的排放、农业灌溉等，均易使水流渗入坡体，加大孔隙水压力，软化岩、土体，增大坡体容重，从而促使或诱发滑坡的发生。水库的水位上下急剧变动，加大了坡体的动水压力，也可使斜坡和岸坡诱发滑坡发生。例如兰成原油管道某滑坡（图3-8），由于在坡体前方修建水库，形成较陡的临空地形，坡体土层失去支撑，水库蓄水、排水造成滑坡前缘的水位不断变化，对滑坡前缘土体物理力学性质影响极大，最终导致滑坡的发生。

图 3-8　兰成原油管道某滑坡

矿山开采、乱堆乱弃、乱砍滥伐：劈山开矿的爆破作用，可使斜坡的岩、土体受震动而破碎进而诱发滑坡；当震动强烈时，对坡体影响越大，另外震动频率与其发生共振也易引起坡体的破坏。厂矿废渣的不合理堆弃，常常触发滑坡的发生；当废渣堆在后缘时，增加了滑坡体下滑带的下滑力，改变了坡体自身的平衡，深圳弃土场滑坡就是一个典型案例。此外，在山坡上乱砍滥伐，使坡体失去保护，便有利于雨水等水体的入渗从而诱发滑坡等。如果上述的人类作用与不利的自然作用互相结合，就更容易促进滑坡的发生。

对管道建设而言，管沟及伴行路开挖形成的临空面和管沟回填土的密实程度是诱发滑坡形成的主要因素，通过调查表明，管道沿线形成滑坡或多或少与此因素相关。

（3）地震。地震对滑坡的影响很大。究其原因，首先地震的强烈作用使斜坡土石的内部结构发生破坏和变化，原有的结构面张裂、松弛，同时地下水也有较大变化，特别是地下水位的突然升高或降低对斜坡稳定是很不利的。另外，一次强烈地震的发生往往伴随着许多余震，在地震反复作用下，斜坡岩土体更容易发生变形，最后就会发展成滑坡。地震发生时会增加坡体向外一个震动力，这个力会增加坡体的下滑力，同时改变了坡体内摩擦力，由于向外降低了正压力，造成坡体摩擦力降低，容易发生滑坡。例如兰成渝输油管道某滑坡（图 3-9），地形陡峭，总体坡度约 40°，滑体主要为碎石土，土体结构松散、架空

图 3-9　兰成渝输油管道某滑坡

性较强，这些结构松散的堆积土体为滑坡的发生提供了物质基础和地下水运移通道，在碎石土中或底部分布有一层厚 0.25～0.35m 的以粉土为主的软弱夹层，同时滑坡前缘位于安乐河岸坡脚，安乐河枯、洪期河水位变幅较大，对坡脚的侵蚀冲刷作用较强，对滑坡的稳定性影响较大，以上因素都会促进滑坡的形成及发展，在"5·12"汶川大地震作用下，山体发生强烈震动，从而诱发了滑坡。

（4）水文地质条件。地下水活动在滑坡形成中起着与降雨类似的作用，通过软化岩、土，降低岩、土体的强度，并且潜蚀岩、土，产生动水压力和孔隙水压力，增大岩、土山体滑坡容重，对岩土层产生托浮力等，尤其是对滑面（带）的软化作用和降低强度的作用最突出。但滑坡所处的地形条件多为斜坡地段，地下水往往贫乏，因而，管道沿线滑坡受水文地质条件影响小，应结合具体环境进行分析。

（5）地表水冲刷及地表水入渗。地表水的冲刷主要通过改变斜坡前部的临空面条件来影响滑坡形成。受地表水冲刷作用，斜坡前部土体不断发生滑塌，导致斜坡前部临空面加大，诱发滑坡形成。例如兰郑长输油管道（甘肃段）某滑坡，该点位于黄土沟壑地貌，管道顺坡向纵穿坡体及冲沟，采用开挖方式敷设，出露第四系上更新统马兰黄土，由于开挖铺设管道，表层回填土较为松散。管道通过冲沟两岸斜坡，冲沟下切侵蚀能力较强。现均出现不同程度垮塌，在持续降雨、强降雨等作用下，将加深地表冲刷的程度，冲沟下切侵蚀深度将增大，滑坡体可能整体失稳垮塌。地表水的入渗对滑坡形成的影响与降雨类似，通过软化岩、土，降低岩、土体的强度诱发滑坡形成。但滑坡所处的地形条件多为斜坡地段，地表水往往贫乏，因而，管道沿线滑坡受地表水影响小。

滑坡灾害风险概率包括两大部分：滑坡灾害的危险性与管道易损性，其中，滑坡灾害危险性又可以分为灾害发生概率与灾害防治效果。此次研究通过以上两个部分进行风险概率评价指标分析，构建滑坡灾害风险概率评价指标体系。

通过以上管道沿线滑坡灾害的影响因素分析可知，地形地貌、地质环境、变形特征、结构特征、诱发因素是影响滑坡的五大因素，结合管道滑坡灾害的实际特点，从中选取 9 个评价因子（坡度、坡面形态、土体类型、历史滑塌、现今变形、土体状态、滑体厚度、24h 最大降雨量及地震烈度）作为灾害的影响因子。通过分析 9 个影响因子，最终建立管道滑坡灾害影响因子指标体系（图 3-10）。

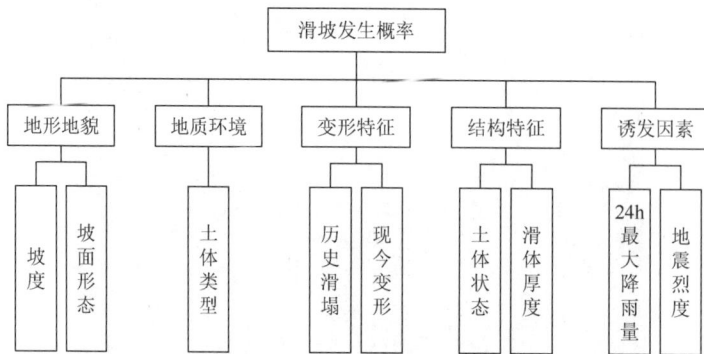

图 3-10　滑坡灾害影响因子指标体系

3.3.2 崩塌灾害影响因子分析

崩塌（崩落、垮塌或塌方）是较陡斜坡上的岩土体在重力作用下突然脱离母体崩落、滚动，然后堆积在坡脚（或沟谷）的地质现象。

崩塌的形成同样受内因和外因两方面的条件控制。内因是形成崩塌的物质基础，主要包括地形地貌（坡度、坡面形态等）、地质环境条件（岩土类型、岩土结构、地质构造等）；外因是诱发崩塌形成的外在条件，主要包括地震、降雨、人类工程活动等。

根据典型崩塌灾害点的分析可知，影响崩塌发育的因素有坡高、坡长、坡度、坡向、坡面形态、岩体类型、地质构造、差异风化、结构面组合与边坡关系、堆积体、岩体结构类型、裂隙发育程度、风化程度、结构面充填度及粗糙度、降雨、地震烈度、人类工程活动、地下水、冻胀周期、地表水等，以下针对主要因素的影响程度进行分析。

1）地形地貌条件

地形地貌条件主要包括坡高、坡长、坡度、坡向和坡面形态等因素。首先坡度对崩塌的形成起着控制作用，陡边坡为崩塌的产生提供重力势能，因而坡度大于 45°的陡边坡，多为崩塌形成地段；其次坡面形态也对崩塌的形成起着较重要作用，如孤立山嘴或凹形陡坡均为崩塌形成的有利地形，例如兰成渝成品油管道某崩塌，该崩塌危岩体斜坡自然坡度为 70°，因发育凹岩腔，导致斜坡形成凹形陡坡（图 3-11），为崩塌的形成提供了地形条件；坡高、坡长和坡向是崩塌形成的次要地形因素，它们决定了崩塌发生时势能大小、崩塌距离和方向，对崩塌形成也起到了一定的作用。

综上，地形地貌条件对崩塌形成起控制作用，其中坡度和坡面形态为重要因素，而坡高、坡长和坡向为崩塌产生的次要因素。

2）地质环境条件

形成崩塌的地质环境条件包括岩体类型、地质构造、差异风化和结构面组合与边坡关系等因素。

（1）岩体类型是产生崩塌的物质条件。不同岩体类型所形成崩塌的规模大小不同，通常岩性坚硬的各类岩浆岩、变质岩、沉积岩（石英砂岩、砂砾岩、石灰岩、白云岩等）、结构密实的黄土等可以形成规模较大的崩塌，而页岩、泥灰岩、泥岩等岩石及松散土层产生的崩塌规模较小，崩塌方式往往以坠落和剥落为主。

（2）地质构造对崩塌的形成起间接控制作用，构造作用使岩体形成各种构造面（如节理、裂隙、层面、断层等），这些构造面对坡体的切割、分离为崩塌的形成提供脱离体（山体）的边界条件。

（3）风化对崩塌的形成起到间接作用。其中差异风化对崩塌形成影响较大，差异风化是对软硬相间的岩体的改造，软质岩体抗风化能力相对较弱，先风化剥落，导致硬质岩体

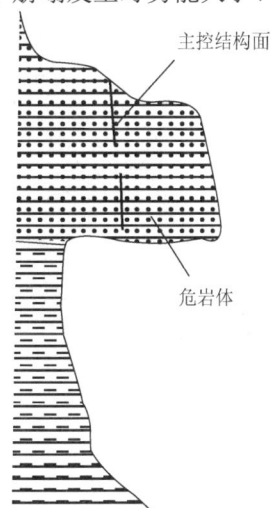

图 3-11　兰成渝成品管道某崩塌

形成凹岩腔,从而有利于崩塌的形成。其中差异风化对崩塌形成影响较大。

例如兰成渝管道某崩塌为典型的坠落式崩塌,该崩塌位于甘肃省康县阳坝镇龙潭村甘陕交界处附近,八海河河流左岸。危岩呈北东向展布,危岩体底部由于先期危岩体崩落后的渐进发育而形成临空,为危岩体的失稳提供足够的空间。管道从危岩体坠落点正下方伴行路内侧通过,管道顺坡脚长约120m,受危岩体危害影响极大。管道敷设方式以管沟开挖为主,管顶埋深约1m,管顶上方为开挖回填堆积层。

危岩体所处区域属于侵蚀构造中山峡谷地貌,伴行路傍河劈山而建,位于中山斜坡中下部,管道沿伴行路内侧敷设,危岩边坡为人工开挖形成的岩质边坡,危岩边坡最大高度35m,长约120m,危岩卸荷带深5~10m,坡度82°,主崩方向255°,岩层产状277°∠78°,为顺向基岩边坡,岩性为深灰色砂质板岩。据调查,危岩带横向分布长度120m,危岩卸荷带厚度10~20m,估算危岩带方量20000m³,单个大危岩体方量300m³,属中型崩塌(图3-12、图3-13)。斜坡岩体节理裂隙较发育,统计有两组主要的裂隙:①产状145°∠64°,张开度5~8mm,贯通长度2.8m,发育深度0.4m,结构面光滑,无充填;②产状310°∠46°,张开度3~6mm,贯通长度1.5m,发育深度0.3m,结构面光滑,无充填。这两组岩体裂隙相交将坡体岩体切割成楔形块状,坡体发育多处危岩体,危岩体坠落高度15~25m,极其危险。其中该边坡发育有一块方量约300m³稳定性极差的悬空危岩体,危岩体最大落距25m,危岩体底部悬空,且呈尖棱角状。

图3-12 危岩侧视图

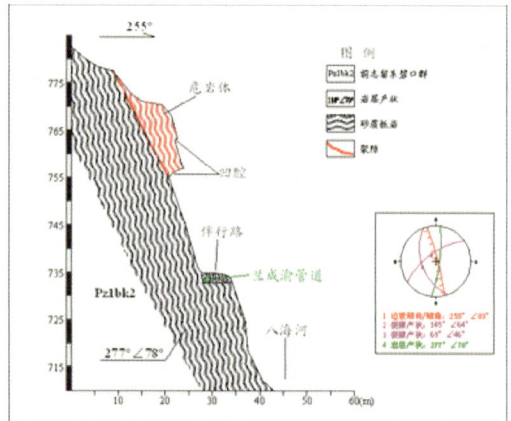

图3-13 危岩剖面图

3)结构特征条件

形成崩塌的结构特征条件包括岩体结构类型、裂隙发育程度、风化程度、结构面充填及粗糙度等因素。

岩体结构类型是崩塌形成的主要因素。松散的土体、裂隙发育的岩体、风化强烈的岩体、结构面交线外倾的岩体、碎裂的岩体和软硬相间的岩体容易导致崩塌的产生而密实土体、块状的岩体其稳定性相对较好,不利于崩塌的形成。

4)诱发产生崩塌的外部因素

崩塌形成的外部诱发因素较多,主要包括降雨、地震、人类工程活动、地下水、冻胀作用和地表水等。

（1）降雨对崩塌的影响较大，它是形成崩塌的主要诱发因素，特别是大暴雨、暴雨和长时间的连续降雨，使地表水渗入坡体，软化岩土及软弱面，导致孔隙水压力增大，同时降低其力学性质，从而诱发崩塌。如前文提到的中贵天然气管道某崩塌，危岩区岩性以板岩为主，易被雨水侵蚀、溶蚀，侵蚀、溶蚀作用可以加速裂隙的发展和贯通，同时降雨还会对岩石产生动水压力和静水压力，使危岩向不稳定方向发展。

（2）地震对崩塌形成影响较大，地震引起坡体晃动，从而改变斜坡岩土体的结构状态，同时也改变了岩体裂隙发育密度和贯通性，破坏岩土体原有平衡，使得岩体裂隙贯通，从而引发坡体崩塌。例如中贵天然气管道某崩塌，受 2008 年 "5·12" 地震和 2013 年 "7·22" 甘肃省定西市岷县和漳县交界地震的影响，该处多处危岩发生了崩落。同时地震还造成危岩体内多处岩石发生不同程度的块体位移。另外，多次地震会造成坡体损伤，形成震裂。这些岩体之间相互错位、架空，表现为震而不裂、劈而不倒，当管道经过这些区域时施工震动的叠加以及开挖形成的临空面都易造成崩塌发生。

（3）人类工程活动是通过改变地质环境条件或地形条件来影响崩塌的发生，如坡脚开挖、地下采空、水库蓄水、泄水等改变了坡体的原始平衡状态，都会诱发崩塌；人类活动越强烈，开挖面越宽、越高时，崩塌就越容易发生，现分述如下。

a. 坡脚开挖：修筑铁路、公路时，开挖边坡，对外倾的或缓倾的软弱地层进行切割，大爆破时对边坡强烈震动等都会诱发崩塌。

b. 地下采空：在采掘矿产资源活动中出现崩塌的例子很多，有露天采矿场边坡崩塌，也有地下采矿形成采空区引发地表崩塌。采空形成后，就会改变上部岩体受力平衡，特别是采空区上部岩体坡度越陡岩体越破碎，就越容易破坏，另外当形成上硬下软的岩体结构时，其塑流和采空引起的应力叠加有时会造成大的崩塌破坏。

c. 水库蓄水：主要是水的浸润和软化作用以及水在岩（土）体中的静水压力、动水压力导致崩塌发生。

d. 堆（弃）渣填土：加载、不适当的堆渣、弃渣、填土增加了危岩体的荷载，增加了其下滑力，从而破坏了坡体稳定，可能诱发坡体崩塌。

e. 强烈的机械震动：如火车、机车行进中的震动、工厂锻轧机械震动，这些震动会造成坡体强度降低，特别是与坡体产生共振情况下，发生崩塌的可能性和规模都会加大。

（4）地下水和地表水对崩塌形成起到的作用与降雨类似，通过软化岩土及软弱面诱发崩塌。但由于崩塌所处的地形坡度陡，一般地下水和地表水较贫乏，因而地下水和地表水对崩塌形成的影响较小。冻胀周期是通过水的固体状态和液体状态下体积变化，导致岩体裂隙贯通，诱发崩塌的发生，而崩塌所处的地形坡度陡，一般地下水和地表水较贫乏，因而其对崩塌形成影响亦较小。

通过以上管道沿线崩塌灾害的影响因素分析可知，地形地貌、地质环境、结构特征、诱发因素是影响崩塌的四大因素，结合管道崩塌灾害的实际特点，从中选取 8 个评价因子（坡度、坡面形态、岩体类型、岩体结构类型、裂隙发育程度、结构面组合与边坡关系、24h 最大降雨量及地震烈度）作为灾害的影响因子。通过分析 8 个影响因子，最终建立管道崩塌灾害影响因子指标体系（图 3-14）。

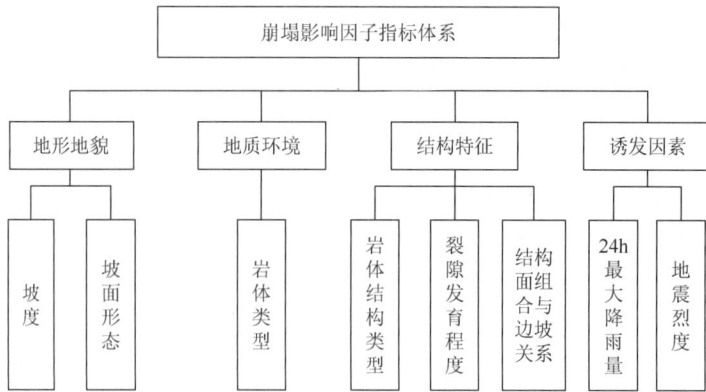

图 3-14　崩塌发生影响因子指标体系

3.3.3　泥石流灾害影响因子分析

泥石流是指在山区或者其他沟谷深壑，地形险峻的地区因为暴雨、暴雪或其他自然灾害引发的山体滑坡并携带有大量泥沙以及石块的特殊洪流。泥石流具有突然性、流速快、流量大、物质容量大和破坏力强等特点。

泥石流的形成受内因和外因两方面的条件控制，内因是泥石流形成的内在物质基础，主要包括地形地貌（如主沟纵坡降、相对高差、流域面积等）和地质环境条件（松散物源储量、新构造影响、地层岩性、土地利用类型、岩体结构等），外因诱发产生泥石流的条件主要是大气降雨、冰雪融水等。

通过对中国主要管道沿线泥石流灾害点调查和资料收集可知，影响泥石流发育的因素有主沟纵坡降、相对高差、沟槽横断面、流域面积、山坡坡度、补给段长度比、河沟阻塞程度、植被覆盖率、松散物源储量、新构造运动、地层岩性、土地利用类型、不良地质现象、冲淤变幅、沟口巨石大小、降雨等，以下针对主要因素的影响程度进行分析。

1）地形地貌条件

地形地貌包括主沟纵坡降、相对高差、沟槽横断面、流域面积、山坡坡度等因素。地形地貌条件主要为泥石流的形成提供地形条件。

（1）主沟纵坡降和相对高差。只有具备一定纵坡降和相对高差的沟道才可能发生泥石流，这是泥石流形成的必要条件。一般而言，纵坡降越大，高差越大，可形成的水力坡度也就越大，这样更容易带动沟道附近的岩土体汇入沟道中，从而更易于泥石流的发生。

（2）沟槽横断面和山坡坡度。沟槽横断面宽窄影响着水流的速度，沟槽横断面较窄时，可提高水流速度，易形成溃决泥石流的卡口；沟道横断面较宽时，可降低水流速度，与此同时，也就降低了水流对附近岩土的冲刷带动效应，因此，往往"V"形和"U"形横断面沟谷更有利于泥石流的形成。沟道两侧的山坡坡度越陡，越有利于松散岩土堆积于沟道附近，为泥石流形成提供物源。

（3）流域面积。流域面积是通过其大小和形态不同，影响地表汇水及松散物源汇集条件来控制泥石流的形成。一般而言，流域面积相对较小，地形呈三面环山，一面出口的瓢状或漏斗状形态时，更有利于泥石流的形成。如中贵天然气管道某泥石流（图 3-15），该泥石流沟流域面积 0.143km^2，相对高差 140m，平均纵比降 263.3‰，物源及流通区纵坡降 554‰，沟谷深切，呈"V"字形。由于其纵坡陡，沟谷深切，面积较小，为泥石流形成提供了较好的地形条件。

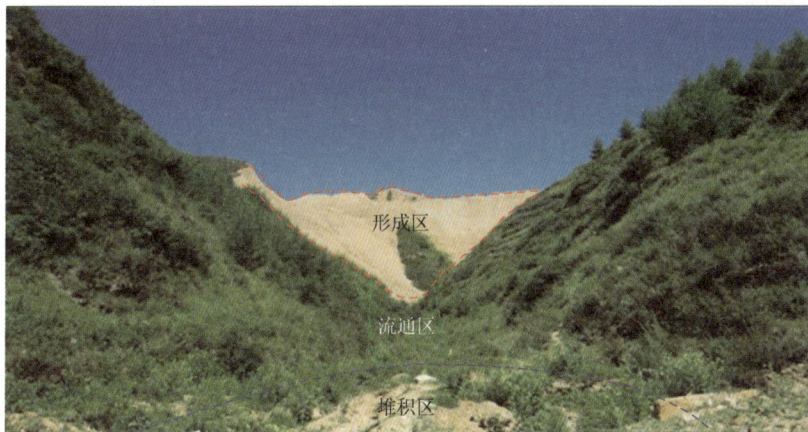

图 3-15　中贵天然气管道某泥石流

2）地质环境条件

地质环境条件包括河沟堵塞程度、植被覆盖率、松散物源储量、补给长度比、新构造运动影响、地层岩性、土地利用类型等因素，地质环境条件主要为泥石流的形成提供物源条件。

（1）松散物源储量和补给长度比。松散物源是形成泥石流的物质基础，尤其是可能参与泥石流形成的活动物源。物源量越大，沿沟道补给长度越长，就越有利于泥石流的形成。如中贵天然气管道某泥石流，沟源处矿渣堆积区是泥石流活动的主要物源（图 3-16），松散固体物质总储量为 25.3×10^{4}m^3。由于松散物源丰富，且结构松散，为泥石流形成提供了较好的物源条件。

图 3-16　中贵天然气管道某泥石流

（2）河沟堵塞程度、新构造运动影响、地层岩性、土地利用类型和植被覆盖率。新构造运动、地层岩性和岩体结构是通过物源形成条件对泥石流产生影响，地质构造复杂、断裂褶皱发育、新构造活动强烈和地震烈度较高的地区，往往岩体破碎，土体松散，更有利于为泥石流提供松散物源；结构松散、软弱、易于风化、节理发育或软硬相间的岩层，更易受破坏，因此也更易为泥石流提供丰富的碎屑物来源；土地利用类型和植被覆盖率也是通过物源或水源条件来影响泥石流的形成，如土地利用类型为荒地时更利于为泥石流提供物源，同时，植被对松散土体有一定的固定作用，可以通过减少水土流失来减少为泥石流提供物源。

3）变形特征条件

泥石流形成的变形特征条件主要是不良地质现象。不良地质现象越发育，沟道堵塞越严重，就可能为泥石流提供更多的松散物源，增加了泥石流发生的概率。

4）结构特征条件

泥石流形成的结构特征主要是冲淤变幅。冲淤幅度越大，河床床面的高程变化就越大，导致河床的稳定性就越差，为泥石流的形成创造了良好的地质结构条件。

5）诱发产生泥石流的外部因素

诱发泥石流形成的外部因素主要包括降雨和地表水，都是通过水源条件来诱发泥石流形成的。

水既是泥石流的重要组成部分，又是泥石流的激发条件和搬运介质（动力来源），泥石流的水源，有暴雨、冰雪融水和水库（池）溃决水体等形式，是诱发形成泥石流的主要因素。如中贵天然气管道某泥石流位于甘肃省西和县东部，年均降雨量为 533mm，年最大降雨量 784mm（1984 年），最小 320.6mm（1969 年），其余年份变化幅度保持在 451～700mm。降雨大多集中在 5～10 月，这时期的降雨量占全年降雨量的 82%，由于降雨过于集中，为泥石流暴发提供了充足的水源条件。

通过以上管道沿线泥石流灾害的影响因素分析可知，地形地貌、地质环境、变形特征、结构特征、诱发因素是影响泥石流的五大因素，结合管道泥石流灾害的实际特点，从中选取 13 个评价因子（主沟纵坡降、山坡坡度、相对高差、沟槽横断面、流域面积、补给段长度比、河沟阻塞程度、松散物源储量、新构造运动影响、地层岩性、不良地质现象、冲淤变幅及暴雨强度）作为灾害的影响因子。通过分析 13 个影响因子，并最终建立管道泥石流灾害影响因子指标体系（图 3-17）。

3.3.4　水毁灾害影响因子分析

广义的"水毁"一词是指因水的作用对既有工程造成各种灾害（如滑坡、崩塌、泥石流等）的统称，特指大多在雨季并发的灾害，习惯上将这类灾害统称为"水毁"。所谓"管道水毁"是狭义的"水毁"，指在气候、水文和地质环境因素以及人类活动的综合作用下，由降雨或洪水等因素诱发，产生的一系列对管道工程的破坏现象和破坏过程。例如某管道由北向南，由少雨区进入多雨区甚至暴雨频繁的区域，管道线路长，跨越的流域、气候区多，各地进入汛期的时段前后不一，难免在不同的区域发生不同程度的水毁。

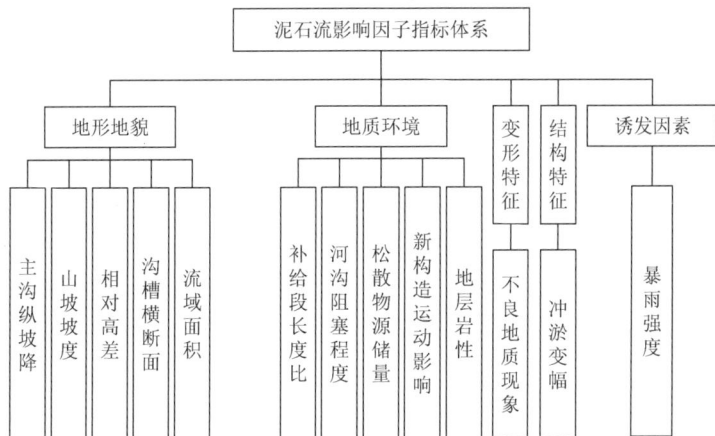

图 3-17　泥石流影响因子指标体系

根据管线穿越部位及其管道水毁地形的不同，可将水毁划分为坡面水毁、河（沟）道水毁和台田地水毁三种。其中，前两者的危害较第三者严重。

1. 坡面水毁

1）坡面水毁的定义

坡面水毁是指分布在斜坡表面，因斜坡坡降较大，集中降雨后在坡面上形成股状洪流，汇流冲刷管道设施，导致管道保护层或盖层覆土变薄、管道外露的现象（图 3-18）。

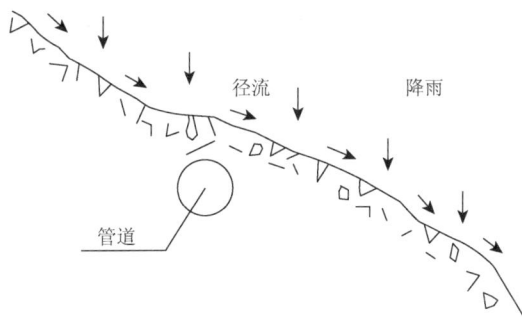

图 3-18　坡面水毁剖面示意图

2）坡面水毁的影响因素分析

根据典型坡面水毁灾害点的分析可知，影响坡面水毁发育的因素有坡度、坡面形态、相对高差、汇水面积，土体类型、土体结构、地质构造、植被覆盖率、土地利用类型、坡面冲刷程度、土体状态、降雨、地表水体、人类工程活动等），以下针对主要因素的影响程度进行分析。

（1）地形地貌条件。

坡面水毁主要是由坡面水力侵蚀引起的，坡面水力侵蚀强弱很大程度上取决于地形条件，这主要包括坡度、坡面形态、相对高差、汇水面积等因素。只有处于一定的地貌部位，具备一定地形的斜坡，才可能发生水毁。同等条件下，高差越大，坡度越陡，为水流提供的动能就越大，越利于水毁灾害的发生；坡面形态的不同决定了汇水的地形条件，较其他坡面形态而言，凹形坡利于水流的汇集，因此就更利于灾害的发生；汇水面积为水毁提供了水源条件，因此汇水面积的不同也影响着灾害的发生。

例如中缅干线某输气管道根据地形沿着山体进行开挖埋设，该段管道埋深为0.5～1.0m。开挖坡面宽30～50m，长约150m，边坡坡度20°～45°。斜坡坡脚至中部坡面上设有四道浆砌石挡墙，长约25m，顶宽约1.0m，高度约3.0m。边坡中部至坡顶较陡处采用袋装土和块石拦挡。在山坡顶部修有三条简易排水沟，为土质结构，排水沟宽0.3～0.5m，深约0.3m，长约30m。整个坡面受雨水冲蚀强烈，坡面上形成较多大小不一的冲沟，冲沟宽0.1～0.8m，深0.1～0.5m，长10～100m不等，较大的冲沟均沿管道两侧分布，局部出露基岩，见图3-19。

图3-19　中缅干线输气管道某坡面水毁

由于埋设管道施工完成后，坡面缺乏合理有效的排水设施，再加上未能及时恢复植被，导致土体流失严重。坡面上的土体被雨水直接冲刷至坡脚后越过挡墙，堆积于坡脚处的水田旱地中，损毁水田旱地面积约500m²，堆积厚度0.2～0.5m，导致村民不能对土地进行正常耕种；挡墙局部被掩埋，出现开裂、变形现象。严重影响输气管道的安全、管道运营公司与附近村民的关系。

（2）地质环境条件。

地质环境条件包括土体类型、地质构造、植被覆盖率和土地利用类型等条件，是影响水毁形成的内在因素。

a. 土体类型是产生水毁的物质基础，对坡面水毁形成起至关重要的作用。不同土体类型产生水毁的难易程度不同，相同条件下，土体相对于岩体更容易形成水毁，而土体中，细粒土较粗粒土而言，由于其内摩擦角较小，因此更容易被坡面水流带走。

b. 地质构造可以将组成斜坡的岩、土体切割分离成不连续状态。同时，构造面又为降雨等水流进入斜坡提供了通道。故各种节理、裂隙、层面、断层发育的斜坡，往往利于水毁的发生。

c. 植被覆盖率和土地利用类型也影响着水毁的形成，一般裸地地区缺乏植被的保护，水土流失严重，更容易导致水毁的发生。

例如中缅天然气管道某坡面水毁（图3-20），灾害位于低中山地貌区，地势起伏较大，周边主要为耕地，第四系覆盖层为残坡积粉质黏土，一般厚约 0.5～2.0m，下伏基岩为志留系的页岩及砂岩，该点北西距捕鱼村断层 2.6km，基岩裂隙发育，岩体破碎；该点处管道斜切斜坡，向上开挖埋设，水毁段坡度约 30°，呈阶梯状；坡体上土体以管沟开挖回填的碎石土为主，碎石粒径多小于 10cm，细粒土含量较高；2014 年雨季降雨地表水带走坡体上松散体，形成坡面水毁区，水毁区长约 100m，宽约 10m，深 0.5～1.8m。

图 3-20　中缅天然气管道某坡面水毁

（3）变形特征条件。

坡面水毁形成的变形特征条件主要是坡面冲刷程度。坡面冲刷是指降雨形成的坡面水流破坏边坡坡面，并冲走坡面表层土体的现象。坡面冲刷程度主要是指坡面流推移冲刷能力和坡面流悬移冲刷能力的大小，若坡面冲刷程度越大，就越利于水毁的产生。

（4）结构特征条件。

土体状态也是导致水毁形成的主要因素。结构松散的土体往往物理力学性质较差，如管道开挖后，由于回填不密实，在降雨与地表径流的作用下，更容易被地表水带走。

（5）外部诱发因素。

导致水毁形成的外部因素较多，主要包括降雨、地表水体、人类工程活动等。

a. 降雨：降雨对水毁的影响很大。降雨一方面为坡面水毁提供了水源条件；另一方面，会导致水毁的地下水位升高，孔隙水压力增大。地下水对水毁及斜坡稳定性的影响包括对岩土体强度和斜坡应力状态两个方面。水毁坡度影响降雨产流的进程，进而影响地下水位及孔隙水压力的变化。同时，雨水的大量下渗，导致斜坡上的土石层饱和，甚至在斜坡下部的隔水层上积水，从而增加了坡体的重量，降低土石层的抗剪强度，更容易被坡面径流带走。

b. 地表水体：地表水体对坡面水毁的影响主要表现在季节性冲沟对坡面的冲刷作用，管道一般从第四系松散堆积层斜坡敷设通过，土体结构松散，受地表水、地下水侵蚀冲刷严重的坡段较多，且多为季节性冲沟。

c. 人类工程活动：违反自然规律、破坏斜坡稳定条件的人类活动都会诱发灾害的发生。例如开挖坡体，农业灌溉等。劈山开矿的爆破作用，可使斜坡的岩、土体受震动而破碎，厂矿废渣的不合理堆弃，这些都为坡面水毁发生提供物源条件。此外，在山坡上乱砍滥伐，使坡体失去保护，便有利于雨水等水体的入渗岩、土体从而诱发灾害。如果上述的人类行为与不利的自然作用互相结合，就更容易促进坡面水毁灾害的发生。对管道建设而言，管沟及伴行路开挖形成的临空面和管沟回填土密实程度是诱发水毁形成的主要因素，通过调查表明，管道沿线形成水毁或多或少与此因素相关。

例如中缅输气管道贺州支线某坡面水毁（图3-21），该处为丘陵地貌，周围山体坡度15°～30°，相对高差约50m。该处为U形的沟谷，走向约170°，管道基本垂直沟谷走向的布设。由于坡面土体裸露，坡面上没有任何护坡措施，埋设管道施工完成后，坡面缺乏科学有效的排水设施，再加上未能及时恢复植被，导致坡面长期受雨水直接冲刷，形成较多冲沟，且较大的冲沟均沿管道两侧分布。冲沟宽0.5～1.2m，深0.5～1.2m，长10～50m不等，威胁着管道的安全运营。

图3-21 中缅输气管道贺州支线某坡面水毁

通过对以上管道沿线坡面水毁灾害的影响因素分析可知，地形地貌、地质环境、变形特征、结构特征、外部诱发因素是影响滑坡的五大因素，结合管道坡面水毁灾害的实际特点，从中选取9个评价因子（坡度、坡面形态、相对高差、土体类型、植被覆盖率、坡面冲刷程度、土体状态、24h最大降雨量及地表水体）作为灾害的影响因子。通过分析9个影响因子，最终建立管道坡面水毁灾害影响因子指标体系（图3-22）。

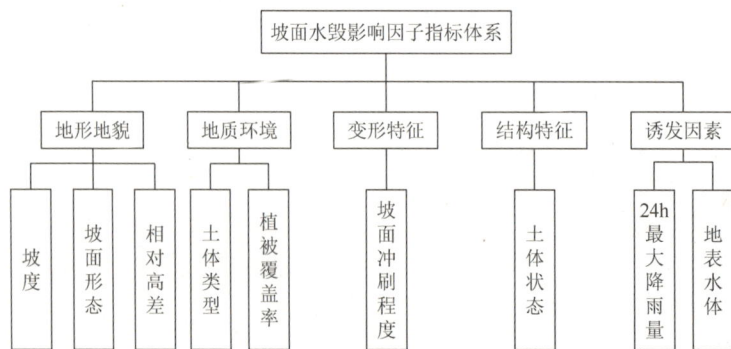

图3-22 坡面水毁影响因子指标体系

2. 河（沟）道水毁

1）河沟道水毁的概念

河（沟）道水毁主要分布在常年性或季节性河（沟）道的河床及河（沟）道两岸（图3-23），是由于管道穿越的河（沟）床部位纵坡坡降较大，一般大于6%，暴发洪水时产生强烈的河（沟）道下蚀和侧蚀作用，对管道产生淘刷，导致管道保护层或盖层变薄乃至外露的现象。除此以外，河（沟）道凹岸部位常常表现出强烈的淘刷，外加岸坡重力侵蚀，导致坍岸、岸坡后退，因此较河（沟）道其他部位危害性更大。

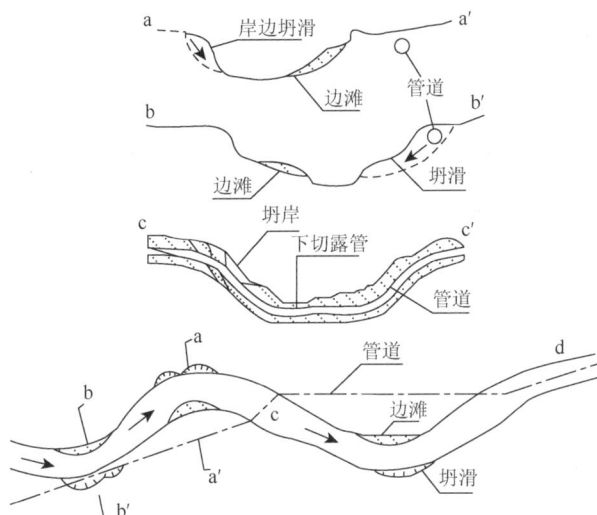

图3-23　河（沟）道水毁平面剖面示意图

2）河沟道水毁的影响因素

根据典型河（沟）道水毁灾害点的分析可知，影响河（沟）道水毁发育的因素有岸坡形态、坡高、河岸坡度、流域面积、河沟道纵坡降、地层岩性、河岸植被覆盖率、河沟道变形情况、土体状态（岩土结构类型、土体塑性状态）、降雨、洪水位变幅（流量）、流速、人类工程活动等，以下针对每个因素的影响程度进行分析。

（1）地形地貌条件。

河沟道水毁主要表现在水流淘刷河（沟）岸、下切河（沟）底，使河（沟）岸跌水面底部失去支撑，上部悬空，从而引起重力侵蚀，造成河（沟）岸扩张及河（沟）底下切的侵蚀现象。因此，河（沟）道水毁主要由水力冲刷侵蚀引起，而水力侵蚀强弱很大程度上取决于地形条件，这主要包括岸坡形态、河岸坡度、河沟纵坡降、坡高、流域面积等因素。只有处于一定的沟道部位，具备一定的地形条件，才可能发生水毁。对于横穿河流沟谷的管道，主要遭受河（沟）的冲刷下切作用，同等条件下，河沟纵坡降越大，水流速度越快，越利于河（沟）道的下切；对于沿河（沟）岸敷设管道，同等条件下，位于凹岸坡部位主要表现为淘刷坍岸，对管道影响很大，而位于凸岸部位时，水流作用主要表现为淤积，对岸坡稳定有利，故对管道影响小；同时，河岸坡度越大，越利于淘刷坍岸。

例如兰成原油管道某水毁，该灾害位于四川省剑阁县清江河边，管道处于凹岸区，受暴雨和清江河发洪水影响，河岸冲刷加剧，最终导致坍岸，造成两段管道悬管，其中一处光缆被冲断（图3-24、图3-25）。

图 3-24　兰成原油管道某水毁（治理前）　　　图 3-25　兰成原油管道某水毁（治理后）

（2）地质环境条件。

地质环境条件包括地层岩性、植被覆盖率等条件，也是影响水毁形成的重要内在因素。

a. 地层岩性对河（沟）道水毁形成起至关重要的作用。不同地层岩性产生水毁的难易程度相差较大，在相同条件下，土体相对于岩体更容易导致水毁形成；而土体中，细粒土较块、碎石土等粗粒土而言，由于其内摩擦角较小，也更容易遭受水流淘蚀、冲刷。

b. 植被覆盖率也影响着水毁的发生，一般裸地地区缺乏植被的保护，水土流失严重，更容易导致灾害的发生。

例如兰成原油管道某水毁（图3-26），该灾害点位于四川省广元市，兰成原油管道沿沟道纵穿，沟道整体纵坡降120‰，沟道内主要为管道开挖碎块石填土，结构松散，2013年6月20日暴雨导致该区管道露管。露管分两段，上半段与下半段各20m，共计40m，管道被碎石砸坏20余处。

图 3-26　兰成原油管道某水毁

（3）变形特征条件。

河（沟）道水毁形成的变形特征条件主要是指岸坡、河沟变形情况。河沟道变形主要受到地壳的构造作用、水流作用、冰川作用和风化作用的影响，但最主要的是水流作用的影响。在水流的侵蚀、搬运和堆积的作用下，对河沟道变形产生了一定程度的影响，也促进了河（沟）道水毁的发生。

（4）结构特征条件。

土体状态也是导致水毁形成的主要因素。结构松散的岩土体往往物理力学性质较差，更容易被地表水淘蚀、冲刷。

（5）外部诱发因素。

导致河（沟）水毁形成的外部因素较多，主要包括降雨、洪水位变幅（地表水流量）、流速、人类工程活动等。

a. 降雨：降雨对水毁的影响很大。降雨为河（沟）水毁提供了水源条件，另一个直接影响是导致水毁的地下水位升高，孔隙水压力增大。地下水对河（沟）两岸的影响包括对岩土体强度和河（沟）两岸应力状态的影响两个方面。雨水的大量下渗，导致河（沟）两岸的土石层饱和，从而增加了土体的重量，降低了土石层的抗剪强度，更容易遭受水流淘蚀、冲刷。

b. 地表水流量及流速：地表水流量与流速直接决定水流对河沟的冲刷、淘蚀的强弱，地表水流越大，流速越快，对岸坡及河床的冲刷与下切作用就越强烈。

c. 人类工程活动：违反自然规律、破坏岸坡稳定条件的人类活动都会诱发灾害的发生。例如开挖岸坡、采砂等。如果上述的人类行为与不利的自然作用互相结合，就更容易促进灾害的发生。

例如兰成中贵管道某水毁（图 3-27），该灾害位于甘肃省康县，兰成中贵管道在火烧沟内敷设长度为 13.5km，采用同沟、同隧道敷设方式。由于河道蛇曲，管道在沟内设置了 11 座隧道进行取直（进出洞口多位于沟道凹岸），由于管道开挖导致土体松散，同时隧道开挖形成的弃渣严重侵占现有沟道，有的地方占用了 4/5 的河道，2013 年 6 月 19 日晚 21 时～次日 12 时康县境内遭遇百年不遇特大暴雨，特大暴雨过后，火烧沟内山洪暴发，洪水位急剧上升，由于洪水的冲刷、侵蚀，导致伴行路多处受损，完全冲毁长度约 1km，局部

图 3-27　兰成中贵管道某水毁

路基或路面冲毁约 10km（主要是临水侧挡墙冲毁）。伴行路冲毁后造成管道出露悬空 2 段（3 处），分别位于火烧沟 6 号和 7 号隧道之间，7 号和 8 号隧道之间，长度分别为 67m 和 120m；另外有 9 处穿河段管道暴露在河底，暴露的长度多数与河底宽度大致相同，不超过 10m；冲刷后河底下切严重，有些是整个管道暴露，形成短距离悬空，局部防腐层损坏严重。

通过对以上管道沿线河沟道水毁灾害的影响因素分析可知，地形地貌、地质环境、变形特征、结构特征、外部诱发因素是影响河沟道水毁的五大因素，结合管道河沟道水毁灾害的实际特点，从中选取 8 个评价因子（岸坡形态、河岸坡度、河沟纵坡降、地层岩性、河沟道变形、土体状态，24h 最大降雨量及洪水位变幅）作为灾害的影响因子。通过分析 8 个影响因子，最终建立管道河沟道水毁灾害影响因子指标体系（图 3-28）。

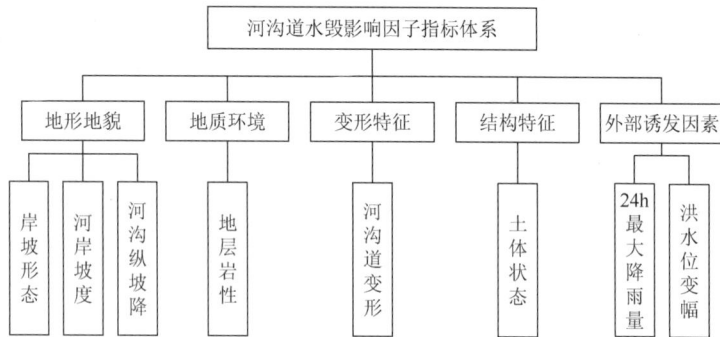

图 3-28　河沟道水毁影响因子指标体系

3. 台田地水毁

1）台田地水毁的概念

台田地水毁多发生于管道穿越的部分河流阶地或台阶式田地部位（图 3-29）。总体来说，管道沿线的台田地水毁对管道危害较小，多数是由于管道敷设造成的台田地沿管沟的不均匀沉降、塌陷等，对于坡式梯田往往造成田坎坍塌，使梯田整体性受损，边缘破坏，加上降雨作用就会形成侵蚀破坏。

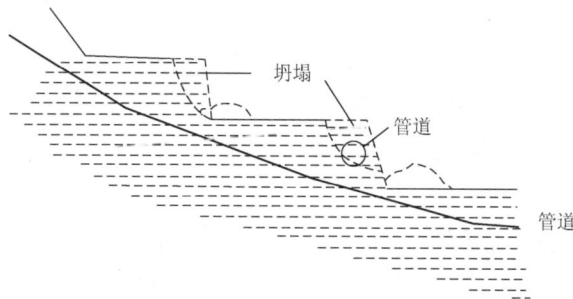

图 3-29　台田地水毁剖面示意图

2）台田地水毁的影响因素

根据管道沿线典型台田地水毁灾害点的分析、总结可知，影响台田地水毁发育的因素有台田地陡缓、坎高、岩土类型、植被覆盖率、土地利用类型、变形情况、裂隙发育程度、地表水、降雨、人类工程活动这 10 个指标，以下针对主要因素的影响程度进行分析。

（1）地形地貌条件。

台田地水毁主要发生在管道穿越的部分河流阶地或台阶式田地部位，多数是由于管道的敷设造成台田地沿管沟不均匀沉降、塌陷。对于坡式梯田往往造成田坎坍塌，使得梯田失去耕作效用。因此台田地水毁在地形地貌上，主要受台田地陡缓，坎高等因素影响。

例如兰成渝管道某台田地水毁，该灾害点属于构造剥蚀低山丘陵地貌，地形坡度20°～22°，地形纵向上呈阶梯状延伸，表层为第四系含碎石粉质黏土，基岩为砂岩、泥岩互层，区域内年降雨量多集中在 5～9 月。管道顺坡铺设，穿过一土质斜坡（图 3-30），前期无治理工程，由于管线周边为梯田，土质松软，植被稀少，在降雨作用下，受田地排水的影响，管道敷设处斜坡被冲毁，而且冲下来的土堵塞斜坡下方农田的排水沟。若不进行治理，在后期降雨作用下，坡面径流将继续对管道上方土体进行冲刷，不仅会堵塞老百姓农田水渠，还会使管线外露，影响管道安全，所以急需对该水毁灾害点进行治理。

(a)　　　　　　　　　　　　　　　(b)

图 3-30　兰成渝管道某台田地水毁

（2）地质环境条件。

地质环境条件包括岩土类型、植被覆盖率、土地利用类型等条件，也是影响台田地水毁形成的重要内在因素。

a. 岩土类型对台田地水毁形成起至关重要的作用。不同岩土类型产生水毁的难易程度不同，在相同条件下，土体相对于岩体更容易导致水毁形成，而土体中，细粒土较块、碎石土等粗粒土，由于其内摩擦角较小，也更容易遭受水流侵蚀。结构松散的岩土体往往物理力学性质较差，更容易被地表水淘蚀、冲刷，而台田地水毁地区，往往就是由于管沟开挖导致的土体结构松散，造成的台田地沿管沟不均匀沉降、塌陷。

b. 植被覆盖率和土地利用类型也影响着台田地水毁的发生，一般裸地地区缺乏植被的保护，更容易遭受水流侵蚀。

（3）变形特征条件。

变形情况是影响台田地水毁形成的变形特征条件。通过调查变形情况，判断是否有加剧的现象发生，提前做好预防措施和防治措施。

（4）外部诱发因素。

导致台田地水毁的外部因素较多，主要有降雨、地表水、人类工程活动等。

a. 降雨：降雨对台田地水毁的影响很大。降雨一方面为台田地水毁提供了水源条件，另一个直接影响是导致水毁的地下水位升高，孔隙水压力增大，雨水的大量下渗，导致台田地的土石层饱和，从而增加了土体的重量，降低土石层的抗剪强度，更容易遭受水流侵蚀。

b. 地表水：地表水径流对台田地具有冲刷、淘蚀的作用，久而久之，就会逐渐降低岩土体的力学强度，导致灾害的发生。

c. 人类工程活动：台田地主要发生于管道穿越的部分河流阶地或台阶式田地部位，这些地区人类工程活动强烈，例如灌溉、农田锁水等，这些都为灾害的发生创造了条件。如果上述的人类行为与不利的自然作用互相结合，就更容易导致灾害的发生。

例如兰成渝管道某台田地水毁（图 3-31），该灾害点属于构造剥蚀中低山地貌，台田地貌，全区属亚热带湿润季风气候，年均气温 17℃，雨量充沛，年均降雨量 698mm，年内降雨量集中在 5～10 月，占全年降雨量的 85%以上，在极端降雨条件下极易形成田地冲蚀。管道顺田坎斜交铺设，走向 30°，由于管道周围为耕地，据现场踏勘、调查，在管线穿越田坎处已修建一道浆砌条石挡墙长 30m，挡墙出现垮塌，垮塌长度约 16m，其余段已出现严重变形。由于管道铺设时，管沟开挖，使得管沟周围一定范围内土体结构疏松，加上挡土墙墙身没有设置泄水孔，在降雨作用下，墙后土体逐渐饱和，墙后土压力增加，导致挡土墙出现不均匀沉降甚至垮塌。如果不进行治理，在后期降雨的作用下，雨水将对垮塌处（即土体结构疏松处）进一步冲刷，使得管道上部覆盖土层被冲走，管道外露，对管道的安全运营构成严重威胁。

图 3-31 兰成渝管道某台田地水毁

通过对以上管道沿线台田地水毁灾害的影响因素分析可知，地形地貌、地质环境、变形特征、外部诱发因素是影响台田地水毁的四大因素，结合管道台田地水毁灾害的实际特点，从中选取 7 个评价因子（台田地陡缓、坎高、岩土类型、土地利用类型、变形情况、

24h 最大降雨量及地表水体）作为灾害的影响因子。通过分析 7 个影响因子，最终建立管道台田地水毁灾害影响因子指标体系（图 3-32）。

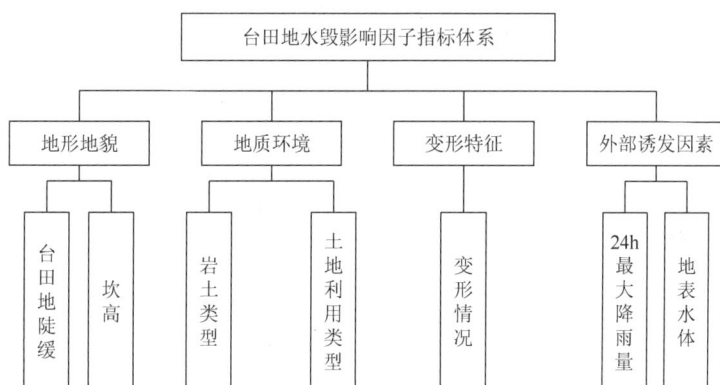

图 3-32　台田地水毁影响因子指标体系

3.3.5　黄土陷穴影响因子分析

　　黄土陷穴是指在地表水容易汇集的沟间地或谷坡上部，由于地表水下渗沿黄土中节理进行侵蚀、潜蚀，并把可溶性盐带走，使下部蚀空表层黄土崩陷而形成的圆形或椭圆形洼地。

　　黄土陷穴的形成受内因和外因两方面的条件控制。内因是黄土陷穴形成的内在地形与物质基础，主要包括地形起伏程度、微地貌特征、汇水面积、植被覆盖率、土体类型、土地利用类型、土层厚度、黄土湿陷程度、土体状态等；外因为诱发产生黄土陷穴的条件，主要为包括地表水入渗、降雨、人类工程活动等。

　　根据管道沿线典型黄土陷穴灾害点的分析、总结可知，影响黄土陷穴发育的因素有地形起伏程度、微地貌特征、汇水面积、植被覆盖率、土体类型、土地利用类型、土体厚度、黄土湿陷程度、土体状态（密实度、塑性状态）、降雨、变形特征、地表水入渗情况、人类工程活动等，以下针对主要因素的影响程度进行分析。

　　1）地形地貌条件

　　主要包括微地貌特征、地形起伏程度、汇水面积等因素。微地貌特征对黄土湿陷产生有一定影响，一般湿陷多发生在一边靠山，一边临深沟的地段，有时也发生在半填半挖路堑与路堤衔接处、桥涵台背填土处或者填土施工接岔处，冲沟或低洼填方地段等；在地形起伏波折变化多的地方，特别是缓坡突然转为陡坡的地段，也会形成陷穴；汇水面积决定着汇水量的大小，因此汇水面积越大，越利于陷穴的产生。

　　例如兰成原油管道某黄土陷穴（图 3-33），灾害位于黄土高原地貌区，地势起伏较大，管道位于沟谷地带，降雨时易汇集地表水，从而导致黄土陷穴发生。因此在黄土地区要特别注意地下水补给、排泄条件，特别在负地形处、临近沟谷部位，当其存在好的补水条件同时易于排出时就会产生黄土陷穴。

　　根据分析，地形地貌是影响黄土陷穴形成内在因素之一，尤其是微地貌起到了较大的作用。

图 3-33　兰成原油管道某黄土陷穴

2）地质环境条件

地质环境条件包括土体类型、土地利用类型、植被覆盖率等，也是影响黄土陷穴形成的重要因素。

（1）土体类型是产生黄土陷穴的物质基础。黄土以粉粒和亲水强的矿物为主，具有大孔结构，天然含水量小，具有黏粒的强结合水和颗粒间的钙质胶结，在干燥时可以承担一定荷重而变形不大，但浸湿后，土粒联结显著减弱，引起黄土结构破坏而产生湿陷变形。只有湿陷性黄土才具备形成黄土陷穴的条件，因此土体类型对黄土陷穴的形成起着控制作用。

（2）植被覆盖率和土地利用类型作为地质环境条件对黄土陷穴的形成也起到了一定的作用。植被覆盖率和土地利用类型是通过改变地表水或降雨的入渗情况来影响黄土陷穴的形成。

3）结构特征条件

结构特征条件包括土体厚度、黄土湿陷性程度、土体状态（密实度、塑性状态）等。

（1）土体厚度是导致黄土陷穴形成的主要因素。土体厚度是以提供基础物质的形式影响黄土陷穴的产生，当土层厚度较大时，较容易产生陷穴。

（2）黄土湿陷性程度也是导致黄土陷穴形成的主要因素。组成湿陷性黄土中的细微颗粒极易遭受潜蚀并被水流带走，黄土物质成分中含有大量可溶盐，极易产生溶蚀作用，破坏了黄土的内部结构，使其变得松软，易于地下水渗透，加速了渗流作用的能力和机械潜蚀。湿陷性黄土又具有垂直裂隙及大孔隙，是地表水、地下水渗透的有利通道，为潜蚀和溶蚀提供了条件。因此，黄土湿陷性程度越高，越容易形成黄土陷穴。黄土陷穴主要发生在近沉积黄土中，因此其发育有一定的深度范围，老黄土由于沉积时间久，不具备湿陷性，因此黄土陷穴发育较轻。

（3）土体状态（密实度、塑性状态）是黄土陷穴形成的另一重要因素，如松散的土体在降水作用下容易形成负地形，有利于地表水汇集，从而加快陷穴的形成，而密实度高的土体则相对不易形成陷穴。同时，管道施工开挖会破坏原状黄土，当回填时黄土原状结构被破坏。回填时由于受管道影响在管道和黄土接触部位不能做到充分压实，就会形成地下水的通道。如兰成原油管道某黄土陷穴（图 3-34），灾害点由于管沟回填土结构松散，土体密实度低，降水时汇集了积水，导致陷穴的产生。

图 3-34　兰成原油管道某黄土陷穴

4）变形特征条件

变形特征是黄土陷穴的一个重要的因素。黄土陷穴变形最大的特点就是变异性特别大，变形参数受密度、湿度、粒度、岩性和沉积状态的影响，直接关系到黄土陷穴的稳定性。

5）诱发产生黄土陷穴的外部因素

导致黄土陷穴形成的外部因素较多，主要包括降雨、地表水入渗、人类工程活动。

（1）降雨、地表水入渗。在雨季时大面积汇集的雨水、地表水沿着黄土的垂直节理和大孔隙向内部渗透、潜流，溶解了黄土中的易溶盐，破坏了黄土结构，土体不断崩解，水流带走黄土颗粒，形成暗穴，在水的浸泡和冲刷作用下，洞壁坍塌，逐渐扩大形成更大的暗穴或出露于地表的其他形态的陷穴。因此降雨、地表水入渗是黄土陷穴形成的外部控制因素。

（2）人类工程活动。对黄土陷穴形成产生影响的人类工程活动主要是管沟开挖回填。根据调查发现，黄土陷穴沿管道方向带状纵向分布，陷穴的长轴走向与其所处的管道走向基本一致，且距离管道越近，方向性越明显，陷穴沿管沟串珠状发育。由于管沟填土未夯实，具有高压缩性，造成填土区与原状区黄土差异性沉降，土壤在自重作用下压密而产生负地形，负地形的产生为地表水进一步向管沟区汇集和渗入创造了有利条件，从而产生陷穴。如兰成原油管道某黄土陷穴（图 3-35），灾害点位于黄土高原地貌区，地势开阔平

图 3-35　兰成原油管道某黄土陷穴

缓，周边主要为耕地，管道敷设后未回填夯实，沿管道走向形成陷穴。因此，人类工程活动也是黄土陷穴形成的重要控制因素。

通过对以上管道沿线黄土陷穴灾害的影响因素分析可知，地形地貌、地质环境、结构特征、变形特征、外部诱发因素是影响黄土陷穴五大因素，结合管道黄土陷穴灾害的实际特点，从中选取 8 个评价因子（地形起伏程度、微地貌特征、汇水面积、土体类型、土地利用类型、土体状态、变形特征、多年平均降雨量）作为灾害的影响因子。通过分析 8 个影响因子，并最终建立管道黄土陷穴灾害影响因子指标体系（图 3-36）。

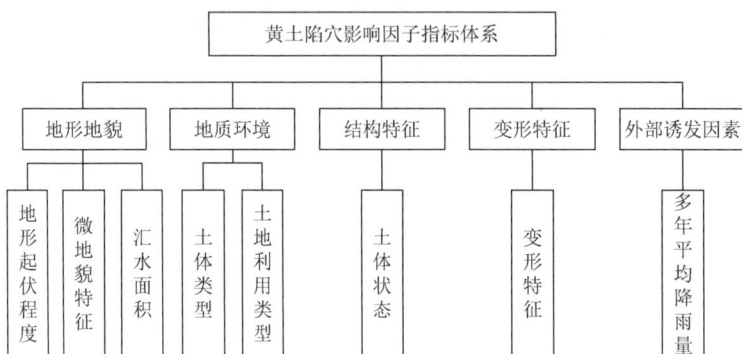

图 3-36 黄土陷穴影响因子指标体系

3.4 管道地质灾害风险评价指标体系

3.4.1 滑坡灾害风险评价指标体系

3.4.1.1 滑坡灾害风险概率

滑坡灾害风险概率包括两大部分：滑坡灾害的危险性与管道易损性，其中滑坡灾害危险性又可以分为灾害发生概率与灾害防治效果。此次研究通过以上两个部分进行风险概率评价指标分析，构建滑坡灾害风险概率评价指标体系。

1. 滑坡危险性评价指标体系

1）灾害发生概率

（1）评价指标的选取。

通过对管道沿线滑坡灾害的影响因素分析可知，滑坡灾害影响可分为地形地貌、地质环境、结构特征、变形特征、外部诱发因素等五大因素，结合管道滑坡灾害的实际情况，从中选取 25 个评价因子（高差、坡度、坡向、坡面形态、地表曲率、高程、距离主断裂距离、土体类型、植被、土地利用、滑体厚度、滑带土类型、滑带土状态、滑体体积、滑面倾角、土体状态、滑床特征、滑面贯通情况、滑动距离、历史滑塌、滑塌规模、现今变形、地震烈度、人类工程活动、24h 最大降雨量）作为灾害危险性评价指标体系的备选指标因子。

（2）样本的选取与统计。

a. 样本的选取。

通过现场调查和资料收集在全国管道中选取 64 处典型滑坡灾害点作为样本点，用于灾害的影响因子敏感性分析。选取的 64 个样本点分布于全国各大地貌单元，具有良好的代表性。

b. 样本的统计。

选取的样本点中各评价因子对灾害的贡献，可以按照表 3-4 进行赋值。

表 3-4　贡献赋值参考表

贡献	分数
对灾害发生无影响	0
对灾害发生影响微弱	1
对灾害发生影响中等	2
对灾害发生影响强烈	3

按照以上标准分别对选取的 64 个样本点进行赋值与统计，统计各评价因子不同贡献数量与贡献总分，统计结果见表 3-5。

表 3-5　滑坡灾害样本贡献打分统计表

因子分类	评价因子	贡献总分	高贡献个数	中等贡献个数	低贡献个数	无贡献个数
地形地貌	高差	44	0	5	34	25
	坡度	172	48	12	4	0
	坡向	2	0	0	2	62
	坡面形态	96	7	21	33	3
	地表曲率	7	0	0	7	57
	高程	2	0	1	0	63
地质环境	距离主断裂距离	29	5	5	4	50
	土体类型	150	27	32	5	0
	植被	32	0	4	24	36
	土地利用类型	35	1	2	28	33
结构特征	滑体厚度	77	0	16	45	3
	滑带土类型	163	42	16	5	1
	滑带土状态	176	50	12	2	0
	滑体面积	3	0	0	3	61
	滑面倾角	174	48	14	2	0
	土体状态	121	14	29	21	0
	滑床特征	32	0	1	30	33

因子分类	评价因子	贡献总分	高贡献个数	中等贡献个数	低贡献个数	无贡献个数
变形特征	滑面贯通情况	101	9	25	24	6
	滑动距离	65	2	17	25	20
	历史滑塌	79	7	18	22	17
	滑塌规模	54	2	5	38	19
	现今变形	109	12	28	17	7
外部诱发因素	地震烈度	124	18	29	12	5
	人类工程活动	137	33	13	12	6
	24h 最大降雨量	183	55	9	0	0

（3）敏感性分析。

a. 因子间敏感性分析。

为了客观地评价因子的敏感性,采用贡献率模型对管道沿线滑坡灾害评价因子的敏感性进行分析,该模型结构简单,不受地域限制,能客观反映各评价因子的敏感性大小。该模型是通过统计分析已发生 64 处滑坡对各因子的贡献情况,反映因子的敏感性大小。贡献率模型如下:

$$r_i = \sum_{j=1}^{n} r_{ij} \qquad (3\text{-}35)$$

$$S_i = \frac{r_i}{\sum_{i=1}^{m} r_i} \qquad (3\text{-}36)$$

式中, r_{ij}——第 j 灾害样本中第 i 个因子的分值;

n——灾害样本的个数,这里取 64;

r_i——第 i 个因子的贡献总分;

m——地灾影响因子的个数,这里取 25;

S_i——各因子的敏感性值。

通过贡献率模型,可以求取的各因子的敏感性值大小,计算结果见表3-6。

表3-6　滑坡灾害评价因子敏感性值统计表

因子分类	评价因子	贡献总分	因子间敏感性值
地形地貌	高差	44	0.020
	坡度	172	0.079
	坡向	2	0.001
	坡面形态	96	0.044
	地表曲率	7	0.003
	高程	2	0.001

续表

因子分类	评价因子	贡献总分	因子间敏感性值
地质环境	距离主断裂距离	29	0.013
	土体类型	150	0.069
	植被	32	0.015
	土地利用类型	35	0.016
结构特征	滑体厚度	77	0.036
	滑带土类型	163	0.075
	滑带土状态	176	0.081
	滑体面积	3	0.001
	滑面倾角	174	0.080
	土体状态	121	0.056
	滑床特征	32	0.015
变形特征	滑面贯通情况	101	0.047
	滑动距离	65	0.030
	历史滑塌	79	0.036
	滑塌规模	54	0.025
	现今变形	109	0.050
外部诱发因素	地震烈度	124	0.057
	人类工程活动	137	0.063
	24h 最大降雨量	183	0.084

b. 单因子敏感性分析。

在不同地貌单元，不同地质环境条件下，各因子内部的敏感性大小是否收敛，就成了其是否能作为滑坡灾害危险性评价因子的关键。因此还需要对各因子的内部敏感性进行分析，这里以坡度为例分析因子的收敛性。

通过对 64 个样本点统计数据分析显示（表 3-7），在 64 个灾害样本点中有 48 个为高贡献，占总数的 75%；中等贡献 12 个；低贡献 4 个。分析显示坡度对于滑坡的影响敏感性高，通过图 3-37 可以看出，样本点主要收敛在高贡献中，因此坡度在滑坡灾害中占据主控地位，是滑坡地质灾害危险性评价不可或缺的评价指标。

通过对各因子内部敏感性分析，25 个备选因子均具有较好的收敛性。

表 3-7　滑坡中坡度因子贡献统计

贡献	数量
高贡献	48
中等贡献	12
低贡献	4
无贡献	0

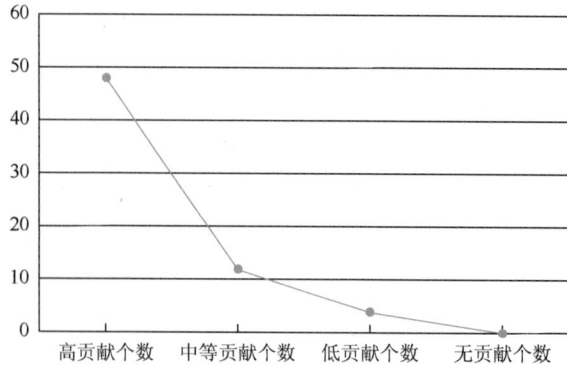

图 3-37　滑坡中坡度因子贡献分析

（4）滑坡灾害发生概率指标体系的构建。

按照因子敏感性大小，将评价因子划分为三级：高敏感因子，中等敏感因子，低敏感因子，划分标准与结果参见表 3-8、图 3-38。

表 3-8　滑坡灾害评价因子敏感性分级

划分等级	因子	敏感性值
高敏感因子（敏感值≥0.05）	24h 最大降雨量	0.084
	滑带土状态	0.081
	滑面倾角	0.080
	坡度	0.079
	滑带土类型	0.075
	土体类型	0.069
	人类工程活动	0.063
	地震烈度	0.057
	土体状态	0.056
	现今变形	0.050
中等敏感因子（0.05＞敏感值≥0.03）	滑面贯通情况	0.047
	坡面形态	0.044
	滑体厚度	0.036
	历史滑塌	0.036
	滑动距离	0.03
低敏感因子（敏感值＜0.03）	滑塌规模	0.025
	高差	0.02
	土地利用类型	0.016
	植被	0.015

续表

划分等级	因子	敏感性值
低敏感因子（敏感值＜0.03）	滑床特征	0.015
	距离主断裂距离	0.013
	地表曲率	0.003
	坡向	0.001
	高程	0.001
	滑体面积	0.001

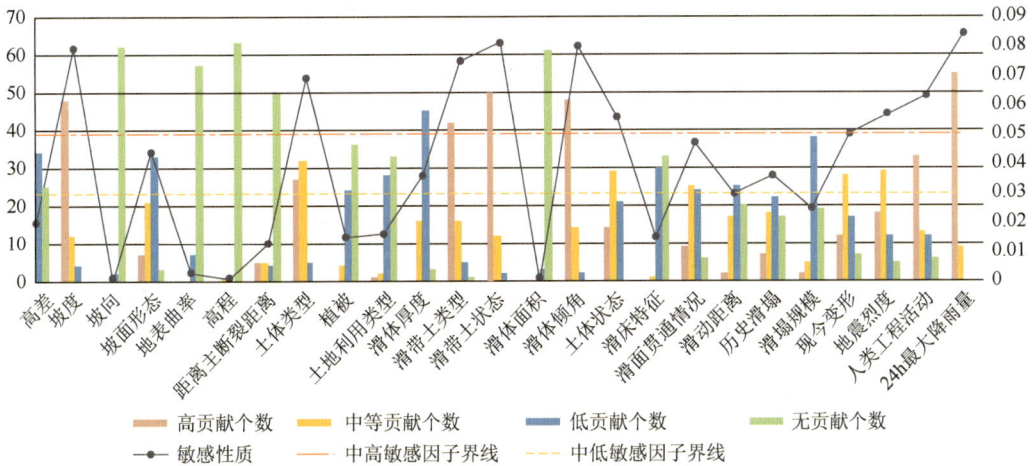

图 3-38　滑坡灾害评价因子贡献率与敏感性分布图

　　低敏感因子在滑坡灾害中占据极其次要的地位，为了便于评价，一般不选作滑坡灾害危险性评价指标。由于野外调查中，某些因子状态是不可基于调查手段获取的（例如滑带土状态），鉴于此，这里将高等、中等敏感因子中不可通过野外调查获取的因子剔除，最终保留坡度、坡面形态、土体类型、历史滑塌、现今变形、土体状态、滑体厚度、24h 最大降雨量、地震烈度等 9 个因子构建单体管道滑坡灾害发生概率指标体系（图 3-39）。

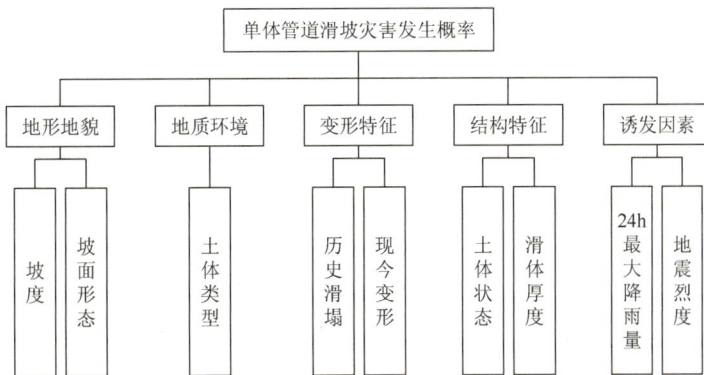

图 3-39　单体管道滑坡灾害发生概率指标体系

（5）滑坡灾害发生概率指标分级与赋值。

为了求取滑坡灾害的发生概率值，需要对各评价指标进行分级，对每种评价指标的每个存在状态进行分级赋值，分数取值 1～10，对灾害发生的可能性越有利分值越高。对可量化的评价指标（例如坡度、24h 最大降雨量、地震烈度）进行定量分级；对可半定量的评价指标（坡面形态、土体类型、土体状态、滑体厚度），根据其指标分类对灾害的贡献情况进行分级赋值；对不可定量的指标（历史滑塌、现今变形）进行定性分级赋值。对各指标的分级赋值标准见表 3-9。

表 3-9　滑坡发生概率指标分级与赋值

评价指标	分级/赋值	评价指标	分级/赋值
坡度	□≤10°（1、2） □10°～20°（3、4） □20°～30°（5、6） □30°～40°（7、8） □>40°（9、10）	坡面形态	□凹形（1、2） □直线形（3、4） □复合形（5、6） □阶梯形（7、8） □凸形（9、10）
土体类型	□碎石土（1、2） □粉土（5、6） □黏性土（9、10）	历史滑塌	□无（1、2） □轻微（3、4） □中等（5、6） □较严重（7、8） □严重（9、10）
现今变形	□无（1、2） □轻微（3、4） □中等（5、6） □较严重（7、8） □严重（9、10）	土体状态	□很密/坚硬（1、2） □密实/硬塑（3、4） □中密/可塑（5、6） □稍密/软塑（7、8） □松散/流塑（9、10）
滑体厚度	□浅层滑坡（1、2） □中层滑坡（5、6） □深层滑坡（9、10）	24h 最大降雨量/mm （年均降雨<800/≥800）	□≤25/50（1、2） □25～50/50～100（3、4） □50～75/100～150（5、6） □75～100/150～200（7、8） □>100/200～250（9、10）
地震烈度	□6 度（2） □7 度（4） □8 度（6） □9 度（8） □≥10 度（10）		

（6）指标权重的确定。

各指标的权重值可以通过各因子的敏感性值（表 3-10）代替，为了计算方便与格式统一，利用式（3-37）对指标权重进行归一化处理，处理后得到的各指标权重见表 3-10。

$$\omega_i = \frac{S_i}{\sum\limits_{i=1}^{m} S_i} \tag{3-37}$$

式中，S_i——各因子的敏感性值；

ω_i——各因子的权重。

m——地灾影响因子的个数，这里取 25。

表 3-10　滑坡发生概率各指标权重

因子	敏感性值 S_i	权重 ω_i
坡度	0.08	0.16
24h 最大降雨量	0.08	0.16
土体类型	0.07	0.14
地震烈度	0.06	0.12
土体状态	0.05	0.10
现今变形	0.05	0.10
坡面形态	0.04	0.08
历史滑塌	0.04	0.08
滑体厚度	0.03	0.06

（7）滑坡发生概率分级。

滑坡发生的概率分级是在不考虑滑坡治理的情况下，对其发生概率的等级进行划分：

$$P(H)_1 = \frac{\sum_{i=1}^{n} y_i \cdot \omega_i}{a} \tag{3-38}$$

式中，$P(H)_1$——灾害发生概率值；

y_i——第 i 个指标的分值；

ω_i——第 i 个指标的权重；

n——指标个数，取 9。

a——归一化因子，取 10。

通过对滑坡样本统计计算分析，结合灾害发生概率野外专家定性判别，对滑坡发生概率等级进行五级划分，得到滑坡发生概率等级对应的区间：高概率取值区间为[0.65, 1]；较高概率取值区间为[0.55, 0.65)；中等概率取值区间为[0.49, 0.55)；较低概率取值区间为[0.44, 0.49)；低概率取值区间为[0, 0.44)，划分结果见表 3-11。

表 3-11　滑坡发生概率等级划分表

灾害发生概率等级	灾害发生概率值区间
高概率	[0.65, 1]
较高概率	[0.55, 0.65)
中等概率	[0.49, 0.55)
较低概率	[0.44, 0.49)
低概率	[0, 0.44)

2）灾害防治效果

灾害的防治可以降低滑坡发生的概率，防治效果的好坏直接影响着灾害的发生与否，采用定性评价方法对滑坡的防治效果进行五级分类，通过灾害发生概率与防治效果构建的危险性评价矩阵（表 3-12），确定防治效果等级的赋值，划分与赋值结果见表 3-12、表 3-13。

表 3-12 滑坡危险性评价矩阵

防治效果	发生概率				
	低	较低	中	较高	高
无或极差	低	较低	中	较高	高
差	低	较低	中	较高	较高
中	低	低	较低	中	中
较好	低	低	低	较低	较低
好	低	低	低	低	低

表 3-13 滑坡灾害防治效果分级赋值表

防治效果分级	赋值
未治理或治理效果极差	（0，0.05）
治理效果差	（0.10，0.15）
治理效果中等	（0.20，0.25）
治理效果较好	（0.30，0.35）
治理效果好	（0.40，0.44）

$$P(H)_2 = 0.44 - y \qquad (3\text{-}39)$$

式中，$P(H)_2$——灾害防治效果值；

y——防治效果的赋值。

3）滑坡危险性评价

滑坡的危险性评价是在综合考虑滑坡发生概率和防治效果基础之上，对滑坡发生的可能性大小进行评价。由于防治效果对灾害的易发程度起到很大的作用，因此其权重不能是一固定值，防治效果不同其权重值也不同，因此，采用变权重对滑坡的危险性进行评价，评价模型如下：

$$P(H) = P(H)_1 \times p_i + P(H)_2 \times (1 - p_i) \qquad (3\text{-}40)$$

式中，$P(H)$——发生滑坡的危险性大小；

$P(H)_1$——灾害发生概率值；

$P(H)_2$——灾害防治效果值；

p_i——防治效果不同下的权重值，其取值见表 3-14。

表 3-14 p_i 值表

防治效果分级	p_i 取值
未治理或治理效果极差	（1，0.9）
治理效果差	（0.8，0.7）
治理效果中等	（0.6，0.5）
治理效果较好	（0.4，0.3）
治理效果好	（0.2，0.1）

通过上述计算可以得到滑坡灾害样本点危险性值,结合野外专家定性判别对其进行五级划分。因经过地质灾害防治后,仅改变了地质灾害发生概率,因此,对滑坡危险性分级,仍然按滑坡发生概率等级进行 5 级划分,分级标准也相同,即高危险性取值区间为[0.65, 1];较高危险性取值区间为[0.55, 0.65);中等危险性取值区间为[0.49, 0.55);较低危险性取值区间为[0.44, 0.49);低危险性取值区间为[0, 0.44)。划分详情见表 3-15。

表 3-15　滑坡危险性评价分级表

灾害危险性等级	危险性值区间
高危险	[0.65, 1]
较高危险	[0.55, 0.65)
中等危险	[0.49, 0.55)
较低危险	[0.44, 0.49)
低危险	[0, 0.44)

2. 管道易损性评价

滑坡发生后,影响管道破坏失效的主要因素有管道位置与管道敷设方式两个因素。管道位置与滑坡体关系总体可以分为三类:滑坡体影响区外、滑坡体外围影响区、滑坡体内;管道敷设方式主要有三类:纵穿、斜穿、横穿。根据管道沿线现有滑坡灾害管道位置与管道敷设方式的组合情况,通过两两之间的组合对管道的易损性进行五级分类,分级标准见表 3-16、表 3-17。

表 3-16　滑坡对管道易损性影响因素及分类

管道位置	管道敷设方式
滑坡体影响区外 I	纵穿 A
滑坡体外围影响区 II	斜穿 B
滑坡体内 III	横穿 C

表 3-17　滑坡易损性分级

易损分级	组合编号	赋值
低易损	I	(1, 2)
较低易损	II	(3, 4)
中等易损	III-A	(5, 6)
较高易损	III-B	(7, 8)
高易损	III-C	(9, 10)

管道易损性评价模型:

$$P(V) = \frac{v}{a} \qquad\qquad (3\text{-}41)$$

式中，$P(V)$——管道易损性值；

$\qquad v$——管道易损性的取值；

$\qquad a$——归一化因子，取 10。

3. 滑坡灾害风险概率评价

滑坡灾害风险概率是在综合考虑滑坡灾害的危险性和管道易损性基础之上，对管道所遭受地灾影响程度大小的评价。评价模型如下：

$$P(R) = P(H) \times P(V) \qquad\qquad (3\text{-}42)$$

式中，$P(R)$——滑坡风险概率；

$\qquad P(H)$——滑坡的危险性；

$\qquad P(V)$——管道的易损性。

通过上述模型可计算出滑坡灾害样本点风险概率值大小，结合野外专家定性判别对其进行五级划分，得到不同滑坡风险概率等级的风险概率值区间如表 3-18 所示，即高风险概率取值区间为[0.56, 1]；较高风险概率取值区间为[0.33, 0.56)；中等风险概率取值区间为[0.25, 0.33)；较低风险概率取值区间为[0.13, 0.25)；低风险概率取值区间为（0, 0.13）。

表 3-18　滑坡风险概率评价等级划分表

滑坡风险概率等级	滑坡风险概率值区间
高风险概率	[0.56，1]
较高风险概率	[0.33，0.56)
中等风险概率	[0.25，0.33)
较低风险概率	[0.13，0.25)
低风险概率	（0，0.13）

3.4.1.2　管道失效后果

管道失效后果主要参考《油气管道地质灾害风险管理技术规范》，参考采用 W.Kent. Muhlbauer 建立的泄漏影响因子作为失效后果评价参考模型依据，即

$$E = \mathrm{PH \cdot SP \cdot DI \cdot RC} \qquad\qquad (3\text{-}43)$$

式中，E——管道失效后果损失指数；

$\qquad \mathrm{PH}$——产品危害系数；

$\qquad \mathrm{SP}$——泄漏系数；

$\qquad \mathrm{DI}$——扩散系数；

$\qquad \mathrm{RC}$——破坏系数，即受损体。

1. 危害系数（PH）

由于管道输送产品物理化学性质不同，对周围危害程度不同，所以危险系数不同。根

据 Kent 评分法中的产品的可燃性、燃烧速率、毒性大小分值综合考虑得出产品危害系数如表 3-19 所示。表中危害程度情况为天然气最高，汽油、原油、柴油依次降低。

表 3-19　产品危害系数取值表

输送物质	天然气	汽油	原油	柴油
PH	10	7	6	5

2. 泄漏系数（SP）

泄漏系数（SP）分值按照以下方法确定。

（1）输气管道泄漏扩散形式为蒸汽云团，达到平衡后不再扩大，保守估计时间为 10min，10min 的流量由式（3-44）计算：

$$Q = 5.2 \times D^2 \sqrt{(p-0.1)\rho} \times 10^5 \tag{3-44}$$

式中，Q——泄漏量，单位千克（kg）；

　　　D——管道内径，单位为米（m）；

　　　p——管道输送平均压力，单位为兆帕（MPa）；

　　　ρ——流体重度，单位为千克每立方米（kg/m³）。

泄漏量确定后按表 3-20 打分。

表 3-20　输气管道泄漏系数取值表

泄漏量 Q/kg	分值
≤2270	1
2270~22700	2
22700~227000	3
227000~2270000	4
>2270000	5

（2）由于输油管道泄漏是相对分值，故取 1h 的流量，通过式（3-45）计算：

$$Q = 4 \times D^2 \sqrt{(p-0.1)\rho} \times 10^6 \tag{3-45}$$

式中，Q——泄漏量，单位千克（kg）；

　　　D——管道内径，单位为米（m）；

　　　p——管道输送平均压力，单位为兆帕（MPa）；

　　　ρ——流体重度，单位为千克每立方米（kg/m³）。

泄漏量确定后按表 3-21 打分。

表 3-21　输油管道泄漏系数取值表

泄漏量 Q/kg	分值
≤450	1
450～4500	2
4500～45000	3
45000～450000	4
>450000	5

3. 扩散系数（DI）

管道泄漏后，泄漏物质会随地形和气候的变化而难以模拟和检测。如现场有半封闭的地形，虽然会使泄漏油品的面积或蒸汽云的扩散范围减小，但着火后也会使后果更加严重。如果将这些因素纳入考虑后只能增加评分的复杂性和争议性。管道泄漏扩散系数分值按以下方法确定：①输气管道泄漏与扩散是同一过程，所以不再进行扩散评分，扩散系数直接取 4。②输油管道泄漏扩散系数按表 3-22 取值。

表 3-22　输油管道泄漏扩散系数取值表

环境性质	DI 分值
邻近有流动的水系	5
500m 内有流动的水系	4.5
沙砾、沙子及高度破碎的岩石	4
细砂、粉砂和中度碎石	3.5
泥沙、淤泥、黄土、黏土及沙	3
500m 范围内有静止的水系	2.5
泥土、密集的硬黏土和无裂隙的岩石	2
密封的隔离层	1.5

4. 破坏系数（RC）

破坏系数分值由式（3-46）计算：

$$RC = PO + EH \tag{3-46}$$

式中，PO——人口密度分值；

EH——环境/高价值区域分值。

1）人口密度

管道失效泄漏后首先考虑的是对周围人口的影响和伤害，人口密度的分布是人员伤亡程度的重要影响因素。管道爆炸时对附近的人口伤害较大，所以主要考虑管道附近的人口密度分布。

可以用任何颁布的人口密度尺度来考虑人口密度,比如美国运输部法规 192 部分的 1、2、3 和 4 类的人口密度地区分级。这相应于从农村到城市分别进行分级。按管道中心线以外两侧各 660 英尺（1 英尺 = 0.3048 米）、管道沿线 1 英里（1 英里 = 1609.34 米）的区域确定地区级别。在管道中心线上定义一个 1 英里×1320 英尺的矩形区域来进行居民住宅的计算。本文计算也借用了这一取值,在 0.5～4 分的范围对管道附件人口密度进行分类评分, 见表 3-23。

表 3-23　人口密度分值取值表

土地用途（决定人口密度）	PO 分值（0～4）
高层建筑	4
商业区	4
城市居民区	3.5
城市郊区	3
工业区	2.5
半农业区	2
农村	1
偏远地区	0.5

2）环境敏感性

环境敏感性（environmental sensitivity）主要是稀有动植物的生长环境、易受破坏的生态系统、对生物多样性的影响以及环境主要处于自然状态下的、不受人为因素影响等内容。

环境敏感性通常包括"社区供水系统的出口位置、沼泽地、河边或者河口系统、国家和地质公园或森林、荒地、自然区域、野生动物保护区和避难所、保护区、重点自然遗产保护区、远离人烟、风景秀美的河流；标明为受威胁物种和濒危物种主要生活环境的土地托管地区,以及用作调查研究自然保护区"。上述这些地区的标志引用了美国标准。借用这一标准,我国也存在这些地区。此外海岸线对于管道泄漏特别敏感。尤其是油料泄漏影响巨大。对敏感性的等级划分通常考虑四个方面：①遭受波浪、潮汐,以及河流产生的流动能量侵蚀；②海岸线类型（岩石峭壁、海滩、湿地）；③基底类型（粒度、迁移性、渗油性、通行能力）；④生物的繁衍能力和敏感性。

3）高价值区域

对于天然气和液体管道两者而言,一些临近管道的地区可以被确定为高价值区。高价值区（high valuable area, HVA）可以粗略地定义为这样的位置：在管道失效事件中,遭受异常高的损害或者给管道业主造成特别的后果。在做出这项区分时,穿越这些地区的管段将被评定为后果严重部分。高价值区可能相应地增加高额诉讼费和受损方赔偿金的概率。能确认为高价值区的特征包括以下几方面。

（1）较高的财产价值。如果泄漏使土地价值较高的地区或昂贵的建筑物受到普遍损害,就会花费更多的费用来修复或替换。费用较高的另外一个范例是,对一些种植有昂贵作物或饲养名贵牲畜的农业用地造成损害，尤其是这种损害使得该地区在一段时间内无法继续使用。

（2）很难补救的地区。如果泄漏发生在难以进入的地区，或导致环境损失不断扩大的地区，补救费用就会较高。例如抢修设备难以进入的地形（陡坡、沼泽、植物生长茂密）；使泄漏产品大量而快速扩散的地形，可能会使产品流入溪流等敏感地区；对地表造成的损害难以修复的地区；对农业生产造成损害，并使得这一地区在很长一段时间内无法使用。严格地讲，应该承认有些补救行动可能会持续数十年的时间。

（3）难以取代的建筑或设施。例如，一些医院和大学的专业设施是无法完全用财产价值来衡量的。

（4）较高的相关费用。如果泄漏在码头、海港、机场，或其他一旦通行中断就会给当地工业带来巨大损失的场所，那么这个地区就可以被定义为高价值区；一旦业务活动受泄漏影响而中断（例如一个旅游胜地的海滩被污染而无法使用），那么可以预料到损失会比较严重，诉讼费也会提高。

（5）历史名胜地区。对公众来讲意义重大的地区，尤其是那些具有重大历史意义而无法取代的地区，如果由于管道泄漏而造成损害，那么管道公司就要赔付一大笔费用。这一费用可能是间接性的，如它可能引起公众对公司（甚至整个行业）的抵制态度，或者增加规范管理的行动，考古遗址也属于这一类型。

（6）高使用区。高使用区通常适用于按人口密度分类（人口密集的建筑物如学校、商场等），像一些环境上敏感的地区，如国家自然保护区等也一样属于高使用区。评价者可能还想要指定其他一些高使用区，例如码头、沙滩、野餐区、划船区或垂钓区等，因为在这些地区，一旦发生泄漏事故就可能产生负面的公众反应。环境/高价值区域分值，按表 3-24 取值。

表 3-24　环境/高价值区域分值取值表

EH 分值	环境敏感性描述	高价值区域描述
0.9	有灭绝危险物种的筑巢场所或地区；物种繁衍的主要地点；某个有灭绝危险的物种个体高度集中的地区	极少量的设备；很难安装设施；设施损失后有大范围的影响；业务中断会耗费很大费用；预计有非常严重的反响，成为全国重点新闻
0.8	淡水沼泽和湿地；盐水湿地；红树林；非常接近市区水源供应的人口（地面或地下水人口）；有非常严重危害的可能性	非常高的财产价值；业务中断的费用高和可能性大；工业停工成本昂贵；预计会对社区造成广泛的影响
0.7	由于困难的通路或大量的补救会造成明显的额外破坏；管道泄漏造成严重的危害	预期业务中断的费用中等；重要的历史或考古遗址；预期有一定程度的公众反应
0.6	在乱石堆结构的海岸线或沙砾海滩；略微有坡度的沙砾河岸	对农业的长期（一个或多个生长季节）损害；其他相关费用；引起一些村镇混乱
0.5	砂石混杂的海滩；略微有坡度的砂石混杂河岸；造成泄漏物广泛扩散的地形（斜坡、土壤条件、水流等）；非常严重的损害可能性	由于需要通路、设备或其他的这个区域的独特条件，清理区域费用昂贵；可见到高度的公众关注
0.4	谷粒式的砂子海滩；砂性河床障碍物；略微有坡度的砂性河岸；有公园和森林	对该地点高度的公众关系；注重形象的地点，如休闲胜地；一些工业障碍物（不需较多费用）

EH/HVA 分值	环境敏感性描述 EH	高价值区域描述 HVA
0.3	微粒式的砂性海滩；侵蚀性悬崖；暴露的侵蚀性河岸；补救中遇到困难；高于"正常的"泄漏扩散	预期费用比正常高；通往一些建筑物（仓库，储存设施，办公室等）的道路受影响
0.2	层岩的浪蚀台地；基岩河岸；环境损害可能性小	野餐营地；公园；使用率高的公众区域；正在增值的财产
0.1	具有岩石性海滨、悬崖和海岸的海岸线	财产价值高于正常水平
0	没有特别的环境破坏	对这类位置的潜在损伤的可能性处于一般水平；没有特别的损伤

注：1. 当多种条件同时存在时，把两栏中的最坏情况（最高数值）相加；
　　2. 注意"业务中断"指的是由于管道事故而造成的中断，它包括着火、爆炸、建筑物搬迁、封闭道路等情况，而不包括管道服务中断成本。

3.4.1.3　滑坡灾害风险评价指标体系

基于指标评分法的管道滑坡灾害风险评价模型由滑坡灾害风险概率和管道失效后果两部分组成（图 3-40），前文已经对滑坡灾害类型的灾害风险概率与管道失效后果评价体系进行了构建，滑坡灾害风险最终通过灾害风险概率和管道失效后果构建的风险矩阵表示风险。最终，构建的管道滑坡灾害风险评价指标体系如图 3-40、图 3-41 所示，风险矩阵如表 3-25 所示。

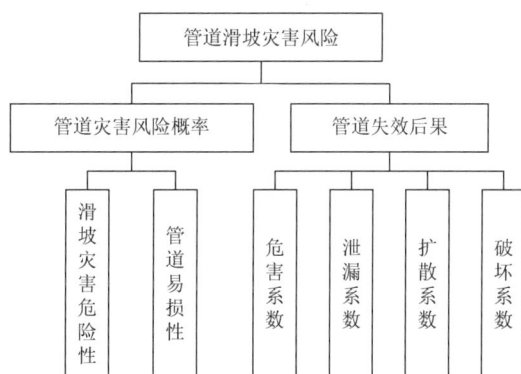

图 3-40　基于指标评分法的管道滑坡灾害定量风险评价体系结构图

3.4.2　崩塌灾害风险评价指标体系

3.4.2.1　崩塌灾害风险概率

崩塌灾害风险概率包括两大部分：崩塌灾害的危险性与管道易损性，其中崩塌灾害危险性又可以分为灾害发生概率与灾害防治。此次研究通过以上两个部分进行风险概率评价指标分析，构建崩塌灾害风险概率评价指标体系。

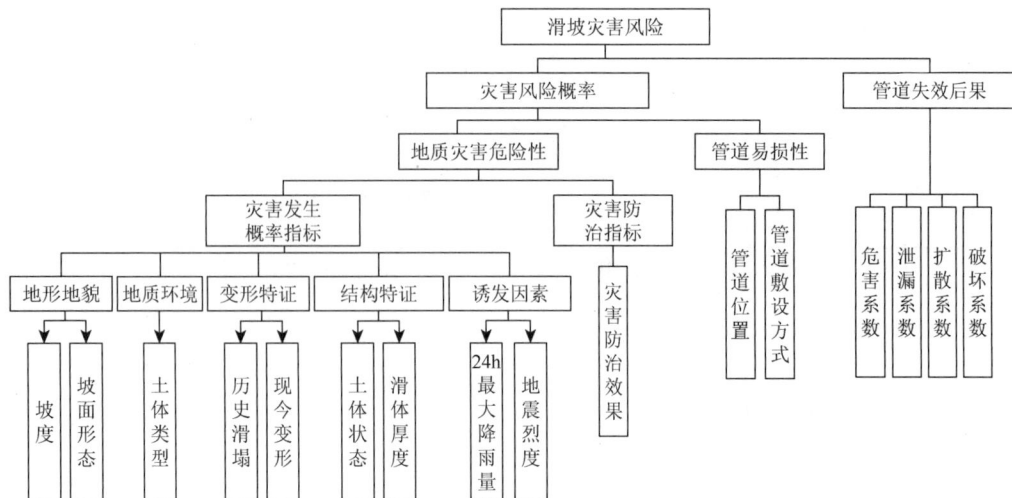

图 3-41　滑坡灾害风险评价指标体系

表 3-25　滑坡风险判别矩阵

后果损失	风险概率				
	低（0，0.13）	较低[0.13，0.25)	中[0.25，0.33)	较高[0.33，0.56)	高[0.56，1]
低[3.75，10)	低	较低	中	较高	高
较低[10，90)	低	较低	中	较高	高
中[90，300)	较低	中	中	较高	高
较高[300，860)	较低	中	较高	较高	高
高[860，1450]	较低	中	较高	高	高

1. 崩塌危险性评价指标体系

1）灾害发生概率

（1）评价指标的选取。

通过对管道沿线典型崩塌灾害点的分析可知，地形地貌、地质环境、变形特征、结构特征、诱发因素是影响崩塌的五大因素，结合管道崩塌灾害的实际特点，从中选取 19 个评价因子（坡高、坡长、坡度、坡向、坡面形态、岩体类型、地质构造、差异风化、结构面组合与边坡关系、堆积体、岩体结构类型、裂隙发育程度、风化程度、结构面充填度及粗糙度、24h 最大降雨量、地震烈度、人类工程活动、冻胀周期、地表水）作为灾害危险性评价指标体系的备选指标因子。

（2）样本的选取与统计。

a. 样本的选取。

选取 98 处典型崩塌灾害点作为样本点，用于灾害的评价因子敏感性分析。选取的 98 个样本点中，兰成 2 个，兰成渝 92 个，中贵 4 个。样本点横跨宁夏、甘肃、陕西、四川和重庆等省区市，涉及崩塌发生的主要地貌单元，具有良好的代表性。

b. 样本的统计。

选取的样本点中各评价因子对灾害的贡献，可以按照表 3-26 进行赋值。

表 3-26　贡献赋值参考表

贡献	分数
对灾害发生无影响	0
对灾害发生影响微弱	1
对灾害发生影响中等	2
对灾害发生影响强烈	3

按照以上标准分别对选取的 98 个样本点进行赋值与统计，统计各评价因子不同贡献数量与贡献总分，统计结果见表 3-27。

表 3-27　崩塌灾害样本贡献打分统计表

因子分类	评价因子	贡献总分	高贡献个数	中等贡献个数	低贡献个数	无贡献个数
地形地貌	坡高	58	0	1	56	41
	坡长	24	0	4	16	78
	坡度	287	95	1	0	2
	坡向	36	0	0	36	62
	坡面形态	153	8	42	45	3
地质环境	岩体类型	292	96	2	0	0
	地质构造	194	32	34	30	2
	差异风化	30	6	1	10	81
	结构面组合与边坡关系	189	22	47	29	0
变形特征	堆积体	106	1	16	69	12
结构特征	岩体结构类型	254	65	26	7	0
	裂隙发育程度	247	55	39	4	0
	风化程度	105	0	10	85	3
	结构面充填及粗糙度	77	0	0	77	21
外部诱发因素	24h 最大降雨量	228	44	42	12	0
	地震烈度	274	82	13	2	1
	人类工程活动	189	24	47	23	4
	冻胀周期	0	0	0	0	98
	地表水	0	0	0	0	98

（3）敏感性分析。

a. 因子间敏感性分析。

为了客观地评价因子的敏感性，同样采用之前介绍的贡献率模型对管道沿线崩塌灾害评价因子的敏感性进行分析，通过统计分析各因子对已发生 98 处崩塌的贡献情况，反映因子的敏感性大小。贡献率模型如下：

$$r_i = \sum_{j=1}^{n} r_{ij} \qquad (3\text{-}47)$$

$$S_i = \frac{r_i}{\sum_{i=1}^{m} r_i} \qquad (3\text{-}48)$$

式中，r_{ij}——第 j 灾害样本中第 i 个因子的分值；

n——灾害样本的个数，这里取 98；

r_i——第 i 个因子的贡献总分；

m——地灾影响因子的个数，这里取 19；

S_i——各因子的敏感性值。

通过贡献率模型，可以求取各因子的敏感性值大小，计算结果见表 3-28。

表 3-28　崩塌灾害评价因子敏感性值统计表

因子分类	评价因子	贡献总分	因子间敏感性值
地形地貌	坡高	58	0.02
	坡长	24	0.10
	坡度	287	0.11
	坡向	36	0.01
	坡面形态	153	0.06
地质环境	岩体类型	292	0.11
	地质构造	194	0.07
	差异风化	30	0.01
	结构面组合与边坡关系	189	0.07
变形特征	堆积体	106	0.09
结构特征	岩体结构类型	254	0.04
	裂隙发育程度	247	0.03
	风化程度	105	0.08
	结构面充填及粗糙度	77	0.10
外部诱发因素	24h 最大降雨量	228	0.07
	地震烈度	274	0.07
	人类工程活动	189	0.00
	冻胀周期	0	0.00
	地表水	0	0.00

　　b. 单因子敏感性分析。

　　在不同地貌单元，不同地质环境条件下，各因子内部的敏感性大小是否收敛，就成了其是否能作为崩塌灾害危险性评价因子的关键。因此还需要对各因子的内部敏感性进行分析，这里以坡度为例分析因子的收敛性。

　　通过对 98 个样本点统计数据分析显示（表 3-29），在 98 个灾害样本点中有 95 个为高贡献，占总数的 97%；中等贡献 1 个，占总数的 1%；无贡献 2 个，占总数的 2%。分析显示坡度对于崩塌的影响敏感性高，通过图 3-42 可以看出，样本点主要收敛在高贡献中，且 90% 以上为高贡献，因此坡度在崩塌灾害中占据主控地位，是崩塌地质灾害危险性评价不可或缺的评价指标。

　　通过对各因子内部敏感性分析，19 个备选因子均具有较好的收敛性。

表 3-29　崩塌中坡度因子贡献统计

贡献等级	贡献量/个
高贡献	95
中等贡献	1
低贡献	0
无贡献	2

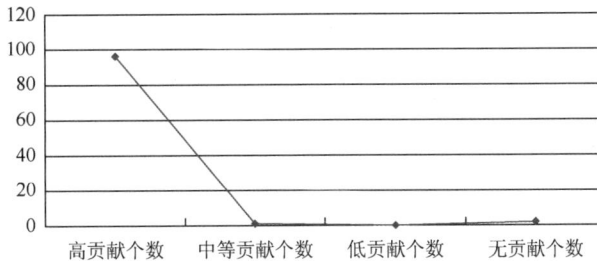

图 3-42　崩塌中坡度因子贡献分析

　　（4）崩塌灾害发生概率指标体系的构建。

　　按照因子敏感性大小，将影响因子划分为三级：高敏感因子，中等敏感因子，低敏感因子，划分标准与结果参见表 3-30、图 3-43。

表 3-30　崩塌灾害影响因子敏感性分级

划分等级	因子	贡献率
高敏感因子（敏感值≥0.08）	坡度	0.10
	岩体类型	0.11
	地震烈度	0.10
	岩体结构类型	0.09
	裂隙发育程度	0.09
	24h 最大降雨量	0.08

划分等级	因子	贡献率
中等敏感因子（0.08＞敏感值≥0.04）	地质构造	0.07
	结构面组合与边坡关系	0.07
	人类工程活动	0.07
	坡面形态	0.06
	堆积体	0.04
	风化程度	0.04
低敏感因子（敏感值＜0.04）	结构面充填度及粗糙度	0.03
	坡高	0.02
	坡长	0.01
	坡向	0.01
	差异风化	0.01
	冻胀周期	0
	地表水	0

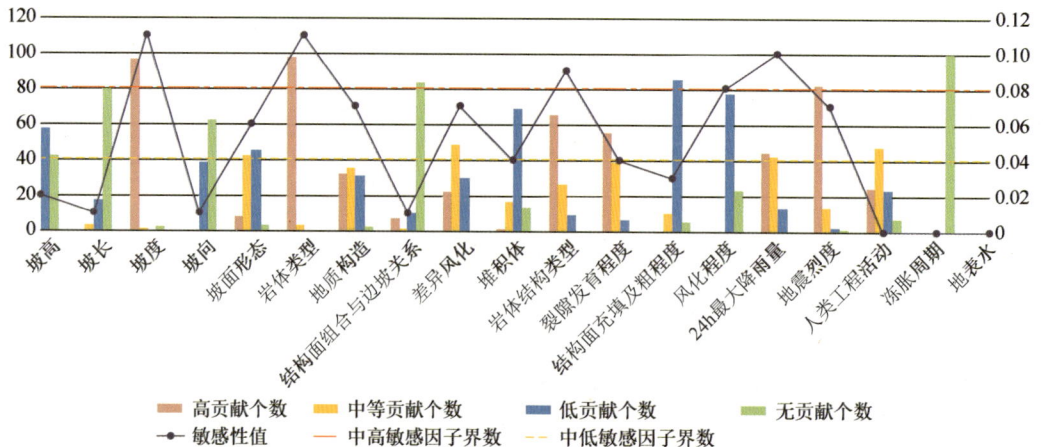

图 3-43　崩塌灾害影响因子贡献率与敏感性分布图

低敏感因子在崩塌灾害中占据极其次要的地位，为了便于评价，一般不选作崩塌灾害危险性评价指标。由于野外调查中，某些因子状态是不可基于调查手段获取的，鉴于此，这里将高等、中等敏感因子中不可通过野外调查获取的因子剔除，最终保留坡度、坡面形态、岩体类型、岩体结构类型、裂隙发育程度、结构面组合与边坡关系、24h最大降雨量及地震烈度等8个因子构建单体管道崩塌灾害发生概率指标体系（图3-44）。

（5）崩塌灾害发生概率指标分级与赋值。

为了求取崩塌灾害的发生概率值，需要对各评价指标进行分级，为每种评价指标的每

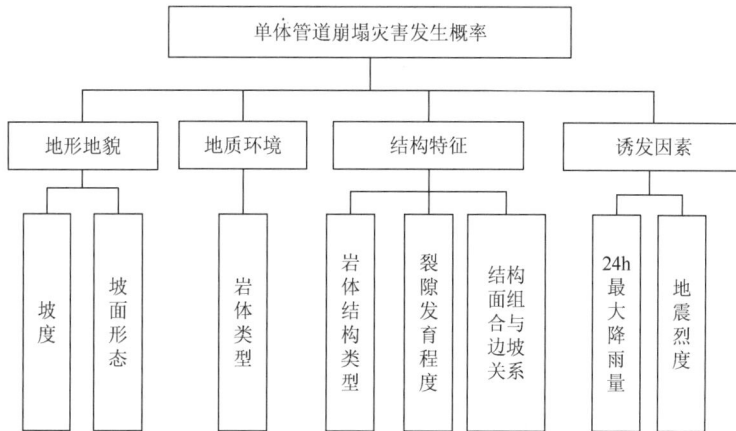

图 3-44　单体管道崩塌灾害发生概率指标体系

个存在状态进行分级赋值，分数取值 1～10，对灾害发生的可能性越有利分值越高。对可量化的评价指标（例如坡度、24h 最大降雨量、地震烈度）进行定量分级；对可半定量的评价指标（坡面形态、岩体类型、结构面组合与边坡关系、岩体结构类型），根据其指标分类对灾害的贡献情况进行分级赋值；对不可定量的指标（裂隙发育程度）进行定性分级赋值。对各指标的分级标准见表 3-31。

表 3-31　崩塌发生概率指标分级与赋值

评价指标	分级/赋值	评价指标	分级/赋值
坡度	□≤45°（1、2） □45°～55°（3、4） □55°～65°（5、6） □65°～75°（7、8） □＞75°（9、10）	坡面形态	□阶梯形（1、2） □直线形（3、4） □凸形（5、6） □凹形（7、8） □复合型（9、10）
岩体类型	□软岩（1、2） □较软岩（3、4） □较硬岩（5、6） □坚硬岩（7、8） □软硬相间（9、10）	岩体结构类型	□整体状结构（1、2） □块状结构（3、4） □层状结构（5、6） □碎裂状结构（7、8） □散体状结构（9、10）
裂隙发育程度	□微弱（1、2） □一般（3、4） □中等（5、6） □强烈（7、8） □非常强烈（9、10）	结构面组合与边坡关系	□结构面交线内倾（1、2） □结构面交线与边坡斜交，夹角＞40°（3、4） □结构面交线与边坡斜交，夹角＜40°（5、6） □结构面交线外倾，坡度＜交线倾角（7、8） □结构面交线外倾，坡度＞交线倾角（9、10）
24h 最大降雨量/mm	□≤25/50mm（1、2） □25～50mm/50～100mm（3、4） □50～75mm/100～150mm（5、6） □75～100mm/150～200mm（7、8） □＞100mm/200～250mm（9、10）	地震烈度	□6 度（2） □7 度（4） □8 度（6） □9 度（8） □≥10 度（10）

（6）指标权重的确定。

各指标的权重值可以通过各因子的敏感性值（表 3-32）代替，为了计算方便、格式统一，利用式（3-49）对指标权重进行归一化处理。

$$\omega_i = \frac{S_i}{\sum\limits_{i=1}^{m} S_i} \tag{3-49}$$

式中，S_i——各因子的敏感性值；

ω_i——各因子的权重。

m——地灾影响因子的个数，这里取 19。

表 3-32　崩塌发生概率各指标权重

因子	敏感性值 S_i	权重 ω_i
坡度	0.10	0.15
坡面形态	0.06	0.08
岩体类型	0.11	0.15
岩体结构类型	0.09	0.13
裂隙发育程度	0.09	0.13
结构面组合与边坡关系	0.07	0.10
24h 最大降雨量	0.08	0.11
地震烈度	0.1	0.14

（7）崩塌发生概率分级。

崩塌发生的概率分级是在不考虑崩塌治理的情况下，对其发生概率的等级进行划分：

$$P(H)_1 = \frac{\sum\limits_{i=1}^{n} y_i \cdot \omega_i}{a} \tag{3-50}$$

式中，$P(H)_1$——灾害发生概率值；

y_i——第 i 个指标的分值；

ω_i——第 i 个指标的权重；

n——指标个数，取 8；

a——归一化因子，取 10。

对计算的灾害发生概率值进行排序，结合灾害发生概率野外定性判别，对崩塌发生概率等级进行五级划分，划分结果见表 3-33。即高概率取值区间为[0.71, 1]；较高概率取值区间为[0.63, 0.71）；中等概率取值区间为[0.57, 0.63）；较低概率取值区间为[0.50, 0.57）；低概率取值区间为[0, 0.50）。

表 3-33　崩塌发生概率等级划分表

灾害发生概率等级	灾害发生概率值区间
高概率	[0.71，1]
较高概率	[0.63，0.71）
中等概率	[0.57，0.63）
较低概率	[0.50，0.57）
低概率	[0，0.50）

2）灾害防治效果

灾害的防治可以降低崩塌发生的概率，防治效果的好坏直接影响着灾害的发生与否，采用定性评价方法对崩塌的防治效果进行五级分类，通过灾害发生概率与防治效果构建的危险性评价矩阵（表 3-34），确定防治效果等级的赋值，划分与赋值结果见表 3-35。

表 3-34　崩塌危险性评价矩阵

防治效果	发生概率				
	低	较低	中	较高	高
无或极差	低	较低	中	较高	高
差	低	较低	中	较高	较高
中	低	低	较低	中	中
较好	低	低	低	较低	较低
好	低	低	低	低	低

表 3-35　崩塌灾害防治效果分级赋值表

防治效果分级	赋值
未治理或治理效果极差	（0，0.06）
治理效果差	（0.11，0.17）
治理效果中等	（0.22，0.28）
治理效果较好	（0.33，0.39）
治理效果好	（0.44，0.50）

$$P(H)_2 = 0.50-y \qquad （3-51）$$

式中，　$P(H)_2$ ——灾害防治效果值；

　　　　y ——防治效果的赋值。

3）崩塌危险性评价

崩塌的危险性评价是在综合考虑崩塌发生概率和防治效果基础之上，对崩塌发生的可能性大小进行评价。由于防治效果对灾害的易发起到很大的作用，因此其权重不能是固定值，防治效果不同其权重值也不同，故采用变权重对崩塌的危险性进行评价，评价模型如下：

$$P(H) = P(H)_1 \times p_i + P(H)_2 \times (1-p_i) \qquad （3-52）$$

式中，$P(H)$——发生崩塌的危险性大小；

　　　　$P(H)_1$——灾害发生概率值；

　　　　$P(H)_2$——灾害防治效果值；

　　　　p_i——防治效果不同下的权重值，其取值见表 3-14。

通过上述计算的崩塌灾害危险性值，进行排序并分级。经过地质灾害防治后仅改变了地质灾害发生概率，因此，对崩塌危险性分级仍然按崩塌发生概率等级进行五级划分，分级标准也相同，即高危险性取值区间为[0.71, 1]；较高概率取值区间为[0.63, 0.71)；中等概率取值区间为[0.57, 0.63)；较低概率取值区间为[0.50, 0.57)；低概率取值区间为[0, 0.50)。划分结果见表 3-36。

表 3-36 崩塌发生概率等级划分表

灾害发生概率等级	灾害发生概率值区间
高概率	[0.71，1]
较高概率	[0.63，0.71)
中等概率	[0.57，0.63)
较低概率	[0.50，0.57)
低概率	[0，0.50)

2. 管道易损性评价

崩塌发生后，影响管道破坏失效的主要因素有最大块体坠落后是否会砸管、管沟回填是否满足要求和最大块体坠落能量三个因素。最大块体坠落后是否会砸管包括是与否两种状态；管沟回填包括回填土类型、密实度和管沟深度三个方面是否满足相关要求，即不满足、基本满足、满足三种状态；根据崩塌坠落最大块体能量大小是否对管道造成破坏、变形或无影响，可以将其划分为大、中、小三种状态。根据管道沿线现有崩塌灾害管道位置、管沟回填和坠落最大块体能量的组合情况，通过三者之间的组合对管道的易损性进行五级分类，分级标准见表 3-37、表 3-38。

表 3-37 崩塌对管道易损性影响因素及分类

最大块体坠落后是否会砸管	管沟回填是否满足要求	最大块体坠落能量
是 I	不满足 A	大 1
否 II	基本满足 B	中 2
	满足 C	小 3

表 3-38 崩塌易损性分级

易损分级	组合编号	赋值
高易损	I -B-1，I -A-1	(9, 10)
较高易损	I -C-1，I -A-2	(7, 8)
中等易损	I -C-2，I -B-2	(5, 6)
较低易损	I -B-3，I -A-3	(3, 4)
低易损	II，I -C-3	(1, 2)

管道易损性评价模型：

$$P(V) = \frac{v}{a} \tag{3-53}$$

式中，P(V)——管道易损性值；

　　　　v——管道易损性的取值；

　　　　a——归一化因子，取 10。

3. 崩塌风险概率评价

崩塌灾害风险概率是在综合考虑崩塌灾害的危险性和管道易损性基础之上，对管道所遭受地灾影响程度大小的评价。评价模型如下：

$$P(R) = P(H) \times P(V) \tag{3-54}$$

式中，P(R)——崩塌风险概率；

　　　　P(H)——崩塌的危险性；

　　　　P(V)——管道的易损性。

对上述计算的崩塌灾害风险概率值进行排序并分级。按崩塌风险概率等级进行五级划分，划分结果见表 3-39。即高危险性取值区间为[0.55, 1]；较高风险概率取值区间为[0.41, 0.55)；中等风险概率取值区间为[0.26, 0.41)；较低风险概率取值区间为[0.16, 0.26)；低风险概率取值区间为（0, 0.16)。

表 3-39　崩塌风险概率评价等级划分表

崩塌风险概率等级	崩塌风险概率值区间
高风险概率	[0.55，1]
较高风险概率	[0.41，0.55)
中等风险概率	[0.26，0.41)
较低风险概率	[0.16，0.26)
低风险概率	（0，0.16)

3.4.2.2　管道失效后果

管道失效后果主要参考《油气管道地质灾害风险管理技术规范》，参考采用 W.Kent.Muhlbauer 建立的泄漏影响因子作为失效后果评价参考模型依据，即

$$E = PH \cdot SP \cdot DI \cdot RC \tag{3-55}$$

式中，E——管道失效后果损失指数；

　　　　PH——产品危害系数，取值范围为 5～10，根据表 3-19 确定；

　　　　SP——泄漏系数，取值范围为 1～5，根据表 3-20（输气管道）、表 3-21（输油管道）确定；

　　　　DI——扩散系数，取值范围为 1.5～5，根据表 3-22 确定；

　　　　RC——破坏系数，即受体，取值范围为 0.5～5.8，根据公式 3-46 确定。

其中危害系数（PH）、泄漏系数（SP）、扩散系数（DI）、破坏系数（RC）等取值和滑坡风险性概率取值相同。

3.4.2.3 崩塌灾害风险评价指标体系

基于指标评分法的管道崩塌灾害风险评价模型包括崩塌灾害风险概率和管道失效后果两部分组成，前文已经对崩塌灾害类型的灾害风险概率与管道失效后果评价体系进行了构建，崩塌灾害风险最终通过灾害风险概率和管道失效后果构建的风险矩阵表示风险。最终，构建的管道崩塌灾害风险评价指标体系如图 3-45、图 3-46 所示，风险矩阵如表 3-40 所示。

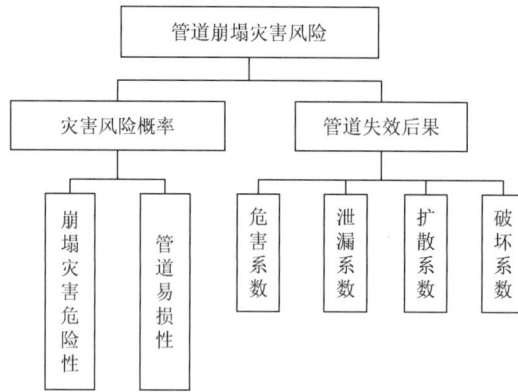

图 3-45　基于指标评分法的管道崩塌灾害定量风险评价体系结构图

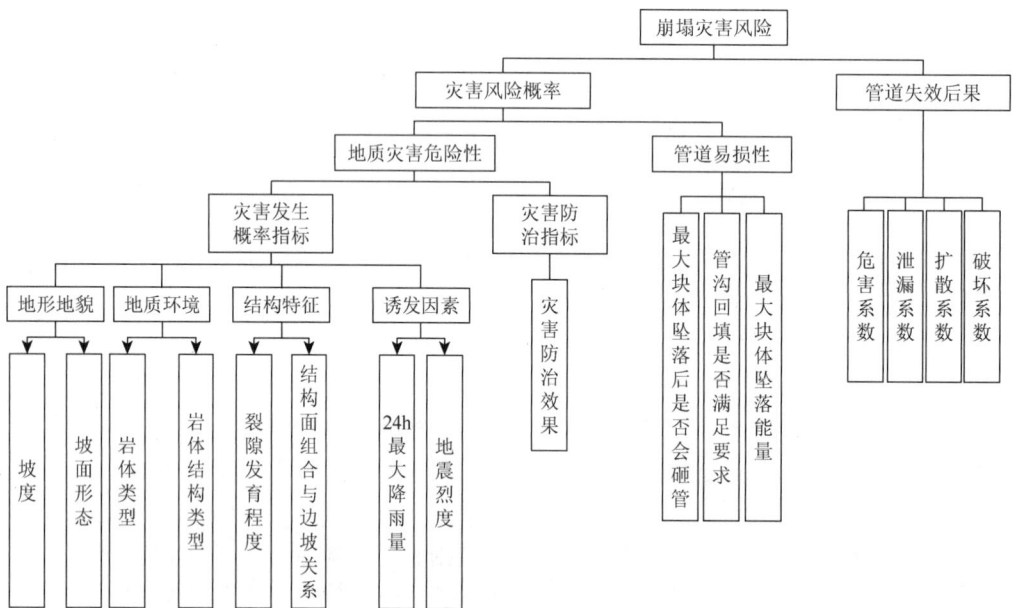

图 3-46　崩塌灾害风险评价指标体系

表 3-40　崩塌风险判别矩阵

后果损失	风险概率				
	低（0，0.16）	较低[0.16，0.26）	中[0.26，0.41）	较高[0.41，0.55）	高[0.55，1]
低[3.75，10）	低	较低	中	较高	高
较低[10，90）	低	较低	中	较高	高
中[90，300）	较低	中	中	较高	高
较高[300，860）	较低	中	较高	较高	高
高[860，1450]	较低	中	较高	高	高

3.4.3　泥石流灾害风险评价指标体系

3.4.3.1　泥石流灾害风险概率

泥石流灾害风险概率包括两大部分：泥石流灾害的危险性与管道易损性，其中灾害危险性又可以分为灾害发生概率与灾害防治。此次研究通过以上两个部分进行风险概率评价指标分析，构建泥石流灾害风险概率评价指标体系。

1. 泥石流危险性评价指标体系

1）灾害发生概率

（1）评价指标的选取。

通过管道沿线泥石流灾害的影响因素分析可知，泥石流灾害影响可分为地形地貌、地质环境、变形特征、结构特征、外部诱发因素等五大因素，结合管道泥石流灾害的实际特点，从中选取 16 个评价因子（主沟纵坡降、补给段长度比、相对高差、沟槽横断面、流域面积、山坡坡度、河沟阻塞程度、植被覆盖率、松散物源储量、新构造影响、地层岩性、土地利用类型、不良地质现象、冲淤变幅、沟口巨石大小、暴雨强度）作为灾害危险性评价指标体系的备选指标因子。

（2）样本的选取与统计。

a. 样本的选取。

为了对泥石流发生概率进行分级，从野外调查数据中选取 10 个泥石流灾害点作为该类灾害的样本点，用于泥石流发生概率分级。选取的 10 个样本点中，其中兰成渝 1 个，兰郑长 4 个，中贵 2 个，中缅 3 个，另外，在其他管道迁取灾害点 30 个作为补充，样本点横跨中国所有管道区域，涉及泥石流发生的所有地貌区域，具有良好的代表性。

b. 样本的统计。

选取的样本点中各评价因子对灾害的贡献，可以按照表 3-41 进行赋值。

表 3-41　贡献赋值参考表

贡献	分数
对灾害发生无影响	0
对灾害发生影响微弱	1
对灾害发生影响中等	2
对灾害发生影响强烈	3

按照以上标准分别对选取的 10 个样本点进行赋值与统计，统计各影响因子不同贡献数量与贡献总分，统计结果见表 3-42。

表 3-42　泥石流灾害样本贡献打分统计表

因子分类	影响因子	贡献总分	高贡献个数	中等贡献个数	低贡献个数	无贡献个数
地形地貌	主沟纵坡降	28	9	0	1	0
	山坡坡度	17	1	5	4	0
	相对高差	17	2	3	5	0
	沟槽横断面	13	1	2	6	1
	流域面积	15	2	1	7	0
地质环境	补给段长度	16	2	2	6	0
	河沟阻塞程度	13	0	4	5	1
	植被覆盖率	12	0	2	8	0
	松散物源储量	28	9	0	1	0
	新构造影响	23	3	7	0	0
	地层岩性	14	1	2	7	0
	土地利用类型	10	0	0	10	0
变形特征	不良地质现象	18	2	4	4	0
结构特征	冲淤变幅	13	0	3	7	0
	沟口巨石大小	10	0	0	10	0
外部诱发因素	暴雨强度	30	10	0	0	0

（3）敏感性分析。

a. 因子间敏感性分析。

为了客观的评价因子的敏感性，采用贡献率模型对管道沿线泥石流灾害影响因子的敏感性进行分析，该模型结构简单，不受地域限制，能客观反映各评价因子的敏感性大小。该模型是通过统计分析各因子对已发生 10 处泥石流的贡献情况，反映因子的敏感性大小。贡献率模型如下：

$$r_i = \sum_{j=1}^{n} r_{ij} \tag{3-56}$$

$$S_i = \frac{r_i}{\sum\limits_{i=1}^{m} r_i}$$　　　　　　　　　（3-57）

式中，r_{ij}——第 j 灾害样本中第 i 个因子的分值；

　　　　n——灾害样本的个数，这里取 10；

　　　　r_i——第 i 个因子的贡献总分；

　　　　m——地灾影响因子的个数，这里取 16；

　　　　S_i——各因子的敏感性值。

通过贡献率模型，可以求取的各因子的敏感性值大小，计算结果见表 3-43。

表 3-43　泥石流灾害影响因子敏感性值统计表

因子分类	影响因子	贡献总分	因子间敏感性值
地形地貌	主沟纵坡降	28	0.10
	山坡坡度	17	0.06
	相对高差	17	0.06
	沟槽横断面	13	0.05
	流域面积	15	0.05
地质环境	补给段长度	16	0.06
	河沟阻塞程度	13	0.05
	植被覆盖率	12	0.04
	松散物源储量	28	0.10
	新构造影响	23	0.08
	地层岩性	14	0.05
	土地利用类型	10	0.04
变形特征	不良地质现象	18	0.06
结构特征	冲淤变幅	13	0.05
	沟口巨石大小	10	0.04
外部诱发因素	暴雨强度	30	0.11

b. 单因子敏感性分析。

在不同地貌单元，不同地质环境条件下，各因子内部的敏感性大小是否收敛，就成了其是否能作为泥石流灾害危险性评价的因子的关键。因此还需要对各因子的内部敏感性进行分析，这里以坡度为例介绍分析因子的收敛性。

通过对 10 个样本点统计数据分析显示（表 3-44），在 10 个灾害点样本中，有 9 个为高贡献，占总数的 90%；低贡献 1 个，占总数的 10%。分析显示主沟纵坡降对于泥石流的影响敏感性高，通过图 3-47 可以看出，样本点主要收敛在高贡献中，因此主沟纵坡降在泥石流灾害中占据主控地位，是泥石流地质灾害危险性评价不可或缺的评价指标。

表 3-44　泥石流中主沟纵坡降因子贡献统计

贡献等级	贡献量/个
高贡献	9
中等贡献	0
低贡献	1
无贡献	0

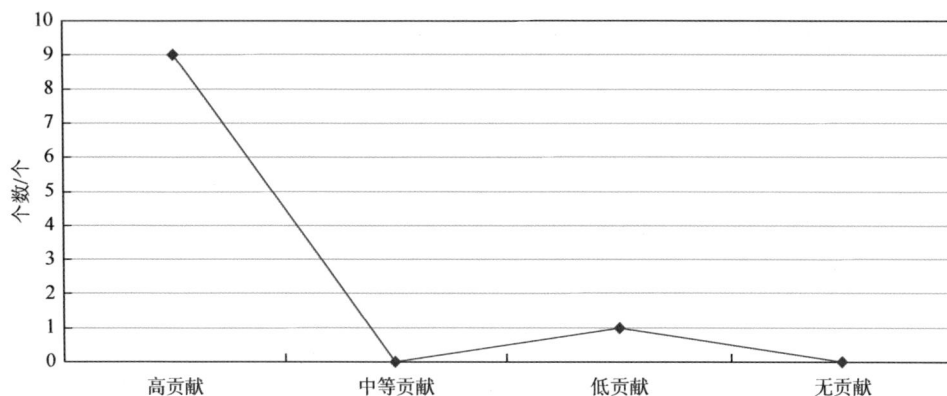

图 3-47　泥石流中主沟纵坡降因子贡献分析

（4）泥石流灾害发生概率指标体系的构建。

按照因子敏感性大小，将影响因子划分为三级：高敏感因子，中等敏感因子，低敏感因子，划分标准与结果参见表 3-45、图 3-48。

表 3-45　泥石流灾害影响因子敏感性分级

划分等级	因子	贡献率
高敏感因子（敏感值≥0.08）	暴雨强度	0.11
	主沟纵坡降	0.10
	松散物储量	0.10
	新构造影响	0.08
中等敏感因子（0.08＞敏感值≥0.05）	不良地质现象	0.06
	相对高差	0.06
	山坡坡度	0.06
	补给段长度比	0.06
	流域面积	0.05
	地层岩性	0.05
	沟槽横断面	0.05
	河沟阻塞程度	0.05
	冲淤变幅	0.05

续表

划分等级	因子	贡献率
低敏感因子（敏感值＜0.05）	植被覆盖率	0.04
	土地利用类型	0.04
	沟口巨石大小	0.04

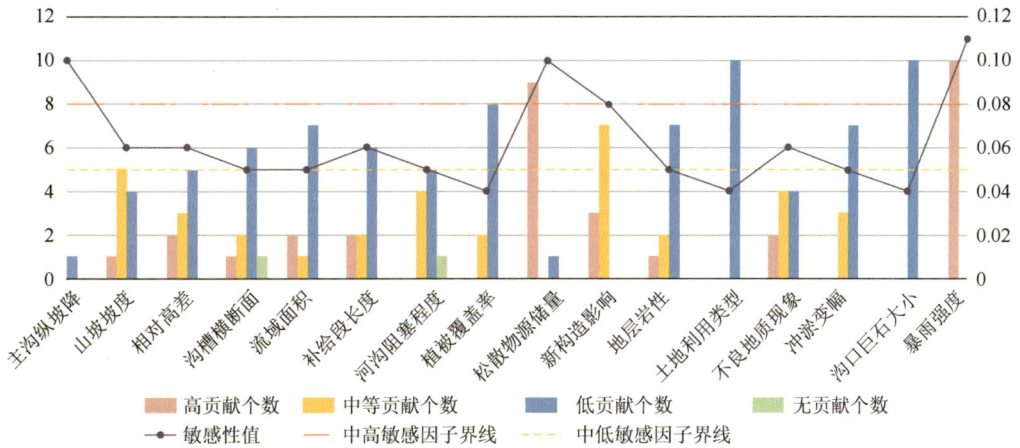

图 3-48　泥石流灾害影响因子贡献率与敏感性分布图

　　低敏感因子在泥石流灾害中占据极其次要的地位，为了便于评价，一般不选作泥石流灾害危险性评价指标。由于野外调查中，某些因子状态是不可基于调查手段获取的，鉴于此，这里将高等、中等敏感因子中不可通过野外调查获取的因子剔除，最终保留主沟纵坡降、山坡坡度、相对高差、沟槽横断面、流域面积、补给段长度比、河沟阻塞程度、松散物源储量、新构造影响、地层岩性、不良地质现象、冲淤变幅及暴雨强度等13个因子构建单体管道泥石流灾害发生概率指标体系（图3-49）。

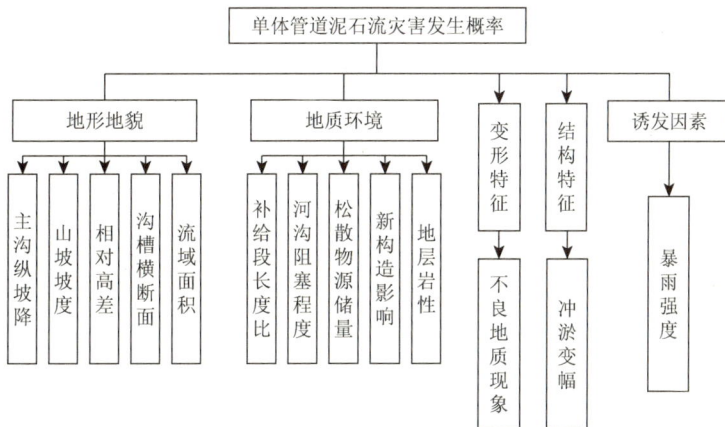

图 3-49　单体管道泥石流发生概率指标体系

（5）泥石流灾害发生概率指标分级与赋值。

为了求取泥石流灾害的发生概率值，需要对各评价指标进行分级，为每种评价指标的每个存在状态进行分级赋值，分数取值 1~10，对灾害发生的可能性越有利分值越高。对可量化的评价指标（例如主沟纵坡降、山坡坡度、相对高差、流域面积、补给段长度比、松散物源储量、冲淤变幅、暴雨强度）进行定量分级；对可半定量的评价指标（沟槽横断面、地层岩性），根据其指标分类对灾害的贡献情况进行分级赋值；对不可定量的指标（河沟阻塞程度、不良地质现象、新构造影响）进行定性分级赋值。对各指标的分级标准见表 3-46。

表 3-46　泥石流发生概率指标分级与赋值

评价指标	分级/赋值	评价指标	分级/赋值
主沟纵坡降	□<3°（1、2） □3°~6° □6°~12° □>12°（7、8）	山坡坡度	□<15°（1、2） □15°~25°（3、4） □25°~32°（5、6） □>32°（7、8）
相对高差/m	□<100（1、2） □100~300（3、4） □300~500（5、6） □>500（7、8）	沟槽横断面	□平坦型断面（1、2） □复式断面（3、4） □宽 U 型断面（5、6） □U 型/V 型断面（7、8）
流域面积/km²	□>100（1、2） □<0.2 或 10~100（3、4） □5~10（5、6） □0.2~5（7、8）	补给段长度比	□<10%（1、2） □10%~30%（3、4） □30%~60%（5、6） □>60%（7、8）
河沟阻塞程度	□无（1、2） □轻微（3、4） □中等（5、6） □严重（7、8）	松散物源储量/(m³/km²)	□1×10⁴（1、2） □1×10⁴~5×10⁴（3、4） □5×10⁴~10⁵（5、6） □>1×10⁵（7、8）
新构造影响	□沉降区（1、2） □相对稳定区（3、4） □抬升区（5、6） □强烈抬升区（7、8）	地层岩性	□硬质岩（1、2） □风化强烈与节理发育的硬岩（3、4） □软硬相间（5、6） □软岩、黄土（7、8）
不良地质现象	□无（1、2） □轻微（3、4） □中等（5、6） □严重（7、8）	冲淤变幅/m	□<0.2（1、2） □0.2~1（3、4） □1~2（5、6） □>2（7、8）
暴雨强度 R	□<3.1（1、2） □3.1~4.2（3、4） □4.2~10（5、6） □>10（7、8）		

（6）指标权重的确定。

各指标的权重值可以通过各因子的敏感性值（表 3-47）代替，为了计算方便与格式统一，利用式（3-58）对指标权重进行归一化处理。

$$\omega_i = \frac{S_i}{\sum\limits_{i=1}^{m} S_i} \tag{3-58}$$

式中，S_i——各因子的敏感性值；

　　　　ω_i——各因子的权重。

　　　　m——地灾影响因子的个数，这里取 16。

表 3-47　泥石流发生概率各指标权重

因子	敏感性值 S_i	权重 ω_i
暴雨强度	0.11	0.125
主沟纵坡降	0.10	0.114
松散物储量	0.10	0.114
新构造影响	0.08	0.091
不良地质现象	0.06	0.068
相对高差	0.06	0.068
山坡坡度	0.06	0.068
补给段长度比	0.06	0.068
流域面积	0.05	0.057
地层岩性	0.05	0.057
沟槽横断面	0.05	0.057
河沟阻塞程度	0.05	0.057
冲淤变幅	0.05	0.057

（7）泥石流发生概率分级。

泥石流发生的概率分级是在不考虑泥石流治理的情况下，对其发生概率的等级进行划分。为了对泥石流发生概率进行分级，从野外调查数据中选取 10 个泥石流灾害点作为该类灾害的样本点，用于泥石流发生概率分级。选取的 10 个样本点中，其中兰成渝 1 个，兰郑长 4 个，中贵 2 个，中缅 3 个。样本点横跨中国西部典型的 4 条管道，涉及泥石流发生的所有地貌区域，具有良好的代表性。

$$P(H)_1 = \frac{\sum\limits_{i=1}^{n} y_i \cdot \omega_i}{a} \tag{3-59}$$

式中，$P(H)_1$——灾害发生概率值；

　　　　y_i——第 i 个指标的分值；

　　　　ω_i——第 i 个指标的权重；

　　　　n——指标个数，取 13；

　　　　a——归一化因子，取 10。

对计算出的灾害发生概率值进行排序，结合灾害发生概率野外定性判别，对泥石流发生概率等级进行五级划分，划分结果见表 3-48。即高概率取值区间为[0.70, 1]；较高概率取值区间为[0.55, 0.70）；中等概率取值区间为[0.45, 0.55）；较低概率取值区间为[0.35, 0.45）；低概率取值区间为[0, 0.35）。

表 3-48　泥石流发生概率等级划分表

灾害发生概率等级	灾害发生概率值区间
高概率	[0.70，1]
较高概率	[0.55，0.70)
中等概率	[0.45，0.55)
较低概率	[0.35，0.45)
低概率	[0，0.35)

2）灾害防治

灾害的防治可以降低泥石流发生的概率，防治效果的好坏直接影响着灾害的发生与否，采用定性评价方法对泥石流的防治效果进行五级分类，通过灾害发生概率与防治效果构建的危险性评价矩阵（表 3-49），确定防治效果等级的赋值，划分与赋值结果见表 3-50。

表 3-49　泥石流危险性评价矩阵

防治效果	发生概率				
	低	较低	中	较高	高
无或极差	低	较低	中	较高	高
差	低	较低	中	较高	较高
中	低	低	较低	中	中
较好	低	低	低	较低	较低
好	低	低	低	低	低

表 3-50　泥石流灾害防治效果分级赋值表

防治效果分级	赋值
未治理或治理效果极差	（0，0.04）
治理效果差	（0.08，0.12）
治理效果中等	（0.16，0.19）
治理效果较好	（0.23，0.27）
治理效果好	（0.31，0.35）

$$P(H)_2 = 0.35 - y \tag{3-60}$$

式中，$P(H)_2$——灾害防治效果值；

y——防治效果的赋值。

3）泥石流危险性评价

泥石流的危险性评价是在综合考虑泥石流发生概率和防治效果基础之上，对泥石流发生的可能性大小进行评价。由于防治效果对灾害的易发起到很大的作用，因此其权重不能是一固定值，防治效果不同其权重值也不同，因此，采用变权重对泥石流的危险性进行评价，评价模型如下：

$$P(H)= P(H)_1 \times p_i + P(H)_2 \times (1-p_i) \qquad (3-61)$$

式中，$P(H)$——发生泥石流的危险性大小；

　　　　$P(H)_1$——灾害发生概率值；

　　　　$P(H)_2$——灾害防治效果值；

　　　　p_i——防治效果不同下的权重值，其取值见表 3-14。

通过上述计算的泥石流灾害危险性值，进行排序并分级。因经过地质灾害防治后，仅是改变了地质灾害发生概率，因此，对泥石流危险性分级，仍然按泥石流发生概率等级进行五级划分，分级标准也相同，即高危险取值区间为[0.70, 1]；较高危险取值区间为[0.55, 0.70)；中等危险取值区间为[0.45, 0.55)；较低危险取值区间为[0.35, 0.45)；低危险取值区间为[0, 0.35)，划分结果见表 3-51。

表 3-51　泥石流发生概率等级划分表

灾害发生概率等级	灾害发生概率值区间
高概率	[0.70，1]
较高概率	[0.55，0.70)
中等概率	[0.45，0.55)
较低概率	[0.35，0.45)
低概率	[0，0.35)

2. 管道易损性评价

根据管道主要在泥石流堆积区通过的实际情况，泥石流发生后，影响管道破坏失效的主要因素为管道的防护措施及管道的埋置深度。因此，通过管道埋深及管道防护措施两个方面的组合对管道的易损性进行评价，分级标准见表 3-52。

表 3-52　泥石流对管道易损性影响因素及易损性分级

易损分级	影响管道的易损性因素	赋值
高易损	管道防护措施差或无管道防护措施，埋深未达到设计要求	(9，10)
较高易损	管道防护措施差或无管道防护措施，埋深基本满足设计要求	(7，8)
中等易损	管道防护措施较好，埋深未达到设计要求；管道防护措施差，埋深满足设计要求；管道无管道防护措施，埋深满足设计要求	(5，6)
较低易损	管道防护措施较好，埋深基本满足设计要求	(3，4)
低易损	管道防护措施好；管道防护措施较好，埋深满足设计要求	(1，2)

管道易损性评价模型：

$$P(V) = \frac{v}{a} \qquad (3-62)$$

式中，$P(V)$——管道易损性值；

v——管道易损性的取值;

a——归一化因子,取 10。

3. 泥石流灾害风险概率评价

泥石流灾害风险概率是在综合考虑泥石流灾害的危险性和管道易损性基础之上,对管道所遭受地灾影响程度大小的评价。评价模型如下:

$$P(R) = P(H) \times P(V) \tag{3-63}$$

式中,P(R)——泥石流风险概率;

P(H)——泥石流的危险性;

P(V)——管道的易损性。

对上述计算的泥石流灾害风险概率值,进行排序并分级。按泥石流风险概率等级进行五级划分,划分结果见表 3-53。即高风险概率取值区间为[0.40, 1],较高风险概率取值区间为[0.25, 0.40);中等风险概率取值区间为[0.20, 0.25);较低风险概率取值区间为[0.10, 0.20);低风险概率取值区间为(0, 0.10)。

表 3-53　泥石流风险概率评价等级划分表

泥石流风险概率等级	泥石流风险概率值区间
高风险概率	[0.40,1]
较高风险概率	[0.25,0.40)
中等风险概率	[0.20,0.25)
较低风险概率	[0.10,0.20)
低风险概率	(0,0.10)

3.4.3.2　管道失效后果

管道失效后果主要参考《油气管道地质灾害风险管理技术规范》,参考采用 W.Kent. Muhlbauer 建立的泄漏影响因子作为失效后果评价参考模型依据,即

$$E = PH \cdot SP \cdot DI \cdot RC \tag{3-64}$$

式中,E——管道失效后果损失指数;

PH——产品危害系数;

SP——泄漏系数;

DI——扩散系数;

RC——破坏系数,即受体。

其中危害系数(PH)、泄漏系数(SP)、扩散系数(DI)、破坏系数(RC)等取值和滑坡风险性概率取值相同。

3.4.3.3　泥石流灾害风险评价指标体系

基于指标评分法的管道泥石流灾害风险评价模型由泥石流灾害风险概率和管道

失效后果两部分组成，前文已经对泥石流灾害类型的灾害风险概率与管道失效后果评价体系进行了构建，泥石流灾害风险最终通过灾害风险概率和管道失效后果构建的风险矩阵表示风险。最终，构建的管道泥石流灾害风险评价指标体系如图 3-50、图 3-51 所示，风险矩阵如表 3-54 所示。

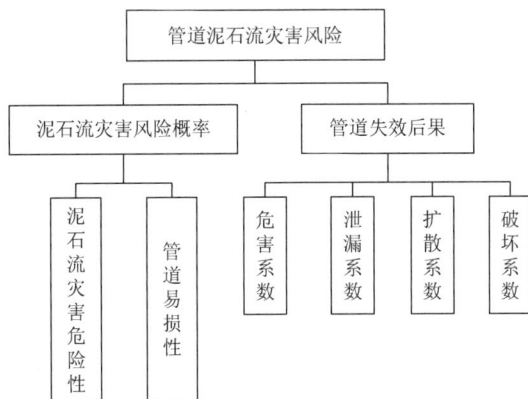

图 3-50　基于指标评分法的管道泥石流灾害定量风险评价体系结构图

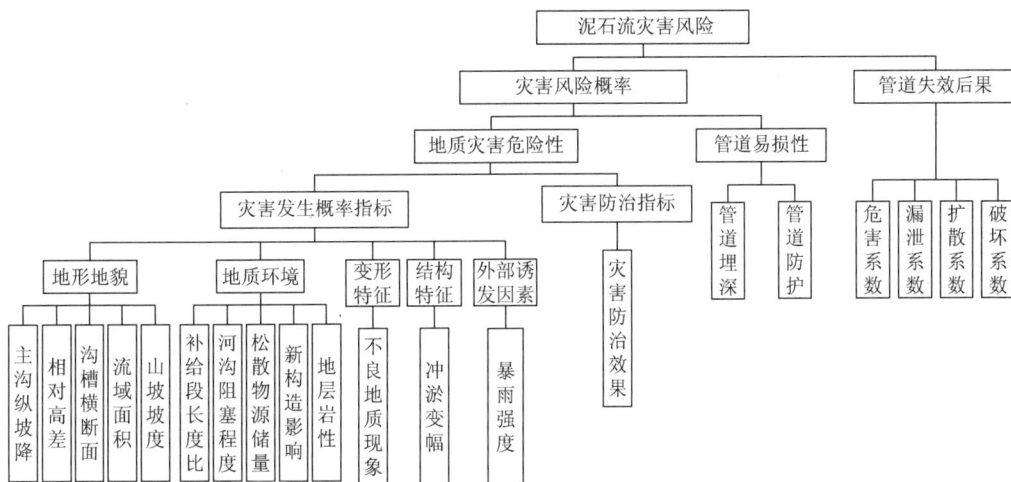

图 3-51　泥石流灾害风险评价指标体系

表 3-54　泥石流风险判别矩阵

后果损失	风险概率				
	低（0，0.1）	较低[0.1，0.2）	中[0.2，0.25）	较高[0.25，0.4）	高[0.4，1]
低[3.75，10）	低	较低	中	较高	高
较低[10，90）	低	较低	中	较高	高
中[90，300）	较低	中	中	较高	高
较高[300，860）	较低	中	较高	较高	高
高[860，1450]	较低	中	较高	高	高

3.4.4　坡面水毁灾害风险评价指标体系

3.4.4.1　坡面水毁灾害风险概率

坡面水毁灾害风险概率包括两大部分：灾害的危险性与管道易损性，其中灾害危险性又可以分为灾害发生概率与灾害防治。此次研究通过以上两个部分进行风险概率评价指标分析，构建坡面水毁灾害风险概率评价指标体系。

1. 坡面水毁危险性评价指标体系

1）灾害发生概率

（1）评价指标的选取。

通过管道沿线坡面水毁灾害的影响因素分析可知，坡面水毁灾害影响可分为地形地貌、地质环境、结构特征、变形特征、外部诱发因素等五大因素，结合管道坡面水毁灾害的实际特点，从中选取 13 个评价因子（坡度、坡面形态、相对高差、汇水面积、土体类型、土地利用类型、植被覆盖率、地质构造、坡面冲刷程度、土体状态、24h 最大降雨量、地表水体、人类工程活动）作为灾害危险性评价指标体系的备选指标因子。

（2）样本的选取与统计。

a. 样本的选取。

坡面水毁发生的概率分级是在不考虑坡面水毁治理的情况下，对其发生概率的等级进行划分。从野外调查数据中选取 100 个坡面水毁灾害点作为该类灾害的样本点，用于坡面水毁发生概率分级。选取的 100 个样本点中，其中兰成 19 处，兰成渝 4 处，中贵 47 处，中缅 30 处。样本点横跨西南管道穿越区 7 省 1 市所有地貌单元，具有良好的代表性。

b. 样本的统计。

选取的样本点中各评价因子对灾害的贡献，可以按照表 3-55 进行赋值。

表 3-55　贡献赋值参考表

贡献	分数
对灾害发生无影响	0
对灾害发生影响微弱	1
对灾害发生影响中等	2
对灾害发生影响强烈	3

按照以上标准分别对选取的 100 个样本点进行赋值与统计，统计各影响因子不同贡献数量与贡献总分，统计结果见表 3-56。

表 3-56　坡面水毁灾害样本贡献打分统计表

因子分类	影响因子	贡献总分	高贡献个数	中等贡献个数	低贡献个数	无贡献个数
地形地貌	坡度	273	78	17	5	0
	坡面形态	128	1	31	63	5
	相对高差	155	7	46	42	5
	汇水面积	123	3	21	72	4
地质环境	土体类型	231	53	26	20	1
	土地利用类型	99	3	12	66	19
	植被覆盖率	189	26	39	33	2
	地质构造	9	0	1	7	92
变形特征	坡面冲刷程度	188	23	42	35	0
结构特征	土体状态	273	75	23	2	0
外部诱发因素	24h 最大降雨量	295	95	5	0	0
	地表水体	107	6	19	51	24
	人类工程活动	258	66	27	6	1

（3）敏感性分析。

a. 因子间敏感性分析。

为了客观地评价因子的敏感性，采用贡献率模型对管道沿线坡面水毁灾害影响因子的敏感性进行分析，该模型结构简单，不受地域限制，能客观反映各评价因子的敏感性大小。该模型是通过统计分析各因子对已发生 100 处坡面水毁的贡献情况，反映因子的敏感性大小。贡献率模型如下：

$$r_i = \sum_{j=1}^{n} r_{ij} \tag{3-65}$$

$$S_i = \frac{r_i}{\sum_{i=1}^{m} r_i} \tag{3-66}$$

式中，r_{ij}——第 j 灾害样本中第 i 个因子的分值；

　　　n——灾害样本的个数，这里取 100；

　　　r_i——第 i 个因子的贡献总分；

　　　m——地灾影响因子的个数，这里取 13；

　　　S_i——各因子的敏感性值。

通过贡献率模型，可以求取的各因子的敏感性值大小，计算结果见表 3-57。

表 3-57　坡面水毁影响因子敏感性值统计表

因子分类	影响因子	贡献总分	因子间敏感性值
地形地貌	坡度	273	0.12
	坡面形态	128	0.05
	相对高差	155	0.07
	汇水面积	123	0.05

续表

因子分类	影响因子	贡献总分	因子间敏感性值
地质环境	土体类型	231	0.10
	土地利用类型	99	0.04
	植被覆盖率	189	0.08
	地质构造	9	0.00
变形特征	坡面冲刷程度	188	0.08
结构特征	土体状态	273	0.12
外部诱发因素	24h 最大降雨量	295	0.13
	地表水体	107	0.05
	人类工程活动	258	0.11

b. 单因子敏感性分析。

在不同地貌单元，不同地质环境条件下，各因子内部的敏感性大小是否收敛，就成了其是否能作为坡面水毁灾害危险性评价的因子的关键。因此还需要对各因子的内部敏感性进行分析，这里以坡度为例介绍分析因子的收敛性。

通过对 100 个样本点统计数据分析显示（表 3-58），在 100 个灾害点样本中，有 78 个为高贡献，占总数的 78%；中等贡献 17 个，占总数 17%；低贡献 5 个，占总数 5%。分析显示坡度对于坡面水毁的影响敏感性高，样本点主要收敛在高贡献中，因此坡度在坡面水毁灾害中占据主控地位，是坡面水毁地质灾害危险性评价不可或缺的评价指标，见图 3-52。

表 3-58　坡面水毁中坡度因子贡献统计

贡献等级	贡献量/个
高贡献	78
中等贡献	17
低贡献	5
无贡献	0

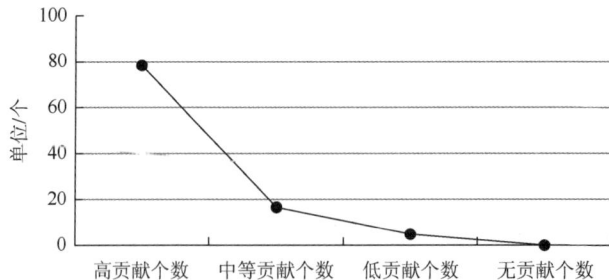

图 3-52　坡面水毁中坡度因子贡献分析

（4）坡面水毁灾害发生概率指标体系的构建。

按照因子敏感性大小，见表 3-59、图 3-53。

表 3-59　坡面水毁灾害影响因子敏感性分级

划分等级	因子	贡献率
高敏感因子（敏感值≥0.10）	坡度	0.12
	24h 最大降雨量	0.13
	土体状态	0.12
	人类工程活动	0.11
	土体类型	0.1
中等敏感因子（0.1＞敏感值≥0.05）	植被覆盖率	0.08
	坡面冲刷程度	0.08
	相对高差	0.07
	汇水面积	0.05
	坡面形态	0.05
	地表水体	0.05
低敏感因子（敏感值＜0.05）	土地利用类型	0.04
	地质构造	0

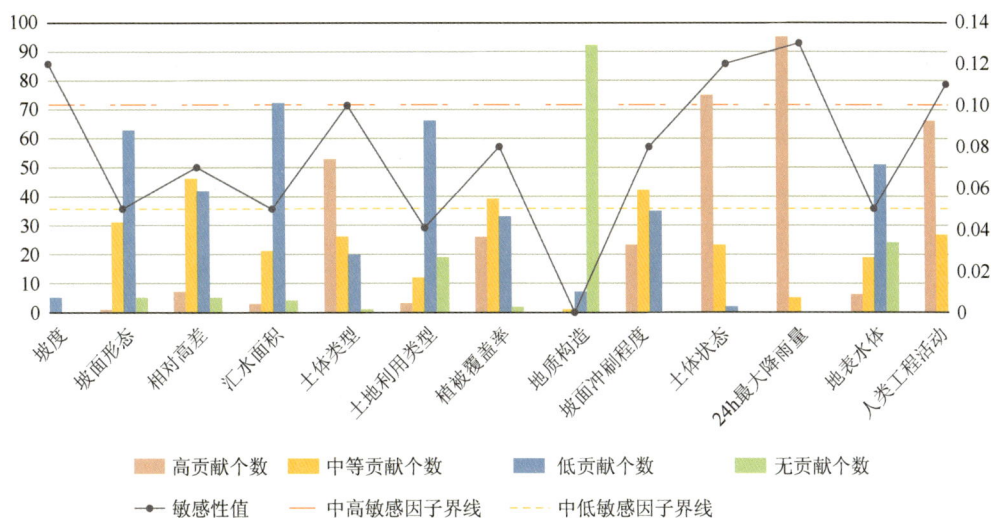

图 3-53　坡面水毁灾害影响因子贡献率与敏感性分布图

低敏感因子在坡面水毁灾害中占据极其次要的地位，为了便于评价，一般不选作坡面水毁灾害危险性评价指标。由于野外调查中，某些因子状态是不可基于调查手段获取的，鉴于此，这里将高等、中等敏感因子中不可通过野外调查获取的因子剔除，最终保留坡度、坡面形态、相对高差、土体类型、植被覆盖率、坡面冲刷程度、土体状态、24h 最大降雨量、地表水体等 9 个因子构建单体管道水毁灾害发生概率指标体系（图 3-54）。

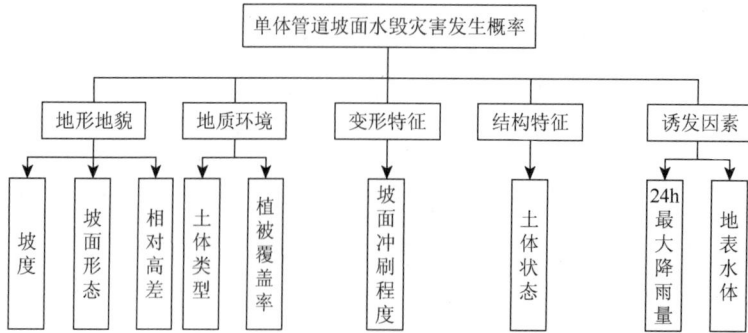

图 3-54　单体管道坡面水毁影响因子灾害发生概率指标体系

（5）坡面水毁灾害发生概率指标分级与赋值。

为了求取坡面水毁灾害的发生概率值，需要对各评价指标进行分级，对每种评价指标的每个存在状态进行分级赋值，分数取值 1～10，对灾害发生的可能性越有利分值越高。对可量化的评价指标（例如坡度、相对高差、植被覆盖率、24h 最大降雨量）进行定量分级；对可半定量的评价指标（坡面形态、土体类型、土体状态），根据其指标分类对灾害的贡献情况进行分级赋值；对不可定量的指标（坡面冲刷程度、地表水体）进行定性分级赋值。对各指标的分级标准见表 3-60。

表 3-60　坡面水毁发生概率指标分级与赋值

评价指标	分级/赋值	评价指标	分级/赋值
坡度	□≤10°（1、2） □10°～20°（3、4） □20°～30°（5、6） □30°～40°（7、8） □＞40°（9、10）	坡面形态	□凸形（1、2） □阶梯形（3、4） □复合形（5、6） □直线形（7、8） □凹形（9、10）
相对高差/m	□≤20（1、2） □20～40（3、4） □40～60（5、6） □60～80（7、8） □＞80（9、10）	土体类型	□块、碎石土（1、2） □角砾土（3、4） □黏性土（5、6） □粉土（7、8） □砂土（9、10）
植被覆盖率	□＞60%（1、2） □40%～60%（3、4） □20%～40%（5、6） □10%～20%（7、8） □≤10%（9、10）	坡面冲刷程度	□微弱（1、2） □一般（3、4） □中等（5、6） □强烈（7、8） □非常强烈（9、10）
土体状态	□很密/坚硬（1、2） □密实/硬塑（3、4） □中密/可塑（5、6） □稍密/软塑（7、8） □松散/流塑（9、10）	24h 最大降雨量 mm	□≤25/50（1、2） □25～50/50～100（3、4） □50～75/100～150（5、6） □75～100/150～200（7、8） □＞100/200～250（9、10）
地表水体	□微弱（1、2） □一般（3、4） □中等（5、6） □强烈（7、8） □非常强烈（9、10）		

（6）指标权重的确定。

各指标的权重值可以通过各因子的敏感性值（表 3-61）代替，为了计算方便与格式统一，利用式（3-67）对指标权重进行归一化处理。

$$\omega_i = \frac{S_i}{\sum\limits_{i=1}^{m} S_i} \tag{3-67}$$

式中，S_i——各因子的敏感性值；

　　　ω_i——各因子的权重。

　　　m——地灾影响因子的个数，这里取 13。

表 3-61　坡面水毁发生概率各指标权重

因子	敏感性值 S_i	权重 ω_i
24h 最大降雨量	0.13	0.16
坡度	0.12	0.15
土体状态	0.12	0.15
土体类型	0.1	0.13
植被覆盖率	0.08	0.10
坡面冲刷程度	0.08	0.10
相对高差	0.07	0.09
坡面形态	0.05	0.06
地表水体	0.05	0.06

（7）坡面水毁发生概率分级。

坡面水毁发生的概率分级是在不考虑坡面水毁治理的情况下，对其发生概率的等级进行划分。为了对坡面水毁发生概率进行分级，从野外调查数据中选取 100 个坡面水毁灾害点作为该类灾害的样本点，用于坡面水毁发生概率分级。选取的 100 个样本点中，其中兰成 19 处，兰成渝 4 处，中贵 47 处，中缅 30 处。样本点横跨西南管道穿越区 8 个省区市所有地貌单元，具有良好的代表性。

$$P(H)_1 = \frac{\sum\limits_{i=1}^{n} y_i \cdot \omega_i}{a} \tag{3-68}$$

式中，$P(H)_1$——灾害发生概率值；

　　　y_i——第 i 个指标的分值；

　　　ω_i——第 i 个指标的权重；

　　　n——指标个数，取 9；

　　　a——归一化因子，取 10。

对计算的灾害发生概率值进行排序，结合灾害发生概率野外定性判别，对坡面水毁发生概率等级进行五级划分，划分结果参见表3-62。即高概率取值区间为[0.68，1]；较高概率取值区间为[0.60，0.68）；中等概率取值区间为[0.52，0.60）；较低概率取值区间为[0.43，0.52）；低概率取值区间为[0，0.43）。

表 3-62　坡面水毁发生概率等级划分表

灾害发生概率等级	灾害发生概率值区间
高概率	[0.68，1]
较高概率	[0.60，0.68）
中等概率	[0.52，0.60）
较低概率	[0.43，0.52）
低概率	[0，0.43）

2）灾害防治

灾害的防治可以降低坡面水毁发生的概率，防治效果的好坏直接影响着灾害的发生与否，采用定性评价方法对坡面水毁的防治效果进行五级分类，通过灾害发生概率与防治效果构建的危险性评价矩阵（表3-63），确定防治效果等级的赋值，划分与赋值结果见表3-64。

表 3-63　坡面水毁危险性评价矩阵

防治效果	发生概率				
	低	较低	中	较高	高
无或极差	低	较低	中	较高	高
差	低	较低	中	较高	较高
中	低	低	较低	中	中
较好	低	低	低	较低	较低
好	低	低	低	低	低

表 3-64　坡面水毁灾害防治效果分级赋值表

防治效果分级	赋值
未治理或治理效果极差	（0.00，0.05）
治理效果差	（0.10，0.14）
治理效果中等	（0.19，0.24）
治理效果较好	（0.29，0.33）
治理效果好	（0.38，0.43）

$$P(H)_2 = 0.43 - y \tag{3-69}$$

式中，$P(H)_2$——灾害防治效果值；

　　y——防治效果的赋值。

3）坡面水毁危险性评价

坡面水毁的危险性评价是在综合考虑坡面水毁发生概率和防治效果基础之上，对坡面水毁发生的可能性大小进行评价。由于防治效果对灾害的易发起到很大的作用，因此其权重不能是一固定值，防治效果不同其权重值也不同，因此，采用变权重对坡面水毁的危险性进行评价，评价模型如下：

$$P(H) = P(H)_1 \times p_i + P(H)_2 \times (1-p_i) \tag{3-70}$$

式中，$P(H)$——发生坡面水毁的危险性大小；

　　$P(H)_1$——灾害发生概率值；

　　$P(H)_2$——灾害防治效果值；

　　p_i——防治效果不同下的权重值，其取值见表 3-14。

对上述计算的坡面水毁灾害危险性值进行排序并分级。因经过地质灾害防治后，仅是改变了地质灾害发生概率，因此，对坡面水毁危险性分级，仍然按坡面水毁发生概率等级进行 5 级划分，分级标准也相同，即高危险性取值区间为[0.68，1]；较高危险性取值区间为[0.60，0.68）；中等危险性取值区间为[0.52，0.60）；较低危险性取值区间为[0.43，0.52）；低危险性取值区间为[0，0.43），见表 3-65。

表 3-65　坡面水毁危险性评价分级表

灾害危险性等级	灾害危险性值区间
高危险	[0.68，1]
较高危险	[0.60，0.68）
中等危险	[0.52，0.60）
较低危险	[0.43，0.52）
低危险	[0，0.43）

2. 管道易损性评价

坡面水毁发生后，影响管道破坏失效的主要因素有管道防护与管道埋深两个因素。通过两因素之间的组合对管道的易损性进行五级分类，分级标准参见表 3-66。

表 3-66　坡面水毁对管道易损性影响因素及易损性分级与赋值

易损分级	管道易损性影响因素	赋值
高易损	管道防护措施差或无管道防护措施，埋深未达到设计要求	（9，10）
较高易损	管道防护措施差或无管道防护措施，埋深基本满足设计要求	（7，8）

易损分级	管道易损性影响因素	赋值
中等易损	管道防护措施较好，埋深未达到设计要求；管道防护措施差，埋深满足设计要求；管道无防护措施，埋深满足设计要求	(5, 6)
较低易损	管道防护措施较好，埋深基本满足设计要求	(3, 4)
低易损	管道防护措施好；管道防护措施较好，埋深满足设计要求；水毁影响区外	(1, 2)

$$P(V) = \frac{v}{a} \qquad (3-71)$$

式中，P(V)——管道易损性值；

　　　v——管道易损性的取值；

　　　a——归一化因子，取 10。

3. 坡面水毁灾害风险概率评价

坡面水毁灾害风险概率是在综合考虑坡面水毁灾害的危险性和管道易损性基础之上，对管道所遭受地灾影响程度大小的评价。评价模型如下：

$$P(R) = P(H) \times P(V) \qquad (3-72)$$

式中，P(R)——坡面水毁风险概率；

　　　P(H)——坡面水毁的危险性；

　　　P(V)——管道的易损性。

对上述计算的坡面水毁灾害风险概率值进行排序并分级。按坡面水毁风险概率等级进行五级划分，划分依据参见表 3-67。即高风险概率取值区间为[0.52，1]；较高风险概率取值区间为[0.35，0.52)；中等风险概率取值区间为[0.26，0.35)；较低风险概率取值区间为[0.13，0.26)；低风险概率取值区间为（0，0.13)。

表 3-67　坡面水毁风险概率评价等级划分表

坡面水毁风险概率等级	坡面水毁风险概率值区间
高风险概率	[0.52，1]
较高风险概率	[0.35，0.52)
中等风险概率	[0.26，0.35)
较低风险概率	[0.13，0.26)
低风险概率	（0，0.13)

3.4.4.2　管道失效后果

管道失效后果主要参考《油气管道地质灾害风险管理技术规范》，参考采用 W.Kent. Muhlbauer 建立的泄漏影响因子作为失效后果评价参考模型依据，即：

$$E = PH \cdot SP \cdot DI \cdot RC \qquad (3-73)$$

式中，E——管道失效后果损失指数；

PH——产品危害系数，取值范围为 5～10，根据表 3-19 确定；

SP——泄漏系数，取值范围为 1～5，根据表 3-20（输气管道）、表 3-21（输油管道）确定；

DI——扩散系数，取值范围为 1.5～5，根据表 3-22 确定；

RC——破坏系数，即受体，取值范围为 0.5～5.8，根据公式 3-46 确定。

其中危害系数（PH）、泄漏系数（SP）、扩散系数（DI）、破坏系数（RC）等取值和滑坡风险性概率取值相同。

3.4.4.3　坡面水毁灾害风险评价指标体系

基于指标评分法的管道坡面水毁灾害风险评价模型包括坡面水毁灾害风险概率和管道失效后果两部分组成，前文已经对坡面水毁灾害类型的灾害风险概率与管道失效后果评价体系进行了构建，坡面水毁灾害风险最终通过灾害风险概率和管道失效后果构建的风险矩阵表示风险。最终构建的管道坡面水毁灾害风险评价指标体系如图 3-55、图 3-56 所示，风险矩阵如表 3-68 所示。

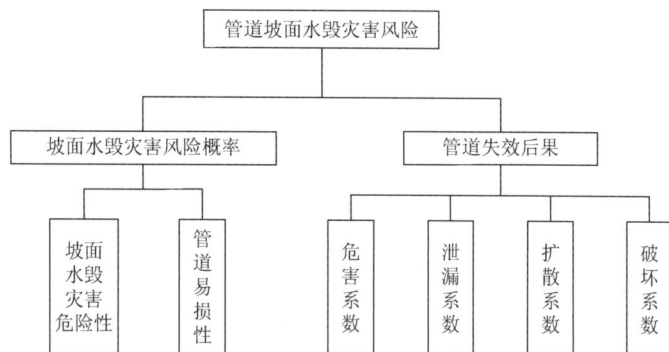

图 3-55　基于指标评分法的坡面水毁灾害定量风险评价体系结构图

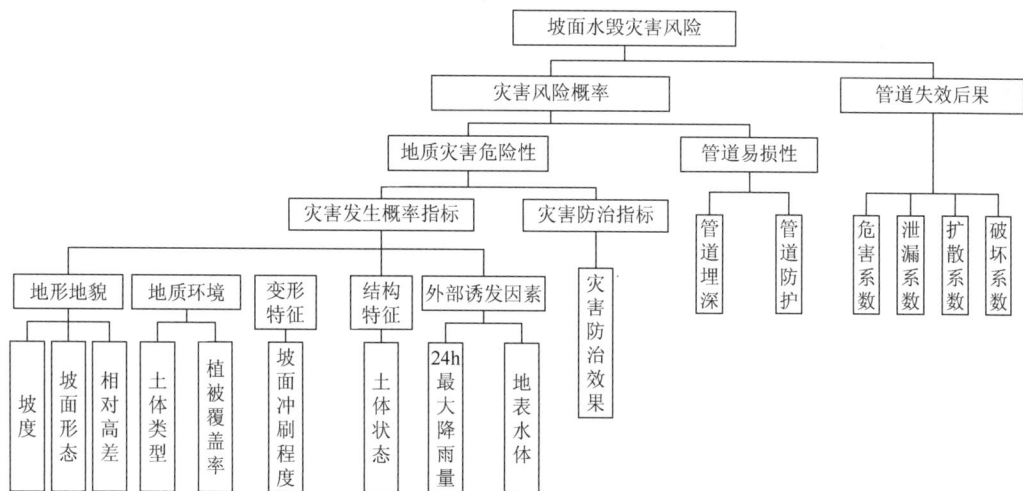

图 3-56　坡面水毁灾害风险评价指标体系

表 3-68　坡面水毁灾害风险判别矩阵

后果损失	风险概率				
	低（0, 0.43）	较低[0.43, 0.52)	中[0.52, 0.6)	较高[0.6, 0.68)	高[0.68, 1]
低[3.75, 10)	低	较低	中	较高	高
较低[10, 90)	低	较低	中	较高	高
中[90, 300)	较低	中	中	较高	高
较高[300, 860)	较低	中	较高	较高	高
高[860, 1450]	较低	中	较高	高	高

3.4.5　河沟道水毁风险评价指标体系

3.4.5.1　河沟道水毁灾害风险概率

河沟道水毁灾害风险概率包括两大部分：灾害的危险性与管道易损性，其中灾害危险性又可以分为灾害发生概率与灾害防治。此次研究通过以上两个部分进行风险概率评价指标分析，构建河沟道水毁灾害风险概率评价指标体系。

1. 河沟道水毁危险性评价指标体系

1）灾害发生概率

（1）评价指标的选取。

通过管道沿线河沟道水毁灾害的影响因素分析可知，河沟道水毁灾害影响可分为地形地貌、地质环境、结构特征、变形特征、外部诱发因素等五大因素，结合管道河沟道水毁灾害的实际特点，从中选取 13 个评价因子（岸坡形态、坡高、河岸坡度、流域面积、河沟道纵坡降、地层岩性、河岸植被覆盖率、河沟道变形情况、土体状态（岩土结构类型、土体塑性状态）、24h 最大降雨量、洪水位变幅（流量）、流速、人类工程活动）作为灾害危险性评价指标体系的备选指标因子。

（2）样本的选取与统计。

a. 样本的选取。

河沟道水毁发生的概率分级是在不考虑河沟道水毁治理的情况下，对其发生概率的等级进行划分。从野外调查数据中选取 119 个河沟道水毁灾害点作为该类灾害的样本点，用于河沟道水毁发生概率分级。选取的 119 个样本点中，其中兰成原油管道 15 处，兰成渝成品油管道 66 处，中贵天然气管道 9 处，中缅天然气管道 24 处，兰郑长（甘肃段）成品油管道 5 处。样本点横跨西南管道 5 条管道穿越区 8 个省区市所有地貌单元，具有良好的代表性。

b. 样本的统计。

选取的样本点中各评价因子对灾害的贡献，可以按照表 3-69 进行赋值。

表 3-69　贡献赋值参考表

贡献	分数
对灾害发生无影响	0
对灾害发生影响微弱	1
对灾害发生影响中等	2
对灾害发生影响强烈	3

　　按照以上标准分别对选取的 119 个样本点进行赋值与统计,统计各影响因子不同贡献数量与贡献总分,统计结果见表 3-70。

表 3-70　河沟道水毁灾害样本贡献打分统计表

因子分类	影响因子	贡献总分	高贡献个数	中等贡献个数	低贡献个数	无贡献个数
地形地貌	岸坡形态	218	40	23	52	4
	坡高	88	0	10	68	41
	河岸坡度	107	3	11	76	29
	流域面积	88	0	4	80	35
	河沟纵坡降	161	8	32	73	6
地质环境	地层岩性	306	73	43	1	2
	河岸植被覆盖率	73	1	7	56	55
变形特征	河沟道变形情况	138	8	19	76	16
结构特征	土体状态	301	67	48	4	0
外部诱发因素	24h 最大降雨量	114	0	9	96	14
	洪水位变幅	344	108	9	2	0
	流速	343	107	10	2	0
	人类工程活动	72	3	7	49	60

　　(3)敏感性分析。

　　a. 因子间敏感性分析。

　　为了客观地评价因子的敏感性,采用贡献率模型对管道沿线河沟道水毁灾害影响因子的敏感性进行分析,该模型结构简单,不受地域限制,能客观反映各评价因子的敏感性大小。该模型是通过统计分析各因子对已发生 119 处河沟道水毁的贡献情况,反映因子的敏感性大小。贡献率模型如下:

$$r_i = \sum_{j=1}^{n} r_{ij} \qquad (3\text{-}74)$$

$$S_i = \frac{r_i}{\sum\limits_{i=1}^{m} r_i}$$ （3-75）

式中，r_{ij}——第 j 灾害样本中第 i 个因子的分值；

　　　　n——灾害样本的个数，这里取 119；

　　　　r_i——第 i 个因子的贡献总分；

　　　　m——地灾影响因子的个数，这里取 13；

　　　　S_i——各因子的敏感性值。

通过贡献率模型，可以求取的各因子的敏感性值大小，计算结果见表 3-71。

表 3-71　河沟道水毁灾害影响因子敏感性值统计表

因子分类	影响因子	贡献总分	因子间敏感性值
地形地貌	岸坡形态	218	0.09
	坡高	88	0.04
	河岸坡度	107	0.05
	流域面积	88	0.04
	河沟纵坡降	161	0.07
地质环境	地层岩性	306	0.13
	河岸植被覆盖率	73	0.03
变形特征	河沟道变形情况	138	0.06
结构特征	土体状态	301	0.13
外部诱发因素	24h 最大降雨量	114	0.05
	洪水位变幅	344	0.15
	流速	343	0.15
	人类工程活动	72	0.03

b. 单因子敏感性分析。

在不同地貌单元，不同地质环境条件下，各因子内部的敏感性大小是否收敛，就成了其是否能作为河沟道水毁灾害危险性评价的因子的关键。因此还需要对各因子的内部敏感性进行分析，这里以坡度为例介绍分析因子的收敛性。

通过地层岩性对 119 个样本点统计数据分析显示（表 3-72），在 119 个灾害点样本中，73 个为高贡献；中等贡献 43 个；低贡献 1 个；2 个对样本点基本上无贡献。分析显示地层岩性对于河沟道水毁的影响敏感性高，通过图 3-57 可以看出，样本点主要收敛在高贡献和中贡献两个区间，因此地层岩性在河沟道水毁灾害中占据主控地位，是河沟道水毁地质灾害危险性评价不可或缺的评价指标。

通过对各因子内部敏感性分析，13 个备选因子均具有较好的收敛性。

表 3-72　河沟道水毁中地层岩性因子贡献统计

贡献等级	贡献量/个
高贡献	73
中等贡献	43
低贡献	1
无贡献	2

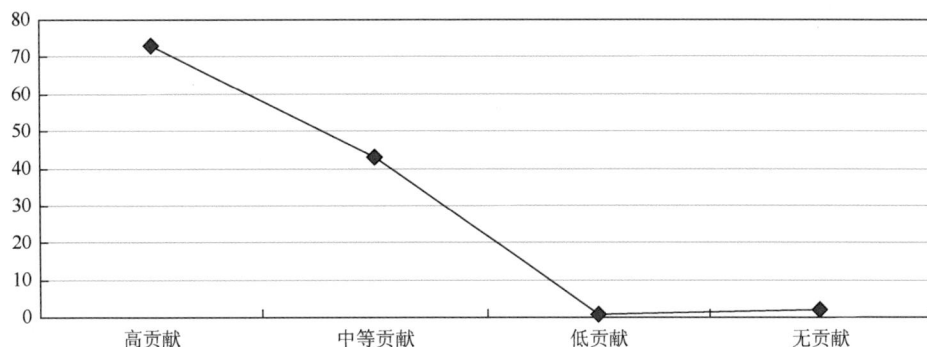

图 3-57　河沟道水毁中地层岩性因子贡献分析

（4）河沟道水毁灾害发生概率指标体系的构建。

按照因子敏感性大小，将影响因子划分为三级：高敏感因子，中等敏感因子，低敏感因子，划分标准与结果参见表 3-73、图 3-58。

表 3-73　河沟道水毁灾害影响因子敏感性分级

划分等级	因子	贡献率
高敏感因子（敏感值≥0.10）	流速	0.15
	洪水位变幅（流量）	0.15
	土体状态	0.13
	地层岩性	0.13
中等敏感因子（0.1＞敏感值≥0.05）	岸坡形态	0.09
	河沟道纵坡降	0.07
	河沟道变形情况	0.06
	河岸坡度	0.05
	24h 最大降雨量	0.05
低敏感因子（敏感值＜0.05）	坡高	0.04
	流域面积	0.04
	植被覆盖率	0.03
	人类工程活动	0.03

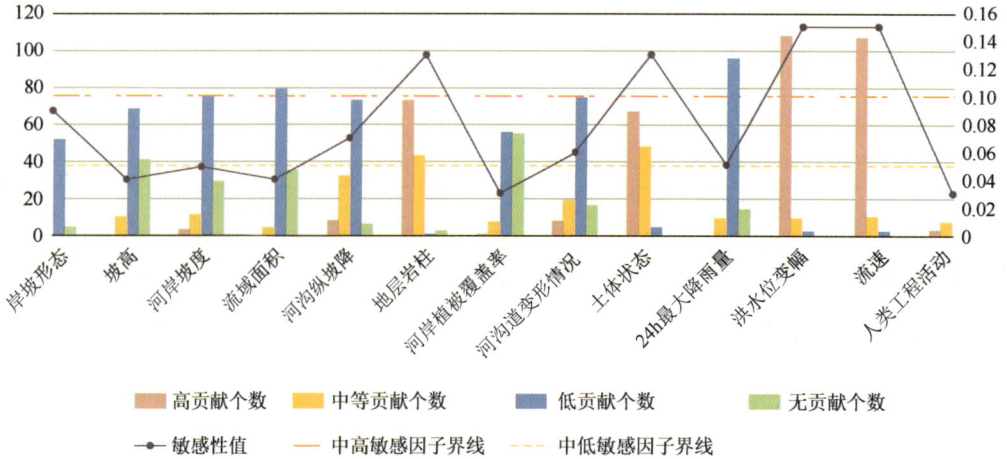

图 3-58　河沟道水毁灾害影响因子贡献率与敏感性分布图

　　低敏感因子在河沟道水毁灾害中占据极其次要的地位，为了便于评价，一般不选作河沟道水毁灾害危险性评价指标。由于野外调查中，某些因子状态是不可基于调查手段获取的，鉴于此，这里将高等、中等敏感因子中不可通过野外调查获取的因子剔除，最终保留岸坡形态、河岸坡度、河沟纵坡降、地层岩性、河沟道变形、土体形态、24h 最大降雨量、洪水位变幅等 8 个因子构建单体管道河沟道水毁灾害发生概率指标体系（图 3-59）。

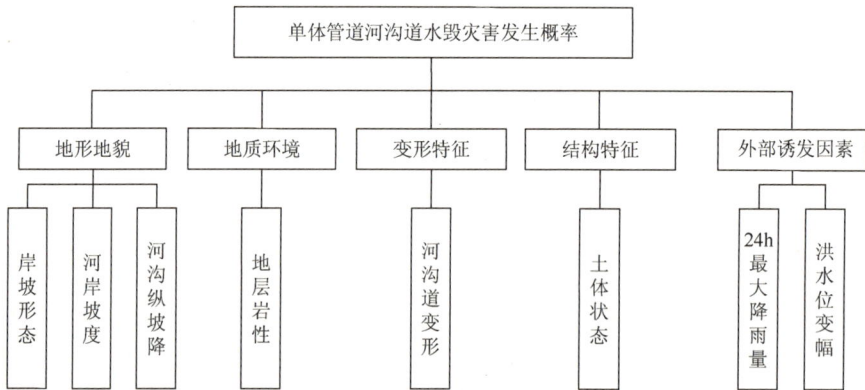

图 3-59　单体管道河沟道水毁灾害发生概率指标体系

　　（5）河沟道水毁灾害发生概率指标分级与赋值。

　　为了求取河沟道水毁灾害的发生概率值，需要对各评价指标进行分级，对每种评价指标的每个存在状态进行分级赋值，分数取值 1～10，对灾害发生的可能性越有利分值越高。对可量化的评价指标（例如河岸坡度、河沟纵坡降、24h 最大降雨量）进行定量分级；对可半定量的评价指标（岸坡形态、地层岩性、土体状态、洪水位变幅），根据其指标分类对灾害的贡献情况进行分级赋值；对不可定量的指标（河沟道变形）进行定性分级赋值。对各指标的分级标准见表 3-74。

表 3-74　河沟道水毁发生概率指标分级与赋值

评价指标	分级/赋值	评价指标	分级/赋值
岸坡形态	□凸岸（1、2） □直岸（5、6） □凹岸（9、10）	河岸坡度	□≤20°（1、2） □20°～30°（3、4） □30°～40°（5、6） □40°～50°（7、8） □>50°（9、10）
河沟纵坡降	□<2°（1、2） □2°～4°（3、4） □4°～6°（5、6） □6°～8°（7、8） □>8°（7、8）	地层岩性	□碎块/漂卵石土（1、2） □角/圆砾土（3、4） □砂土（5、6） □粉土（7、8） □黏性土（9、10）
河沟道变形	□微弱（1、2） □一般（3、4） □中等（5、6） □严重（7、8） □非常严重（9、10）	土体状态	□很密/坚硬（1、2） □密实/硬塑（3、4） □中密/可塑（5、6） □稍密/软塑（7、8） □松散/流塑（9、10）
24h 最大降雨量/mm	□≤25/50（1、2） □25～50/50～100（3、4） □50～75/100～150（5、6） □75～100/150～200（7、8） □>100/200～250（9、10）	洪水位变幅	□小（1、2） □较小（3、4） □中等（5、6） □较大（7、8） □大（9、10）

（6）指标权重的确定。

各指标的权重值可以通过各因子的敏感性值（表 3-75）代替，为了计算方便与格式统一，利用式（3-76）对指标权重进行归一化处理。

$$\omega_i = \frac{S_i}{\sum\limits_{i=1}^{m} S_i} \qquad (3-76)$$

式中，S_i——各因子的敏感性值；

ω_i——各因子的权重。

m——地灾影响因子的个数，这里取 13。

表 3-75　河沟道水毁发生概率各指标权重

因子	敏感性值 S_i	权重 ω_i
洪水位变幅	0.15	0.170
土体状态	0.13	0.148
地层岩性	0.13	0.148
岸坡形态	0.09	0.102
河沟纵坡降	0.07	0.080
河沟道变形	0.06	0.068
河岸坡度	0.05	0.057
24h 最大降雨量	0.05	0.057

（7）河沟道水毁发生概率分级。

河沟道水毁发生的概率分级是在不考虑河沟道水毁治理的情况下，对其发生概率的等级进行划分：

$$P(H)_1 = \frac{\sum_{i=1}^{n} y_i \cdot \omega_i}{a} \qquad (3-77)$$

式中，$P(H)_1$——灾害发生概率值；

$\quad\quad y_i$——第 i 个指标的分值；

$\quad\quad \omega_i$——第 i 个指标的权重；

$\quad\quad n$——指标个数，取 13；

$\quad\quad a$——归一化因子，取 10。

对计算的灾害发生概率值进行排序，结合灾害发生概率野外定性判别，对河沟道水毁发生概率等级进行五级划分，划分结果参见表 3-76。即高概率取值区间为[0.55，1]；较高概率取值区间为[0.50，0.55)；中等概率取值区间为[0.41，0.50)；较低概率取值区间为[0.36，0.41)；低概率取值区间为[0，0.36)。

表 3-76　河沟道水毁发生概率等级划分表

灾害发生概率等级	灾害发生概率值区间
高概率	[0.55，1]
较高概率	[0.50，0.55)
中等概率	[0.41，0.50)
较低概率	[0.36，0.41)
低概率	[0，0.36)

2）灾害防治效果

灾害的防治可以降低河沟道水毁发生的概率，防治效果的好坏直接影响着灾害的发生，采用定性评价方法对河沟道水毁的防治效果进行五级分类，通过灾害发生概率与防治效果构建的危险性评价矩阵（表 3-77），确定防治效果等级的赋值，划分与赋值结果见表 3-78。

表 3-77　河沟道水毁危险性评价矩阵

防治效果	发生概率				
	低	较低	中	较高	高
无或极差	低	较低	中	较高	高
差	低	较低	中	较高	较高
中	低	低	较低	中	中
较好	低	低	低	较低	较低
好	低	低	低	低	低

表 3-78　河沟道水毁灾害防治效果分级赋值表

防治效果分级	赋值
未治理或治理效果极差	(0.00，0.04)
治理效果差	(0.08，0.12)
治理效果中等	(0.16，0.20)
治理效果较好	(0.24，0.28)
治理效果好	(0.32，0.36)

$$P(H)_2 = 0.36 - y \qquad (3\text{-}78)$$

式中，$P(H)_2$——灾害防治效果值；

　　　y——防治效果的赋值。

3）河沟道水毁危险性评价

河沟道水毁的危险性评价是在综合考虑河沟道水毁发生概率和防治效果基础之上，对河沟道水毁发生的可能性大小进行评价。由于防治效果对灾害的易发起到很大的作用，因此其权重不能是一固定值，防治效果不同其权重值也不同，因此，采用变权重对河沟道水毁的危险性进行评价，评价模型如下：

$$P(H) = P(H)_1 \times p_i + P(H)_2 \times (1 - p_i) \qquad (3\text{-}79)$$

式中，$P(H)$——发生河沟道水毁的危险性大小；

　　　$P(H)_1$——灾害发生概率值；

　　　$P(H)_2$——灾害防治效果值；

　　　p_i——防治效果不同下的权重值，其取值见表 3-14。

通过上述计算的河沟道水毁灾害危险性值，进行排序并分级。因经过地质灾害防治后，仅是改变了地质灾害发生概率，因此，对河沟道水毁危险性分级，仍然按河沟道水毁发生概率等级进行五级划分，分级标准也相同，即高危险性取值区间为 [0.55, 1]；较高危险性取值区间为 [0.50, 0.55)；中等危险性取值区间为 [0.41, 0.50)；较低危险性取值区间为 [0.36, 0.41)；低危险性取值区间为 [0, 0.36)，见表 3-79。

表 3-79　河沟道水毁危险性评价分级表

灾害危险性等级	危险性值区间
高危险	[0.55，1]
较高危险	[0.50，0.55)
中等危险	[0.41，0.50)
较低危险	[0.36，0.41)
低危险	[0，0.36)

2. 管道易损性评价

河沟道水毁发生后，影响管道破坏失效的主要因素有管道防护与管道埋深两个因素。通过两因素之间的组合对管道的易损性进行五级分类，分级标准见表 3-67。

$$P(V)=\frac{v}{a} \tag{3-80}$$

式中，P(V)——灾害管道易损性值；

　　　　v——管道易损性的取值；

　　　　a——归一化因子，取 10。

3. 风险概率评价

河沟道水毁灾害风险概率是在综合考虑河沟道水毁灾害的危险性和管道易损性基础之上，对管道所遭受地灾影响程度大小的评价。评价模型如下：

$$P(R) = P(H)\times P(V) \tag{3-81}$$

式中，P(R)——河沟道水毁风险概率；

　　　　P(H)——河沟道水毁的危险性；

　　　　P(V)——管道的易损性。

通过上述计算的河沟道水毁灾害风险概率值，进行排序并分级。按河沟道水毁风险概率等级进行五级划分，划分依据参见表 3-80。即高风险概率取值区间为[0.52，1]，较高风险概率取值区间为[0.36，0.52)；中等风险概率取值区间为[0.26，0.36)；较低风险概率取值区间为[0.13，0.26)；低风险概率取值区间为（0，0.13)，见表 3-80。

表 3-80　河沟道水毁风险概率评价等级划分表

河沟道水毁风险概率等级	河沟道水毁风险概率值区间
高风险概率	[0.52，1]
较高风险概率	[0.36，0.52)
中等风险概率	[0.26，，0.36)
较低风险概率	[0.13，0.26)
低风险概率	（0，0.13)

3.4.5.2　管道失效后果

管道失效后果主要参考《油气管道地质灾害风险管理技术规范》，参考采用 W.Kent.Muhlbauer 建立的泄漏影响因子作为失效后果评价参考模型依据，即：

$$E = PH\cdot SP\cdot DI\cdot RC \tag{3-82}$$

式中，E——管道失效后果损失指数；

　　　　PH——产品危害系数，取值范围为 5～10，根据表 3-19 确定；

　　　　SP——泄漏系数，取值范围为 1～5，根据表 3-20（输气管道）、表 3-21（输油管道）确定；

　　　　DI——扩散系数，取值范围为 1.5～5，根据表 3-22 确定；

　　　　RC——破坏系数，即受体，取值范围为 0.5～5.8，根据公式 3-46 确定。

其中危害系数（PH）、泄漏系数（SP）、扩散系数（DI）、破坏系数（RC）等取值和滑坡风险性概率取值相同。

3.4.5.3　河沟道水毁灾害风险评价指标体系

基于指标评分法的管道河沟道水毁灾害风险评价模型由河沟道水毁灾害风险概率和管道失效后果两部分组成，前文已经对河沟道水毁灾害类型的灾害风险概率与管道失效后果评价体系进行了构建，河沟道水毁灾害风险最终通过灾害风险概率和管道失效后果构建的风险矩阵表示风险。最终构建的河沟道水毁灾害风险评价指标体系如图 3-60、图 3-61 所示，风险矩阵如表 3-81 所示。

表 3-81　河沟道水毁灾害风险判别矩阵

后果损失	风险概率				
	低（0，0.13）	较低[0.13，0.26）	中[0.26，0.36）	较高[0.36，0.52）	高[0.52，1]
低[3.75，10）	低	较低	中	较高	高
较低[10，90）	低	较低	中	较高	高
中[90，300）	较低	中	中	较高	高
较高[300，860）	较低	中	较高	较高	高
高[860，1450]	较低	中	较高	高	高

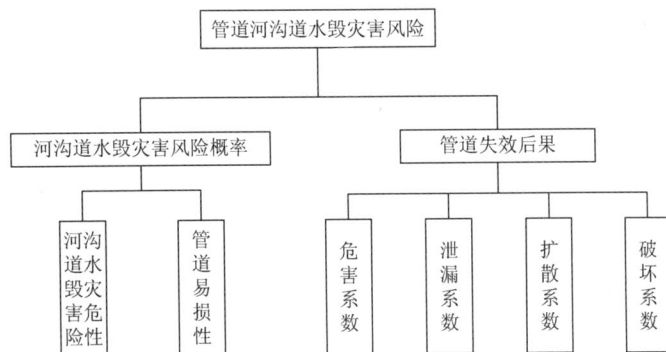

图 3-60　基于指标评分法的管道河沟道水毁灾害定量风险评价体系结构图

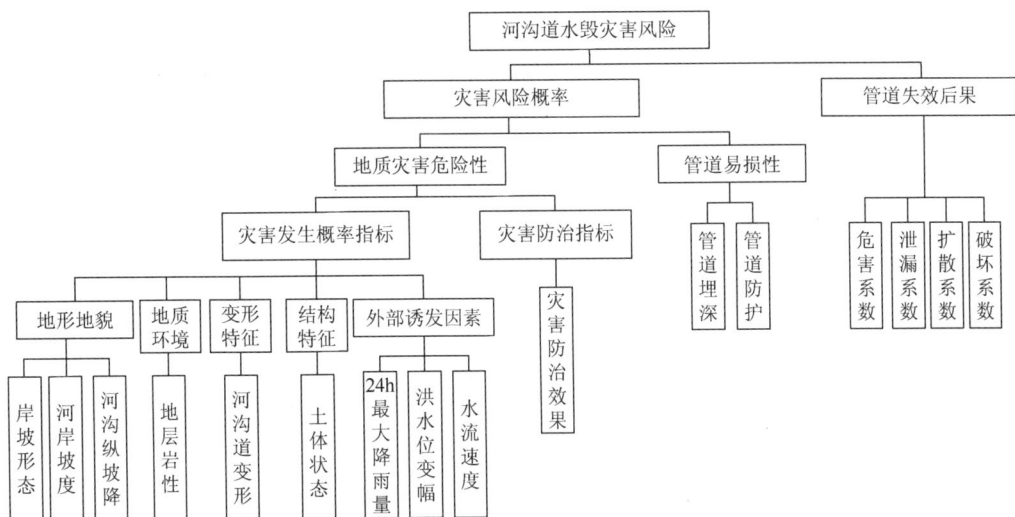

图 3-61　河沟道水毁灾害风险评价指标体系

3.4.6 台田地水毁风险评价指标体系

3.4.6.1 台田地水毁灾害风险概率

台田地水毁灾害风险概率包括两大部分：台田地水毁灾害的危险性与管道易损性，其中台田地水毁灾害危险性又可以分为灾害发生概率与灾害防治效果。此次研究通过以上两个部分进行风险概率评价指标分析，构建台田地水毁灾害风险概率评价指标体系。

1. 台田地水毁危险性评价指标体系

1）灾害发生概率。

（1）评价指标的选取。

通过管道沿线台田地水毁灾害的影响因素分析可知，台田地水毁灾害影响可分为地形地貌、地质环境、变形特征、外部诱发因素是影响台田地水毁四大因素，结合管道台田地水毁灾害的实际特点，从中选取 10 个评价因子（台田地陡缓、坎高、岩土类型、植被覆盖率、土地利用类型、变形情况、裂隙发育程度、地表水体、24h 最大降雨量、人类工程活动）作为灾害危险性评价指标体系的备选指标因子。

（2）样本的选取与统计。

a. 样本的选取。

从野外调查数据中选取 80 个台田地水毁灾害点作为台田地水毁灾害的样本点，用于灾害的影响因子敏感性分析。选取的 80 个样本点中，兰郑长 12 个，兰成 1 个，兰成渝 60 个，中贵 7 个。样本点横跨西南管道基本全部涉及的台田地水毁的地貌单元，具有良好的代表性。

b. 样本的统计。

选取的样本点中各评价因子对灾害的贡献，可以按照表 3-82 进行赋值。

表 3-82　贡献赋值参考表

贡献	分数
对灾害发生无影响	0
对灾害发生影响微弱	1
对灾害发生影响中等	2
对灾害发生影响强烈	3

按照以上标准分别对选取的 80 个样本点进行赋值与统计，统计各评价因子不同贡献数量与贡献总分，统计结果见表 3-83。

表 3-83　台田地水毁灾害样本贡献打分统计表

因子分类	评价因子	贡献总分	高贡献个数	中等贡献个数	低贡献个数	无贡献个数
地形地貌	台田地陡缓	112	2	25	47	6
	坎高	101	1	23	52	4
地质环境	岩土类型	201	43	35	2	0

续表

因子分类	评价因子	贡献总分	高贡献个数	中等贡献个数	低贡献个数	无贡献个数
地质环境	植被覆盖率	86	1	9	65	5
	土地利用类型	146	10	47	22	1
变形特征	变形情况	98	3	22	45	10
	裂缝发育程度	81	0	14	53	13
外部诱发因素	地表水体	88	8	15	34	23
	24h 最大降雨量	221	62	17	1	0
	人类工程活动	216	56	24	0	0

（3）敏感性分析。

a. 因子间敏感性分析。

为了客观的评价因子的敏感性，采用贡献率模型对管道沿线台田地水毁灾害评价因子的敏感性进行分析，该模型结构简单，不受地域限制，能客观反映各评价因子的敏感性大小。该模型是通过统计分析已发生 80 处台田地水毁对各因子的贡献情况，反映因子的敏感性大小。贡献率模型如下：

$$r_i = \sum_{j=1}^{n} r_{ij} \tag{3-83}$$

$$S_i = \frac{r_i}{\sum_{i=1}^{m} r_i} \tag{3-84}$$

式中，r_{ij}——第 j 灾害样本中第 i 个因子的分值；

n——灾害样本的个数，这里取 80；

r_i——第 i 个因子的贡献总分；

m——地灾评价因子的个数，这里取 10；

S_i——各因子的敏感性值。

通过贡献率模型，可以求取的各因子的敏感性值大小，计算结果见表 3-84。

表 3-84　台田地水毁灾害评价因子敏感性值统计表

因子分类	评价因子	贡献总分	因子间敏感性值
地形地貌	台田地陡缓	112	0.08
	坎高	101	0.07
地质环境	岩土类型	201	0.15
	植被覆盖率	86	0.06
	土地利用类型	146	0.11
变形特征	变形情况	98	0.07
	裂缝发育程度	81	0.06
外部诱发因素	地表水体	88	0.07
	24h 最大降雨量	221	0.16
	人类工程活动	216	0.16

b. 单因子敏感性分析。

在不同地貌单元，不同地质环境条件下，各因子内部的敏感性大小是否收敛，就成了其是否能作为台田地水毁灾害危险性评价因子的关键。因此还需要对各因子的内部敏感性进行分析，这里以岩土类型为例介绍分析因子的收敛性。

通过岩土类型对 80 个样本点统计数据分析显示（表 3-85），在 80 个灾害点样本中，有 43 个为高贡献；中等贡献 35 个，高贡献与中等贡献共占总数的 98%；余下的 2%中低贡献 2 个；无贡献 0 个。分析显示岩土类型对于台田地水毁的影响敏感性高，通过折线图可以看出（图 3-62），样本点主要收敛在高贡献与中等贡献区间内，因此岩土类型在台田地水毁灾害中占据主控地位，是台田地水毁地质灾害危险性评价不可或缺的评价指标。

表 3-85 台田地水毁中岩土类型因子贡献统计

贡献等级	贡献量/个
高贡献	43
中等贡献	35
低贡献	2
无贡献	0

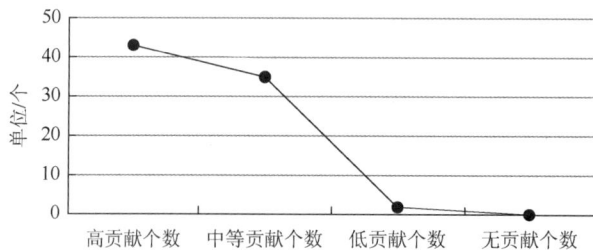

图 3-62 台田地水毁中岩土类型因子贡献分析

（4）台田地水毁灾害发生概率指标体系的构建。

按照因子敏感性大小，将影响因子划分为三级：高敏感因子，中等敏感因子，低敏感因子，划分标准与结果参见表 3-86、图 3-63。

表 3-86 台田地水毁灾害影响因子敏感性分级

划分等级	因子	贡献率
高敏感因子（敏感值≥0.10）	24h 最大降雨量	0.16
	人类工程活动	0.16
	岩土类型	0.15
	土地利用类型	0.11
中等敏感因子（0.1＞敏感值≥0.05）	台田地陡缓	0.08
	坎高	0.07
	变形情况	0.07

续表

划分等级	因子	贡献率
中等敏感因子（0.1>敏感值≥0.05）	地表水体	0.07
	植被覆盖率	0.06
	裂缝发育程度	0.06
低敏感因子（敏感值<0.05）	——	——

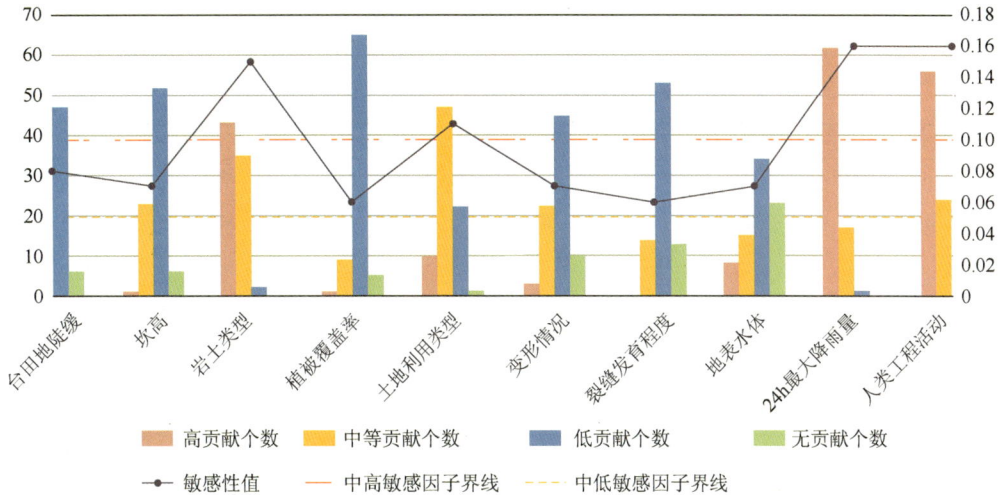

图 3-63　台田地水毁灾害评价因子贡献率与敏感性分布图

　　低敏感因子在台田地水毁灾害中占据极其次要的地位，为了便于评价，不作为台田地水毁灾害危险性评价指标。由于野外调查中，某些因子状态是难以基于调查手段获取的，鉴于此，这里将高等、中等敏感因子中难以通过野外调查获取的因子剔除，最终保留台田地陡缓、坎高、岩土类型、土地利用类型、变形情况、24h 最大降雨量、地表水体等 7 个因子作为管道沿线台田地水毁灾害危险性的评价因子，最终构建的台田地水毁灾害危险性评价指标体系如图 3-64。

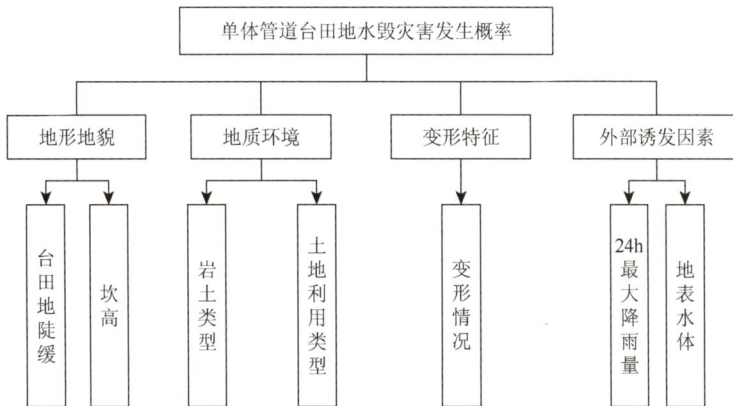

图 3-64　单体管道台田地水毁灾害发生概率指标体系

（5）台田地水毁灾害发生概率指标分级与赋值。

为了求取台田地水毁灾害的发生概率值，需要对各评价指标进行分级，对每种评价指标的每个存在状态进行分级赋值，分数取值1～10，对灾害发生的可能性越有利分值越高。对可量化的评价指标（例如台田地陡缓、坎高、24h最大降雨量）进行定量分级；对可半定量的评价指标（岩土类型、土地利用类型），根据其指标分类对灾害的贡献情况进行分级赋值；对不可定量的指标（变形情况、地表水体）进行定性分级赋值。对各指标的分级标准见表3-87。

表3-87　台田地水毁发生概率指标分级与赋值

评价指标	分级/赋值	评价指标	分级/赋值
台田地陡缓	□≤50°（1、2） □50°～60°（3、4） □60°～70°（5、6） □70°～80°（7、8） □>80°（9、10）	坎高/m	□<1.5（1、2） □1.5～2（3、4） □2～2.5（5、6） □2.5～3（7、8） □>3（9、10）
岩土类型	□块石土（1、2） □碎石土（3、4） □角砾土（5、6） □黏性土（7、8） □粉土（9、10）	土地利用类型	□灌木林地（1、2） □荒草地（3、4） □裸地（5、6） □旱地（7、8） □水田（9、10）
变形情况	□无（1、2） □较小（3、4） □中等（5、6） □较大（7、8） □大（9、10）	24h最大降雨量/mm（年均降雨<800/≥800）	□≤25/50（1、2） □25～50/50～100（3、4） □50～75/100～150（5、6） □75～100/150～200（7、8） □>100/200～250（9、10）
地表水体	□微弱（1、2） □一般（3、4） □中等（5、6） □强烈（7、8） □非常强烈（9、10）		

（6）指标权重的确定。

各指标的权重值可以通过各因子的敏感性值（表3-88）代替，为了计算方便与格式统一，利用式（3-85）对指标权重进行归一化处理。

$$\omega_i = \frac{S_i}{\sum_{i=1}^{m} S_i} \tag{3-85}$$

式中，S_i——各因子的敏感性值；

ω_i——各因子的权重。

m——地灾影响因子的个数，这里取10。

表3-88　台田地水毁发生概率各指标权重

因子	敏感性值 S_i	权重 ω_i
24h最大降雨量	0.16	0.23
岩土类型	0.15	0.21

续表

因子	敏感性值 S_i	权重 ω_i
土地利用类型	0.11	0.15
台田地陡缓	0.08	0.11
坎高	0.07	0.10
变形情况	0.07	0.10
地表水体	0.07	0.10

（7）台田地水毁发生概率分级

台田地水毁发生的概率分级是在不考虑台田地水毁治理的情况下,对其发生概率的等级进行划分。为了对台田地水毁发生概率进行分级,从野外调查数据中选取 80 个台田地水毁灾害点作为该类灾害的样本点,用于台田地水毁发生概率分级。选取的 80 个样本点中,兰郑长 12 处,兰成 1 处,兰成渝 60 处,中贵 7 处。样本点横跨西南管道涉及的台田地水毁的所有地貌单元,具有良好的代表性。

$$P(H)_1 = \frac{\sum_{i=1}^{n} y_i \cdot \omega_i}{a} \qquad (3\text{-}86)$$

式中,$P(H)_1$——灾害发生概率值;

　　y_i——第 i 个指标的分值;

　　ω_i——第 i 个指标的权重;

　　n——指标个数,取 7;

　　a——归一化因子,取 10。

对计算的灾害发生概率值进行排序,结合灾害发生概率野外定性判别,对台田地水毁发生概率等级进行五级划分,划分结果见表 3-89。即高概率取值区间为[0.76,1];较高概率取值区间为[0.71,0.76);中等概率取值区间为[0.64,0.71);较低概率取值区间为[0.58,0.64);低概率取值区间为[0,0.58),见表 3-89。

表 3-89　台田地水毁发生概率等级划分表

灾害发生概率等级	灾害发生概率值区间
高概率	[0.76,1]
较高概率	[0.71,0.76)
中等概率	[0.64,0.71)
较低概率	[0.58,0.64)
低概率	[0,0.58)

2）灾害防治

灾害的防治可以降低台田地水毁发生的概率,防治效果的好坏直接影响着灾害的发生，采用定性评价方法对台田地水毁的防治效果进行五级分类，通过灾害发生概率与防治效果构建的危险性评价矩阵（表 3-90），确定防治效果等级的赋值，划分与赋值结果见表 3-91。

表 3-90　台田地水毁危险性评价矩阵

防治效果	发生概率				
	低	较低	中	较高	高
无或极差	低	较低	中	较高	高
差	低	较低	中	较高	较高
中	低	低	较低	中	中
较好	低	低	低	较低	较低
好	低	低	低	低	低

表 3-91　台田地水毁灾害防治效果分级赋值表

防治效果分级	赋值
未治理或治理效果极差	（0.00，0.06）
治理效果差	（0.13，0.19）
治理效果中等	（0.26，0.32）
治理效果较好	（0.39，0.45）
治理效果好	（0.52，0.58）

$$P(H)_2 = 0.58 - y \tag{3-87}$$

式中，$P(H)_2$——灾害防治效果值；

　　　y——防治效果的赋值。

3）台田地水毁危险性评价

台田地水毁的危险性评价是在综合考虑台田地水毁发生概率和防治效果基础之上，对台田地水毁发生的可能性大小进行评价。由于防治效果对灾害的易发起到很大的作用，因此其权重不能是一固定值，防治效果不同其权重值也不同，因此，采用变权重对台田地水毁的危险性进行评价，评价模型如下：

$$P(H) = P(H)_1 \times p_i + P(H)_2 \times (1 - p_i) \tag{3-88}$$

式中，$P(H)$——发生台田地水毁的危险性大小；

　　　$P(H)_1$——灾害发生概率值；

　　　$P(H)_2$——灾害防治效果值；

　　　p_i——防治效果不同下的权重值，其取值见表 3-14。

对上文计算的台田地水毁灾害危险性值进行排序并分级。因经过地质灾害防治后，仅是改变了地质灾害发生概率，因此，对台田地水毁危险性分级，仍然按台田地水毁发生概率等级进行五级划分，分级标准也相同，即高危险性取值区间为[0.76，1]；较高危险性取值区间为[0.71，0.76）；中等危险性取值区间为[0.64，0.71）；较低危险性取值区间为[0.58，0.64）；低危险性取值区间为[0，0.58），见表 3-92。

表 3-92　台田地水毁危险性评价分级表

灾害危险性等级	危险性值区间
高危险	[0.76，1]
较高危险	[0.71，0.76)
中等危险	[0.64，0.71)
较低危险	[0.58，0.64)
低危险	[0，0.58)

2. 管道易损性评价

台田地水毁发生后，影响管道破坏失效的主要因素有管道防护与管道埋深两个因素。通过两因素之间的组合对管道的易损性进行五级分类，分级标准见表 3-66。

$$P(V)=\frac{v}{a} \tag{3-89}$$

式中，$P(V)$——管道易损性值；

　　　v——管道易损性的取值；

　　　a——归一化因子，取 10。

3. 风险评价

台田地水毁灾害风险概率是在综合考虑台田地水毁灾害的危险性和管道易损性基础之上，对管道所遭受地灾影响程度大小的评价。评价模型如下：

$$P(R)=P(H)\times P(V) \tag{3-90}$$

式中，$P(R)$——台田地水毁风险概率；

　　　$P(H)$——台田地水毁的危险性；

　　　$P(V)$——管道的易损性。

对上文计算的台田地水毁灾害风险概率值进行排序并分级。按台田地水毁风险概率等级进行四级划分，划分依据参见表 3-93。即较高风险概率取值区间为[0.56，1]；中等风险概率取值区间为[0.36，0.56）；较低风险概率取值区间为[0.18，0.36）；低风险概率取值区间为（0，0.18）。

表 3-93　台田地水毁风险概率评价等级划分表

台田地水毁风险概率等级	台田地水毁风险概率值区间
较高风险概率	[0.56, 1]
中等风险概率	[0.36, 0.56)
较低风险概率	[0.18, 0.36)
低风险概率	(0, 0.18)

3.4.6.2　管道失效后果

管道失效后果主要参考《油气管道地质灾害风险管理技术规范》，参考采用 W.Kent. Muhlbauer 建立的泄漏影响因子作为失效后果评价参考模型依据，即：

$$E = PH \cdot SP \cdot DI \cdot RC \tag{3-91}$$

式中，E——管道失效后果损失指数；

　　　　PH——产品危害系数，取值范围为 5～10，根据表 3-19 确定；

　　　　SP——泄漏系数，取值范围为 1～5，根据表 3-20（输气管道）、表 3-21（输油管道）确定；

　　　　DI——扩散系数，取值范围为 1.5～5，根据表 3-22 确定；

　　　　RC——破坏系数，即受体，取值范围为 0.5～5.8，根据公式 3-46 确定。

其中危害系数（PH）、泄漏系数（SP）、扩散系数（DI）、破坏系数（RC）等取值和滑坡风险性概率取值相同。

3.4.6.3　台田地水毁灾害风险评价指标体系

基于指标评分法的管道台田地水毁灾害风险评价模型由台田地水毁灾害风险概率和管道失效后果两部分组成，前文已经对台田地水毁灾害类型的灾害风险概率与管道失效后果评价体系进行了构建，台田地水毁灾害风险最终通过灾害风险概率和管道失效后果构建的风险矩阵表示风险。最终，构建的管道台田地水毁灾害风险评价指标体系如图 3-65、图 3-66 所示，风险矩阵如表 3-94 所示。

表 3-94　台田地水毁灾害风险判别矩阵

后果损失	风险概率			
	低（0, 0.18）	较低[0.18, 0.36)	中[0.36, 0.56)	较高[0.56, 1)
低[3.75, 10)	低	较低	中	较高
较低[10, 90)	低	较低	中	较高
中[90, 300)	较低	中	中	较高
较高[300, 860)	较低	中	较高	较高
高[860, 1450]	较低	中	较高	高

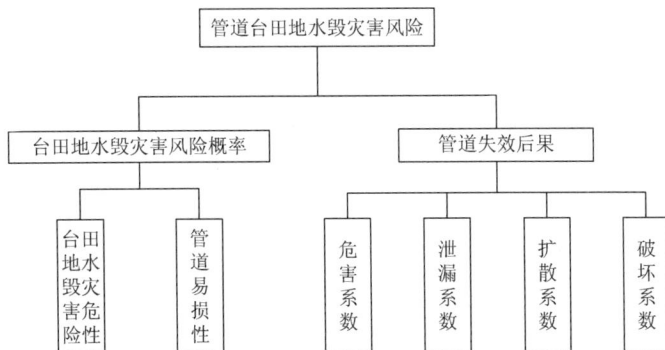

图 3-65　基于指标评分法的管道台田地水毁灾害定量风险评价体系结构图

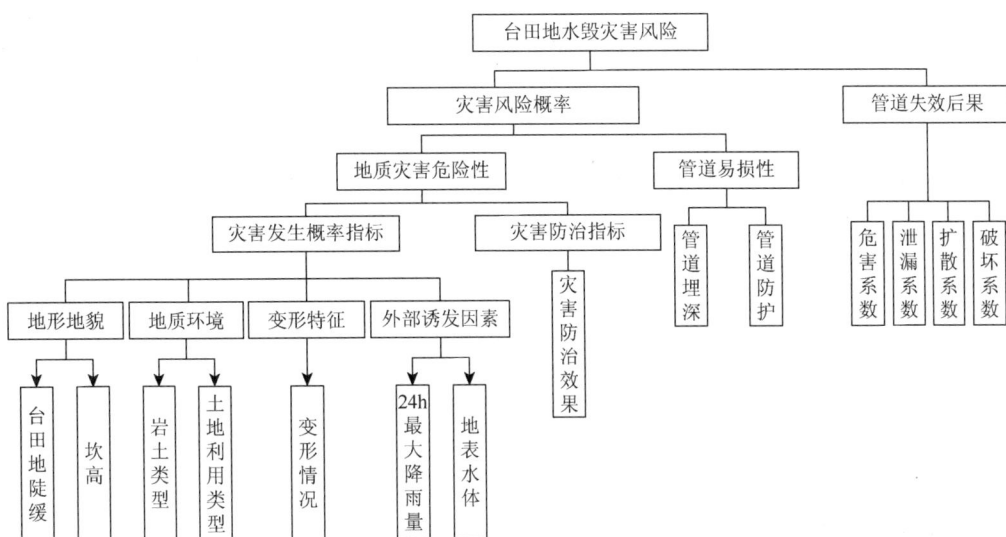

图 3-66　台田地水毁灾害风险评价指标体系

3.4.7　黄土陷穴灾害风险评价指标体系

3.4.7.1　黄土陷穴灾害风险概率

　　黄土陷穴灾害风险概率包括两大部分：黄土陷穴灾害的危险性与管道易损性，其中灾害危险性又可以分为灾害发生概率与灾害防治。此次研究通过以上两个部分进行风险概率评价指标分析，构建黄土陷穴灾害风险概率评价指标体系。

　　1. 黄土陷穴危险性评价指标体系

　　1）灾害发生概率

　　（1）评价指标的选取。

　　通过管道沿线黄土陷穴灾害的影响因素分析可知，黄土陷穴灾害影响可分为地形地貌、地质环境、结构特征、变形特征、外部诱发因素等五大因素，结合管道黄土陷穴灾害的实际特点，从中选取 13 个评价因子（地形起伏程度、微地貌特征、汇水面积、植被覆盖率、土体类型、土地利用类型、土体厚度、黄土湿陷程度、土体状态、多年平均降雨量、变形特征、地表水入渗情况、人类工程活动）作为灾害危险性评价指标体系的备选指标因子。

（2）样本的选取与统计。

a. 样本的选取。

为了对黄土陷穴发生概率进行分级，从野外调查数据中选取 32 个黄土陷穴灾害点作为该类灾害的样本点，用于黄土陷穴发生概率分级。选取的 32 个样本点中，兰郑长 13 个，兰成渝 10 个，兰成 9 个。样本点横跨西南管道 3 条管道穿越的黄土地貌单元，具有良好的代表性。

b. 样本的统计。

选取的样本点中各评价因子对灾害的贡献，可以按照表 3-95 进行赋值。

表 3-95　贡献赋值参考表

贡献	分数
对灾害发生无影响	0
对灾害发生影响微弱	1
对灾害发生影响中等	2
对灾害发生影响强烈	3

按照以上标准分别对选取的 32 个样本点进行赋值与统计，统计各评价因子不同贡献数量与贡献总分，统计结果见表 3-96。

表 3-96　黄土陷穴灾害样本贡献打分统计表

因子分类	评价因子	贡献总分	高贡献个数	中等贡献个数	低贡献个数	无贡献个数
地形地貌	地形起伏程度	69	6	25	1	0
	微地貌特征	83	20	11	1	0
	汇水面积	67	9	17	6	0
地质环境	植被覆盖率	9	0	0	9	23
	土体类型	80	16	16	0	0
	土地利用类型	26	0	1	24	7
结构特征	土体厚度	65	6	21	5	0
	黄土湿陷程度	76	12	20	0	0
	土体状态	79	15	17	0	0
变形特征	变形特征	64	6	20	6	0
外部诱发因素	多年平均降雨量	37	0	5	27	0
	地表入渗情况	71	9	21	2	0
	人类工程活动	74	12	18	2	0

（3）敏感性分析。

a. 因子间敏感性分析。

为了客观地评价因子的敏感性,采用贡献率模型对管道沿线黄土陷穴灾害评价因子的敏感性进行分析,该模型结构简单,不受地域限制,能客观反映各评价因子的敏感性大小。该模型是通过统计分析已发生 32 处黄土陷穴对各因子的贡献情况,反映因子的敏感性大小。贡献率模型如下:

$$r_i = \sum_{j=1}^{n} r_{ij} \tag{3-92}$$

$$S_i = \frac{r_i}{\sum_{i=1}^{m} r_i} \tag{3-93}$$

式中, r_{ij}——第 j 灾害样本中第 i 个因子的分值;

n——灾害样本的个数,这里取 32;

r_i——第 i 个因子的贡献总分;

m——地灾评价因子的个数,这里取 13;

S_i——各因子的敏感性值。

通过贡献率模型,可以求取的各因子的敏感性值大小,计算结果见表 3-97。

表 3-97　黄土陷穴灾害评价因子敏感性值统计表

因子分类	评价因子	贡献总分	因子间敏感性值
地形地貌	地形起伏程度	69	0.09
	微地貌特征	83	0.10
	汇水面积	67	0.08
地质环境	植被覆盖率	9	0.01
	土体类型	80	0.10
	土地利用类型	26	0.03
结构特征	土体厚度	65	0.08
	黄土湿陷程度	76	0.10
	土体状态	79	0.10
变形特征	变形特征	64	0.08
外部诱发因素	多年平均降雨量	37	0.05
	地表入渗情况	71	0.09
	人类工程活动	74	0.09

b. 单因子敏感性分析。

在不同地貌单元,不同地质环境条件下,各因子内部的敏感性大小是否收敛,就成了其是否能作为黄土陷穴灾害危险性评价的因子的关键。因此还需要对各因子的内部敏感性进行分析,这里以汇水面积为例介绍分析因子的收敛性。

通过对 32 个样本点统计数据分析显示（表 3-98），在 32 个灾害点样本中，高贡献 9 个；中等贡献仅 17 个；低贡献 6 个。通过图 3-67 可以看出，样本点主要收敛在高贡献与中等贡献区间内，因此汇水面积在黄土陷穴灾害中占据主控地位，是黄土陷穴地质灾害危险性评价不可或缺的评价指标。

通过对各因子内部敏感性分析，13 个备选因子均具有较好的收敛性。

表 3-98　黄土陷穴中汇水面积因子贡献统计

贡献等级	贡献量/个
高贡献个数	9
中等贡献个数	17
低贡献个数	6
无贡献个数	0

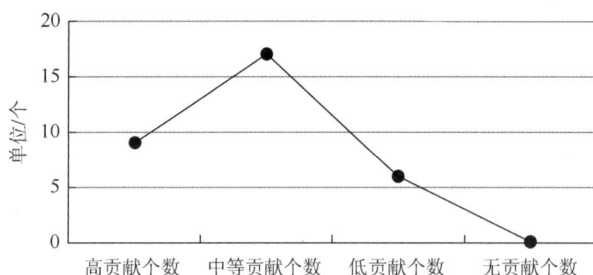

图 3-67　黄土陷穴中地形起伏程度因子贡献分析

（4）黄土陷穴灾害发生概率指标体系的构建。

按照因子敏感性大小，将评价因子划分为三级：高敏感因子，中等敏感因子，低敏感因子，划分标准与结果参见表 3-99，图 3-68。

表 3-99　黄土陷穴灾害评价因子敏感性分级

划分等级	评价因子	贡献率
高敏感因子（敏感值≥0.09）	微地貌特征	0.10
	土体类型	0.10
	土体状态	0.10
	黄土湿陷程度	0.10
	人类工程活动	0.09
	地表入渗情况	0.09
	地形起伏程度	0.09
中等敏感因子（0.09＞敏感值≥0.03）	汇水面积	0.08
	土体厚度	0.08
	变形特征	0.08

续表

划分等级	评价因子	贡献率
中等敏感因子（0.09＞敏感值≥0.03）	多年平均降雨量	0.05
	土地利用	0.03
低敏感因子（敏感值＜0.03）	植被覆盖率	0.01

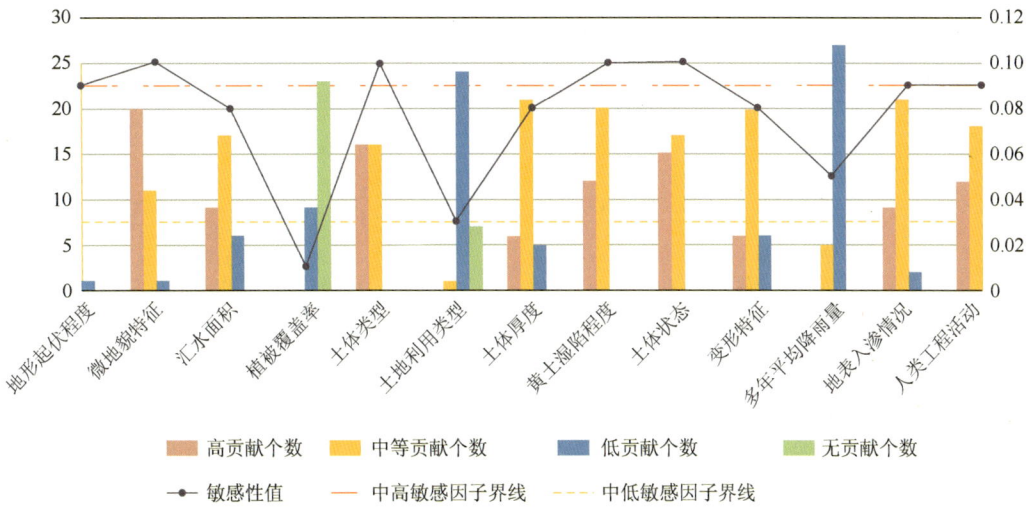

图 3-68　黄土陷穴灾害评价因子贡献率与敏感性分布图

　　低敏感因子在黄土陷穴灾害中占据极其次要的地位，为了便于评价，一般不选作黄土陷穴灾害危险性评价指标。由于野外调查中，某些因子状态是不可基于调查手段获取的，鉴于此，这里将高等、中等敏感因子中不可通过野外调查获取的因子剔除，最终保留地形起伏程度、微地貌特征、汇水面积、土体类型、土地利用类型、土体状态、变形特征、多年平均降雨量等 8 个因子构建单体管道黄土陷穴灾害发生概率指标体系（图 3-69）。

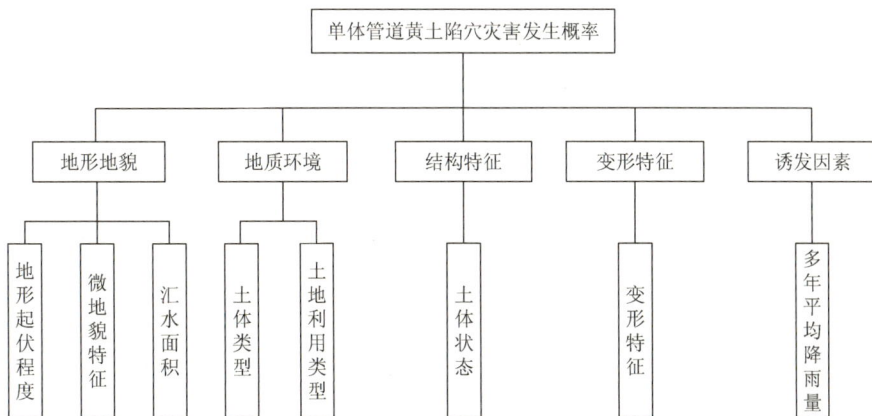

图 3-69　单体管道黄土陷穴灾害发生概率指标体系

（5）黄土陷穴灾害发生概率指标分级与赋值。

为了求取黄土陷穴灾害的发生概率值，需要对各评价指标进行分级，对每种评价指标的每个存在状态进行分级赋值，分数取值1～10，对灾害发生的可能性越有利分值越高。对可量化的评价指标（例如汇水面积、多年平均降雨量）进行定量分级；对可半定量的评价指标（地形起伏程度、微地貌特征、土体类型、土地利用类型、土体状态），根据其指标分类对灾害的贡献情况进行分级赋值；对不可定量的指标（变形特征）进行定性分级赋值。对各指标的分级标准见表3-100。

表3-100　黄土陷穴发生概率指标分级与赋值

评价指标	分级/赋值	评价指标	分级/赋值
地形起伏程度	□地形平缓，起伏小（1、2） □地形较平缓，起伏较小（3、4） □地形起伏中等（5、6） □地形较复杂，起伏较大（7、8） □地形复杂，起伏大（9、10）	微地貌特征	□附近无陡坎（1、2） □凸地形，且附近陡坎<2m（3、4） □平缓地形，且附近陡坎<2m；凸地形，且附近陡坎>2m（5、6） □洼地，且附近陡坎<2m；平缓地形，且附近陡坎>2m（7、8） □洼地，且附近陡坎>2m（9、10）
汇水面积/m²	□≤100（1、2） □100～200（3、4） □200～400（5、6） □400～1000（7、8） □>1000（9、10）	土体类型	□马兰黄土（5、6） □湿陷性黄土状土（7、8） □新近堆积黄土状土（9、10）
土地利用类型	□灌木（3、4） □裸地（5、6） □荒草地（7、8） □旱地（9、10）	土体状态	□很密（1、2） □密实（3、4） □中密（5、6） □稍密（7、8） □松散（9、10）
变形特征	□微弱（1、2） □一般（3、4） □中等（5、6） □强烈（7、8） □非常强烈（9、10）	多年平均降雨量/(mm/a)	□≤200（1、2） □200～300（3、4） □300～400（5、6） □400～500（7、8） □>500/y（9、10）

（6）指标权重的确定。

各指标的权重值可以通过各因子的敏感性值（表3-101）代替，为了计算方便与格式统一，利用式（3-94）对指标权重进行归一化处理。

$$\omega_i = \frac{S_i}{\sum_{i=1}^{m} S_i} \tag{3-94}$$

式中，S_i——各因子的敏感性值；

ω_i——各因子的权重。

m——地灾评价因子个数，这里取13。

表3-101　黄土陷穴发生概率各指标权重

因子	敏感性值 S_i	权重 ω_i
微地貌特征	0.10	0.16
土体类型	0.10	0.16

因子	敏感性值 S_i	权重 ω_i
土体状态	0.10	0.16
地形起伏程度	0.09	0.14
汇水面积	0.08	0.13
变形特征	0.08	0.13
多年平均降雨量	0.05	0.08
土地利用类型	0.03	0.05

（7）黄土陷穴发生概率分级。

黄土陷穴发生的概率分级是在不考虑黄土陷穴治理的情况下,对其发生概率的等级进行划分:

$$P(H)_1 = \frac{\sum_{i=1}^{n} y_i \cdot \omega_i}{a} \tag{3-95}$$

式中, $P(H)_1$——灾害发生概率值;

y_i——第 i 个指标的分值;

ω_i——第 i 个指标的权重;

n——指标个数,取 13;

a——归一化因子,取 10。

对计算的灾害发生概率值进行排序,结合灾害发生概率野外定性判别,对黄土陷穴发生概率等级进行五级划分,划分结果见表 3-102。即高概率取值区间为[0.69, 1];较高概率取值区间为[0.64, 0.69);中等概率取值区间为[0.58, 0.64);较低概率取值区间为[0.50, 0.58);低概率取值区间为[0, 0.50)。

表 3-102 黄土陷穴发生概率等级划分表

灾害发生概率等级	灾害发生概率值区间
高概率	[0.69, 1]
较高概率	[0.64, 0.69)
中等概率	[0.58, 0.64)
较低概率	[0.50, 0.58)
低概率	[0, 0.50)

2）灾害防治效果

黄土陷穴无治理样本统计点,不再进行灾害防治效果分级评价。

3）黄土陷穴危险性评价

黄土陷穴的危险性评价采用黄土陷穴发生概率和黄土陷穴防治效果来评价。因黄土陷穴无治理样本统计点,其危险性评价直接利用黄土陷穴发生概率来评价。

2. 管道易损性评价

黄土陷穴对管道的破坏主要表现为可能导致管道浅埋、局部裸露、悬管或出现较长的悬管导致管道变形，甚至断裂破坏。因此，依据管道易损因素对管道的易损性进行分级，分级标准及分级情况见表 3-103。

表 3-103　黄土陷穴对管道易损性影响因素及易损性分级

易损分级	影响管道的易损性因素	赋值
高易损	发展下去会导致管道裸露，悬空，甚至变形、断裂	（9，10）
较高易损	发展下去会导致管道大面积裸露、悬管	（7，8）
中等易损	发展下去会导致管道局部裸露	（5，6）
较低易损	可能会造成管道的潜埋	（3，4）
低易损	不会对管道造成明显的危害	（1，2）

管道易损性模型：

$$P(V) = \frac{v}{a} \tag{3-96}$$

式中，$P(V)$——管道易损性值；

　　　v——管道易损性的取值；

　　　a——归一化因子，取 10。

3. 黄土陷穴风险概率评价

黄土陷穴灾害风险概率是在综合考虑黄土陷穴灾害的危险性和管道易损性基础之上，对管道所遭受地灾影响程度大小的评价。评价模型如下：

$$P(R) = P(H) \times P(V) \tag{3-97}$$

式中，$P(R)$——黄土陷穴风险概率；

　　　$P(H)$——黄土陷穴的危险性；

　　　$P(V)$——管道的易损性。

对上文计算的黄土陷穴灾害风险概率值进行排序并分级。按黄土陷穴风险概率等级进行五级划分，划分结果见表 3-104。即高风险概率取值区间为[0.60，1]；较高风险概率取值区间为[0.50，0.60）；中等风险概率取值区间为[0.30，0.50）；较低风险概率取值区间为[0.22，0.30）；低风险概率取值区间为（0，0.22）。

表 3-104　黄土陷穴风险概率评价等级划分表

黄土陷穴风险概率等级	黄土陷穴风险概率值区间
高风险概率	[0.60，1]
较高风险概率	[0.50，0.60）
中等风险概率	[0.30，0.50）
较低风险概率	[0.22，0.30）
低风险概率	（0，0.22）

3.4.7.2　管道失效后果

管道失效后果主要参考《油气管道地质灾害风险管理技术规范》，参考采用 W.Kent. Muhlbauer 建立的泄漏影响因子作为失效后果评价参考模型依据，即：

$$E = \text{PH·SP·DI·RC} \tag{3-98}$$

式中，E——管道失效后果损失指数；

PH——产品危害系数，取值范围为 5～10，根据表 3-19 确定；

SP——泄漏系数，取值范围为 1～5，根据表 3-20（输气管道）、表 3-21（输油管道）确定；

DI——扩散系数，取值范围为 1.5～5，根据表 3-22 确定；

RC——破坏系数，即受体，取值范围为 0.5～5.8，根据公式 3-46 确定。

其中危害系数（PH）、泄漏系数（SP）、扩散系数（DI）、破坏系数（RC）等取值和滑坡风险性概率取值相同。

3.7.4.3　黄土陷穴灾害风险评价指标体系

基于指标评分法的管道黄土陷穴灾害风险评价模型由黄土陷穴灾害风险概率和管道失效后果两部分组成，前文已经对黄土陷穴灾害类型的灾害风险概率与管道失效后果评价体系进行了构建，黄土陷穴灾害风险最终通过灾害风险概率和管道失效后果构建的风险矩阵表示风险。最终，构建的管道黄土陷穴灾害风险评价指标体系如图 3-70、图 3-71 所示，风险矩阵如表 3-105 所示。

表 3-105　黄土陷穴风险判别矩阵

后果损失	风险概率				
	低（0，0.22）	较低[0.22，0.3）	中[0.3，0.5）	较高[0.5，0.6）	高[0.6，1]
低[3.75，10）	低	较低	中	较高	高
较低[10，90）	低	较低	中	较高	高
中[90，300）	较低	中	中	较高	高
较高[300，860）	较低	中	较高	较高	高
高[860，1450]	较低	中	较高	高	高

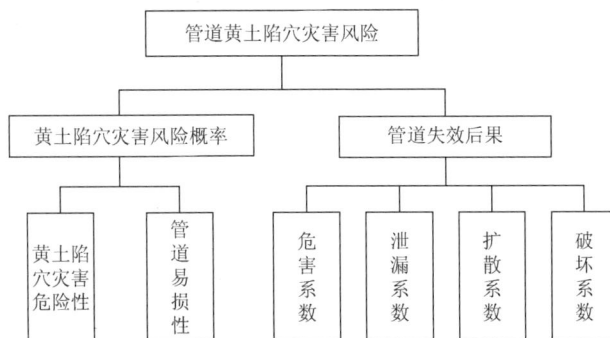

图 3-70　基于指标评分法的管道黄土陷穴灾害定量风险评价体系结构图

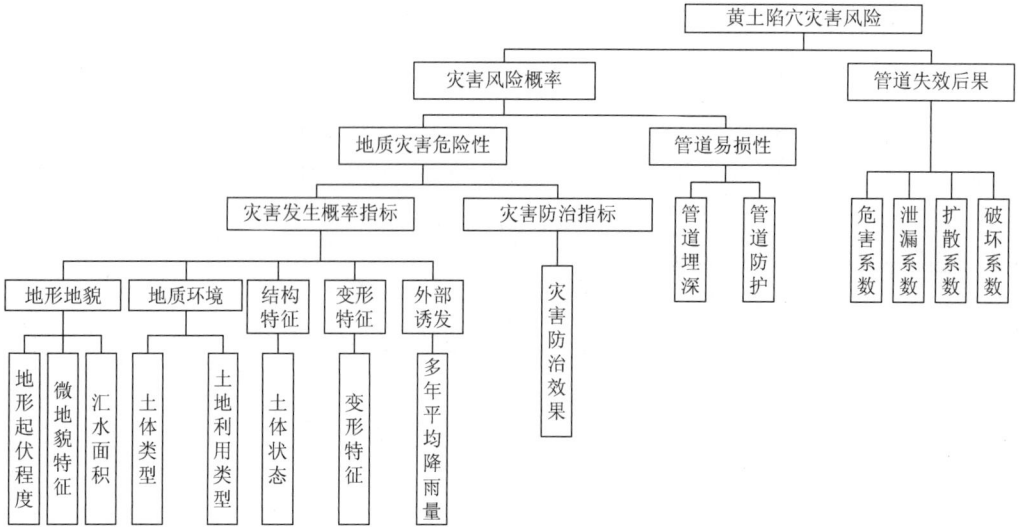

图 3-71　黄土陷穴灾害风险评价指标体系

第4章 区域管道地质灾害风险评价原理与方法

4.1 评价原则与目标

通常情况下,风险评价是指对不良结果或事件发生的概率进行定量描述的过程。或者说,风险评价是对一特定时期内健康、安全、环境、生态等受损伤的可能性大小及程度做出评估的过程。对区域管道地质灾害风险而言,风险评价可以定义为对地质灾害发生的危险性和灾害损失(包括管道因地质灾害破坏泄漏造成的后果损失)的可能性做出的综合性分析评价。它是地质灾害危险性、易损性的组合,灾害的损失不仅包括灾害本身造成的损失,还包括管道因地质灾害破坏而泄漏造成的损失。因此区域管道地质灾害风险要综合考虑危险性与易损性两方面的影响:

$$风险(R) = 危险性(H) \times 易损性(V) \tag{4-1}$$

大量的文献显示,一些国内外研究者未对管道地质灾害风险与管道地质灾害危险性加以区分,很难给人一个清晰的概念,管道地质灾害风险评价的原则、目的不明确,在应用中也容易造成混淆。本书根据地质灾害风险的基本定义对区域管道地质灾害风险评价提出以下基本原则:①对进行管道地质灾害风险性评价的范围进行区域界定,而不是针对某一具体的单体管道地质灾害;②提出明确的区域管道地质灾害风险评价划分标准,并用通俗易懂的文字进行说明;③具备进行区域管道地质灾害危险性评价的基本数据、环境背景资料、技术力量以及管道地质灾害研究的专业知识和经验。

4.2 区域管道地质灾害风险评价理论及评价数学模型

4.2.1 风险评价的思路

1)风险分析

区域管道地质灾害风险分析是管道地质灾害风险评价的初级阶段。其内容包括对评价区是否存在风险进行定性分析,判断是否存在崩塌、滑坡、泥石流和水毁等地质灾害的危险,危险区内是否存在承灾体等。

2)风险评价

经过区域管道地质灾害风险分析阶段后,再根据区域管道地质灾害危险度和承灾体易损度分析结果,采用相应的技术方法对可能存在地质灾害风险的区域、风险的规模、发生风险的可能性(概率),以及风险的分布范围进行定量或半定量的评价。

3)风险区划

合理地对管道区域空间地质灾害的风险类型、分布、灾害的损失程度等做出划分和评价后，确定地质灾害风险等级界线值，将区域管道地质灾害风险分区划分为地质灾害高风险区、较高风险区、中等风险区、较低风险区和低风险区五个不同等级。

4.2.2　风险评价过程中的四个假设

为了评价区域管道地质灾害的风险性，需要明确如下基本问题：①什么区域可能发生何种地质灾害？②地质灾害的危险性如何评估？③地质灾害对管道的易损性如何评价？

只有回答了这些问题，才算真正弄清楚了区域管道地质灾害的风险性。对于一个完整的区域管道地质灾害风险性评价，在此基础上，还要回答如下两个问题：①在何种条件下可能发生地质灾害？②地质灾害发生的频率有多大？

然而要回答这些问题，必然会碰到如下一些障碍：①斜坡破坏空间上的不连续性；②识别控制和影响地质灾害孕育发生的因素、因素之间的相互关系以及因素与地质灾害发生之间的因果关系都十分困难；③缺乏确定地质灾害发生频率所需的历史数据。

因此，作为地质灾害危险性评价、风险评价与区划的基础，通常要做以下四个基本的理想假定来简化评价过程。

（1）地质条件与区域内已有的地质灾害相类似的坡体，更易于发生地质灾害。这是区域管道地质灾害风险性评价的理论前提。它假定在一个区域内部，地质灾害这一地质现象的发生受控于统一的规律，这才使得从探究控制和影响地质灾害发生的因素入手来评价和预测区域管道地质灾害风险性成为可能。同时还假定在某个时间段内，若区域基本地质条件不发生显著的变化，则区内地质灾害未来的演化特征将与过去相同。这使得可以根据过去一定历史阶段的地质灾害发生时间段过程密度去预测未来相应时期内的地质灾害密度。有了此假定，便有可能根据已发生地质灾害区域的工程地质条件来预测其他可能发生地质灾害的区域，但是必须注意，仅当两个区域具有相似的静态工程地质条件和动态作用因素时，其稳定性程度或风险性程度才是可以类比的，当然还需要考虑到两个不同的区域所处的演化发展阶段常常是不相同的。

（2）控制和影响区域管道地质灾害的主要因素条件已认识清楚。没有这一假设，地质灾害风险性评价就变成了一个黑箱问题，风险性评价模型便失去了基础，对区域管道地质灾害进行风险性评价就是一句空话。

（3）风险性程度可以量化表达。风险性程度能够获得准确的数量化表达，这是定量评价的前提。离开这一基本假设，就很难用数学模型定量化评价和表达区域管道地质灾害的风险性。

（4）区域内所有可能的管道地质灾害类型都已清楚。在理想状况下，要求区域内所有可能破坏管道的地质灾害类型都能被识别出来，并可以进行适当的分类。这正是区域（性）管道地质灾害这一概念成立的重要条件之一。

显而易见，在进行风险性评价时，无论采用何种评价模型和方法，评价结果的正确性都依赖于这些假定本身的正确性。对于区域管道地质灾害风险性评价这一复杂的问题，这些假定是必须的，因而现今条件下，任何区域管道地质灾害风险性评价模型都是理想的近似，得出的评价结果只能是一个概略的综合。认识到这一点，就不难理解区域管道地质灾害风险性评价结果不可能完全符合实际的根本原因。

4.2.3　风险评价的任务及步骤

1. 风险评价的任务

风险评价实际上只是对时间进程中的某一瞬间的风险场景进行评定和估计。完整的风险评价需要回答如下三个问题：①什么会恶化？②灾害发生的可能性如何？③其灾害后果是什么？

回答了以上三个问题，其风险大小也就确定了。

2. 风险评价的步骤

（1）根据风险评价的目的和评价区域的具体条件以及参评灾种的类型，构建管道环境地质灾害风险评价系统，建立指标体系和评价模型，确定风险分区原则和评价方法。

（2）根据危险性构成、易损性构成，进行危险性分析、易损性分析，在此基础上，进行期望损失分析。

（3）综合管道环境地质灾害可能造成的经济损失、人口伤亡以及资源环境破坏作用，进行综合风险评价。

4.2.4　风险评价的方法

风险评价始于 20 世纪 30 年代的美国保险业，经过 70 多年的发展和完善，现已形成了很多关于风险评价的理论、方法和应用统计。据统计，目前各行各业使用的风险评价方法有三四十种，总的说来，这些方法可分为三大类：定性风险评价、半定量风险分析和定量风险分析，其中，半定量风险分析评价方法是目前被各行业公认的一种普遍实用的风险评价方法。

石油行业中的油气管道风险评价经历 30 多年的发展，现已拥有了较为完善的风险评价方法，较为常用的有以下几种。

1）主观评分法

主观评分法是一种定性描述定量化方法，充分利用了专家的经验等隐性知识。首先根据评价对象选定若干个评价指标，再根据评价项目可能的结果制订出评价标准，聘请若干专家组成专家小组，各专家按评价标准凭借自己的经验给出各指标的评价分值，然后对其进行结集。可采用以下评分方法：①加法评价型。将专家评定的各指标的得分相加求和，按总分表示评价结果。②功效系数法。由各专家对不同的评价指标分别给出不同的功效系数，逐步由多目标转化为单目标，最终得出评价对象的评价结果。③加权评价型。各专家依照评价指标的重要程度对评价对象中的各项指标给予不同的权重，对各因素的重要程度做区别对待。

2）数理统计方法

主要的数理统计方法有聚类分析、主成分分析、因子分析等。聚类分析是根据"物以类聚"的道理将个体或对象进行分类的一种多元统计方法，聚类分析使得同一类中的对象之间的相似性比其他类的对象的相似性强。主要成分分析也称主分量分析，是利用降维的思想，在保证损失很少信息的情况下把多指标转化为少数的几个综合指标的统计方法。因子分析也是利用降维的思想，根据相关性大小把原始变量分组，使得每组内的变量之间相关性较高而不同组间的变量相关性较低，这样以少数几个因子反映原变量的大部分信息。

3）模糊综合评价法

在综合评价中，将模糊数学理论和综合评价的基本思路结合起来，称为模糊综合评价法。模糊综合评价法的基本原理是考虑与被评价对象相关的多种因素，以模糊数学为理论基础进行综合评价。利用模糊数学的方法对那些不能直接量化的指标在模糊定性评判的基础上进行定量，并且利用汇总求和的方法，即要根据评价者对评价指标体系末级指标的模糊评判信息，运用模糊数学运算方法对评判信息从后向前逐级进行综合，直至得到以隶属度表示的评判结果，并根据隶属度确定被评对象的评定等级。

（1）模糊综合评价模型的确定。

根据模糊数学理论，模糊综合评判可用 $\boldsymbol{A}\cdot\boldsymbol{R}=\boldsymbol{B}$ 型模式描述。式中，$\boldsymbol{A}$ 为输入，即参评因子权重集，是一个 $1\times m$ 阶行矩阵（m 为参评因子总数）；$\boldsymbol{R}$ 为模糊变换器，即由各单因子评价行矩阵组成 $m\times n$ 阶模糊关系矩阵（n 为评价级别数）；$\boldsymbol{B}$ 为输出，即为综合评价结果，称为评价矩阵，为一个 $1\times n$ 阶行矩阵。

具体来说，评判过程就是一种模糊变换，一种输入和输出之间的变换，见式（4-2）：

$$\boldsymbol{B}=\boldsymbol{A}\times\boldsymbol{R}=(b_1,b_2,\cdots,b_n)$$

$$=(a_1,a_2,\cdots,a_m)\cdot\begin{bmatrix} r_{11} & r_{12} & \cdots & r_{1n} \\ r_{21} & r_{22} & \cdots & r_{2n} \\ \vdots & \vdots & \vdots & \vdots \\ r_{m1} & r_{m2} & \cdots & r_{mn} \end{bmatrix} \tag{4-2}$$

模糊综合评判的过程可用图 4-1 所示的框图表示。

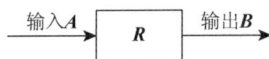

图 4-1　模糊综合评判过程图

$$\boldsymbol{A}\cdot\boldsymbol{R}=\boldsymbol{B} \tag{4-3}$$

进行 $\boldsymbol{A}$、$\boldsymbol{R}$ 复合运算的算子很多，但常见的主要有以下几种初始模型：

第 I 型：M(•,+) ——加权平均（一）型

$$b_j=\sum_{i=1}^{n} a_i \wedge r_{ij} \tag{4-4}$$

式（4-4）中，j 为 $\boldsymbol{R}$ 和 $\boldsymbol{B}$ 的列号；n 为评价因子数目（下同）；• 和 + 分别为普通实数的乘法和加法；权系数 a_i 的和满足 $\sum\limits_{i=1}^{m} a_i=1$。此模型在算法上相当于普通矩阵相乘。

第Ⅱ型：M(∧,∨)——主因素决定型

$$b_j = \bigvee_{i=1}^{n}(a_i r_{ij}) = \max\{\min(a_i, r_{ij})\} \tag{4-5}$$

第Ⅲ型：M(•,∨)——主因素突出（一）型

$$b_j = \bigvee_{i=1}^{n}(a_i r_{ij}) = \max\{a_1 r_{1j}, a_2 r_{2j}, \cdots, a_n r_{nj}\} \tag{4-6}$$

第Ⅳ型：M(∧,⊕)——主因素突出（二）型

$$b_j = \min\left\{1, \sum_{i=1}^{n}\min(a_i, r_{ij})\right\} \tag{4-7}$$

第Ⅴ型：M(•,⊕)——加权平均（二）型

$$b_j = \min\left\{1, \sum_{i=1}^{n}a_i \cdot r_{ij}\right\} \tag{4-8}$$

当权数归一化后，第Ⅴ型等同于第Ⅰ型。

以上各种模型，各有优缺点及适用范围。

a. 主因素决定型（Ⅱ型）：评判结果只取决于在总评价中起主要作用的那个因素，其余因素均不影响评价结果，此模型较适用于单项评判最优的情况，这在一定程度上就失去了综合评判的意义。不能很好地反映实际情况。

b. 主因素突出型（Ⅲ、Ⅳ型）：重点考虑主因素的作用，也考虑了次要因素的影响，评价结果较单一，较主因素决定型好。但是在权值 a_i 过大或者过小时，某种单因素就起决定作用或者其评价信息全部消失，也失去了综合评判的意义。

c. 加权平均型（Ⅰ、Ⅴ型）：在评价时既考虑了主要因素的作用，也考虑了次要因素的影响，避免了上述两种类型的不足，评判结果相对较准确、合理。

因此，在下面的环境地质质量评价中，运算模型均采用加权平均型。为了简单明了，权数均进行归一化处理，具体计算时均采用加权平均（一）型，即 M(•,+)。

（2）隶属度的确定。

设 $U = \{u_1, u_2, \cdots, u_m\}$ 为评价因素集，$V = \{v_1, v_2, \cdots, v_n\}$ 为危险性等级集。评价因素论域和危险性等级论域之间的模糊关系用矩阵 $\boldsymbol{R}$ 来表示：

$$\boldsymbol{R} = \begin{bmatrix} r_{11} & r_{12} & \cdots & r_{1n} \\ r_{21} & r_{22} & \cdots & r_{2n} \\ \vdots & \vdots & \vdots & \vdots \\ r_{m1} & r_{m2} & \cdots & r_{mn} \end{bmatrix} \tag{4-9}$$

式（4-9）中，$r_{ij} = \mu(u_i, v_j)(0 \leqslant r_{ij} \leqslant 1)$，表示就因素 u_i 而言被评为 v_j 的隶属度；矩阵 $\boldsymbol{R}$ 中第 i 行 $\boldsymbol{R}_i = (r_{i1}, r_{i2}, \cdots, r_{in})$ 为第 i 个评价因素 u_i 的单因素评判，它是 V 上的模糊子集。

隶属度的确定实际上是单因素评判问题，评价因素根据其特征可以分为定性和定量因素。这里认为定量因素的数据为实数，定性因素的数据特征为特征状态。对于实数型定量因素，采用梯形型隶属函数来确定评价因素对危险性等级的隶属度；对于特征状态型的定性因素，采用专家经验法、德尔菲法等方法确定评价因素对环境地质灾害危险性等级的隶属度。

（3）权重的确定。

确定各评价因素在评价中所起作用的大小或重要程度（权值）有多种方法。如专家直接经验法、调查统计法、数理统计法、层次分析法等。由于地质环境系统的复杂性、不可逆性和模糊性，用精确的数学模型来求取评价因素的权重难度很大，有时对地质环境系统分析不够时，过分相信定权的数学模型反而使权重不尽合理，而有时根据专家的经验判断其结论还较为可靠。但各因素重要程度受专家们的主观因素影响太大，从而影响其科学性。特别是当专家都认为其中一个因素是重要的，而其他因素权重为 0 时，在评价过程中则会夸大这一个因素而忽略了其他因素的影响。为了弱化该影响，可以采用美国著名运筹学家A.L.Satty 在 20 世纪 70 年代初提出的层次分析法来确定指标权值。

（4）二级模糊综合评判。

国内已有不少成功运用二级模糊综合评判的例子，其最大的好处在于分层次评价与人脑的思维方式吻合，特别是各个子目标下的因素指标相对较少，便于比较，这样便大幅度降低了确定权重和隶属度的难度。而子目标的分划也不是容易的事情，往往无法保证各子目标所对应的因素指标完全独立。

二级模糊综合评判的数学原理和方法与一级模糊综合评判完全相同，即分别对各级运用一次模糊综合评判，然后将计算结果作为已知值，再对上一级进行模糊评判运算，其评判过程如图 4-2 所示，此处不再赘述。

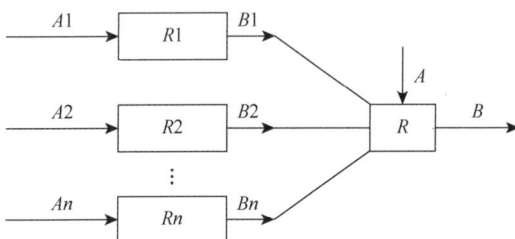

图 4-2　二级模糊综合评判过程图

4）神经网络评价法

神经网络是模拟生物的神经系统进行数据挖掘的一种常用算法。通过对已知样本的学习，从中获得评价专家的经验知识、主观判断等协调能力，网络便可模拟评价专家的经验知识和直觉思维，进行对未知样本的评价。神经网络通过学习能使输出结果与期望输出结果近似，具有很强的学习和自适应能力。神经网络技术的优势在于不依赖于变量之间必须相互独立或线性相关的假设即可做出评价。但该方法需要大量的历史数据作为学习样本，且评价结果与样本的选择有很大关系，同时训练过程易进入局部极小点，评价工作的具体行为还不完善。

5）基于 GIS 多因子综合评价法

基于 GIS 多因子综合评价法采用基于 GIS 多因子综合叠加模型，即风险（R）= 危险性（H）×易损性（V），其中地质灾害危险性、易损性评价采用基于 GIS 多因子综合叠加模型，其计算公式如下：

$$H = \omega_i \cdot h_i \qquad\qquad (4\text{-}10)$$

$$V = \omega_j \cdot v_j \qquad\qquad (4\text{-}11)$$

式中，H——地质灾害危险值；

　　　ω_i——第 i 个危险性评价指标的权重；

　　　h_i——第 i 个危险性评价指标的状态值；

　　　V——管道地质灾害的易损值；

　　　ω_j——第 j 个易损性评价指标的权重；

　　　v_j——第 j 个易损性评价指标的状态值。

在基于 GIS 多因子综合叠加模型的基础上，利用栅格计算器将获取到的地质灾害危险性、易损性各指标与其对应的权重进行加权计算，然后综合两方面的评价成果，最终完成区域管道地质灾害风险值计算。

4.3　区域管道地质灾害危险性评价

区域管道地质灾害危险性评价是通过相关的现代技术方法，建立评价指标系统，选择可靠的评价模型，对区域管道地质灾害环境因素组成的本底条件进行量化处理，评价和分析其可能对管道地质灾害发育做出的贡献。区域管道地质灾害危险性评价是提出危险性判别标准，对区域内管道地质灾害危险性进行定性或半定量的等级划分，并评价区域管道地质灾害的发展趋势。区域管道地质灾害危险性评价是在区域划分的基础上对管道沿线地质灾害现状进行评价，对区域内引发或加剧的地质灾害以及管道本身可能遭受地质灾害的危险性进行评估，划分地质灾害危险区，提出地质灾害防治建议，做出针对管道危险性的适宜性评价结论，为管道工程维护提供防灾、减灾依据。本书从基于 GIS 多因子综合评价法出发，采用风险（R）= 危险性（H）× 易损性（V）的区域管道地质灾害风险性评价模型，探究我国管道地质灾害的风险性，旨在为区域管道地质灾害风险性评价提供参考。

4.3.1　危险性评价分区

由于油气管线线路较长（特别是国家干线），经常穿越不同地貌单元，同一地貌单元内地质环境条件、地质灾害发育类型与特征往往具有相似性，按照“区内相似、区际相异”的原则，按地貌单元的不同进行地质灾害危险性评价分区。

根据地形条件可以将我国划分为东部低山平原、东南低中山地、北部高中山平原盆地、西南中高山地、青藏高原五个一级地貌区域。其中东部低山平原又分为三江低平原、长白山中低山地、鲁东低山丘陵、小兴安岭低山、松辽低平原、燕山-辽西中低山地、华北华东低平原、宁镇平原丘陵八个二级地貌区域；东南低中山地分为浙闽低中山、淮阳低山、长江中游平原低山、贵湘赣中低山地、粤桂低山平原、台湾平原山地六个二级地貌区域；北部高中山平原盆地分为大兴安岭中山、山西中山盆地、内蒙古中平原、河套鄂尔多斯中平原、黄土高原、新甘中平原、阿尔泰山高中山、准噶尔低盆地、天山高山盆地、塔里木盆地十个二级地貌区域；西南中高山地分为秦岭大巴山高中山、鄂黔滇中山、四川低盆地、川西南滇中中高山盆地、滇西南高中山五个二级地貌区域；青藏高原分为阿尔金山祁连山高山山原、柴达木-黄湟高中盆地、昆仑山极大/大起伏极高山/高山、横断山极大/大起伏高山、江河上游中/大起伏高山谷地、江河源丘状高山原、羌塘高原湖盆、喜马拉雅山极大/大起伏极高山/高山、喀喇昆仑山大/极大起伏极高山九个二级地貌区域。二级地貌区域又可以细分为多个三级地貌区域，详见表4-1。

表4-1　中国主要地貌及分布

编号	一级地貌单元	二级地貌单元
Ⅰa	东部低山平原	三江低平原
Ⅰb		长白山中低山地
Ⅰc		鲁东低山丘陵
Ⅰd		小兴安岭低山
Ⅰe		松辽低平原
Ⅰf		燕山-辽西中低山地
Ⅰg		华北、华东低平原
Ⅰh		宁镇平原丘陵
Ⅱa	东南低中山地	浙闽低中山
Ⅱb		淮阳低山
Ⅱc		长江中下游平原、低山
Ⅱd		贵湘赣中低山地
Ⅱe		粤桂低山平原
Ⅱf		台湾平原山地
Ⅲa	北部高中山平原盆地	大兴安岭中山
Ⅲb		山西中山盆地
Ⅲc		内蒙古中平原
Ⅲd		河套、鄂尔多斯中平原
Ⅲe		黄土高原
Ⅲf		新甘中平原
Ⅲg		阿尔泰山高中山
Ⅲh		准噶尔低盆地
Ⅲi		天山高山盆地
Ⅲj		塔里木盆地
Ⅳa	西南中高山地	秦岭大巴山高中山
Ⅳb		鄂黔滇中山
Ⅳc		四川低盆地
Ⅳd		川西南、滇中中高山盆地
Ⅳe		滇西南高中山

编号	一级地貌单元	二级地貌单元
Ⅴa		阿尔金山祁连山高山山原
Ⅴb		柴达木-黄湟高中盆地
Ⅴc		昆仑山极大/大起伏极高山/高山
Ⅴd		横断山极大/大起伏高山
Ⅴe	青藏高原	江河上游中/大起伏高山谷地
Ⅴf		江河源丘状高山原
Ⅴg		羌塘高原湖盆
Ⅴh		喜马拉雅山极大/大起伏极高山/高山
Ⅴi		喀喇昆仑山大/极大起伏极高山

以西南管道为例，评价区域途径云南、贵州、广西、四川、重庆、陕西、甘肃、宁夏 8 个省区市，地形地貌复杂多样，跨越中国地形的三个阶梯。气象复杂多变，穿越区涉及黄河流域、长江流域、珠江流域以及澜沧江流域、怒江流域。地质条件变化复杂，岩土体类型种类繁多，地质灾害发育种类多样。主要分布有滑坡、崩塌（危岩）、泥石流、水毁（坡面、河沟道、台田地）、黄土陷穴和潜在不稳定斜坡等八种灾害类型，分析显示在不同地貌单元地质灾害分布类型与数量有所不同（表 4-2、表 4-3、图 4-3、图 4-4）。

表 4-2　各管道不同地貌单元地质灾害分布类型与数量统计表

管道	一级地貌单元	灾害类型							
		滑坡	崩塌	泥石流	坡面水毁	河沟道水毁	台田地水毁	黄土陷穴	潜在不稳定斜坡
兰成渝	黄土高原	2	7		3	26	1	16	1
	秦岭大巴山高中山	16	136	1	6	40	1		3
	四川盆地	5	1		14	49	83		2
兰郑长（甘肃段）	黄土高原	2		5	8	37	22	35	
中贵	黄土高原	1			22	11		1	
	秦岭大巴山高中山	7	4		9	14			2
	四川盆地	3			36	5	11		5
	鄂黔滇中山	3			24	2	1		2
兰成	黄土高原	1			15	4	1	16	1
	秦岭大巴山高中山	12	8		16	21			4
	四川盆地	4			4	3			
中缅	滇西南高中山	12	1	1	10	8			
	川西南、滇中中高山盆地	15	1	1	29	12			
	鄂黔滇中山				23	3			1
	粤桂低山平原				27	5			

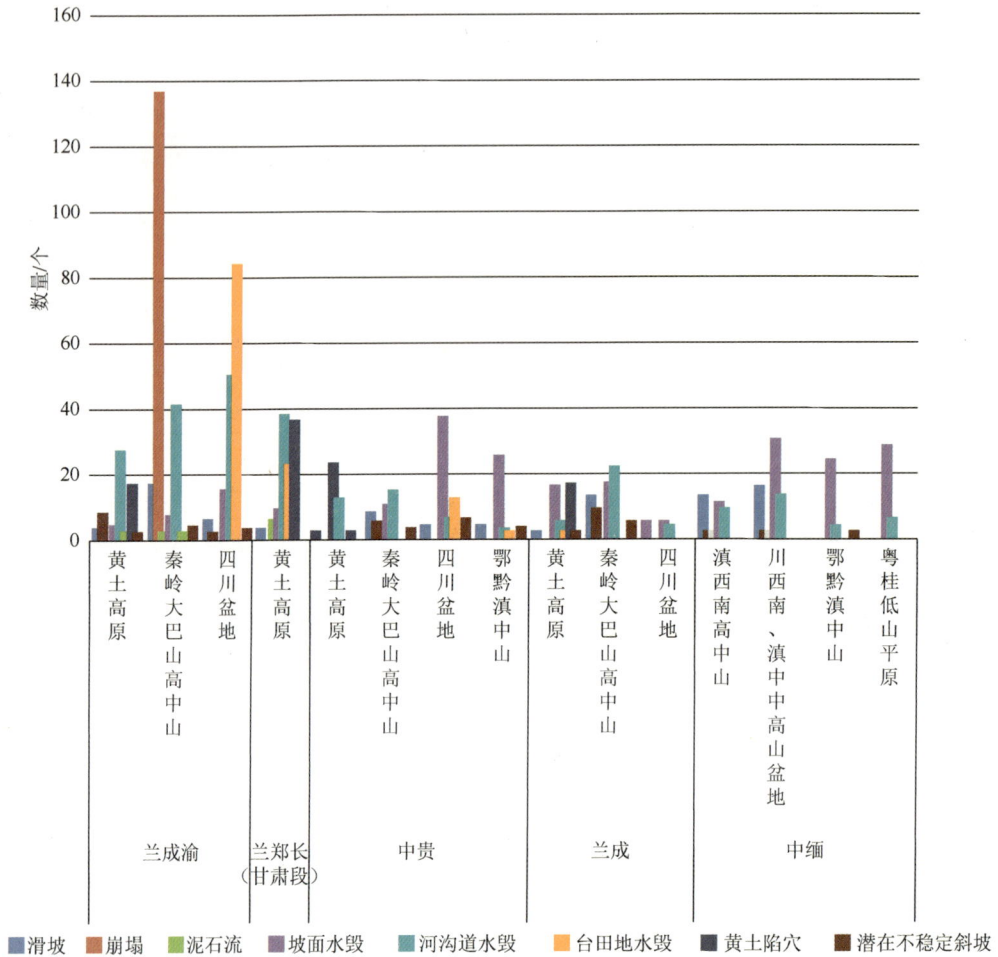

图 4-3　各管道不同地貌单元地质灾害分布类型与数量统计图

表 4-3　不同地貌单元地质灾害分布类型与数量汇总表

一级地貌单元	滑坡	崩塌	泥石流	坡面水毁	河沟道水毁	台田地水毁	黄土陷穴	潜在不稳定斜坡
黄土高原	6	7	5	48	78	24	68	2
秦岭大巴山高中山	35	148	1	31	75	1	0	9
四川盆地	12	1	0	54	57	94	0	7
鄂黔滇中山	3	0	0	47	5	1	0	3
滇西南高中山	12	1	1	10	8			
川西南、滇中中高山盆地	15	1	1	29	12			
粤桂低山平原				27	5			

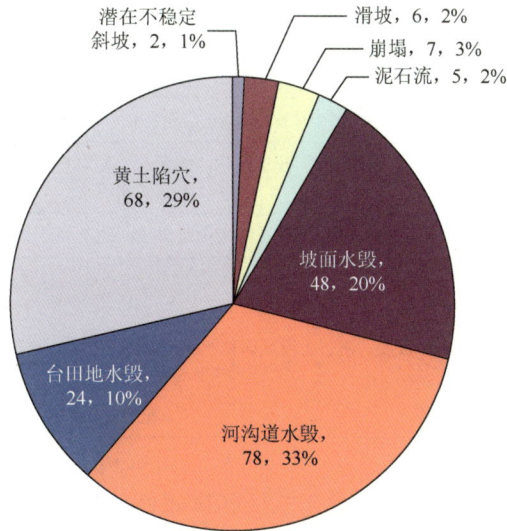

图 4-4　不同地貌单元地质灾害分布类型与数量汇总

　　根据表 4-4 分析，管道评价区穿越多种地貌单元，不同地貌单元地质灾害类型有所不同，因此，需要按照地貌单元的不同分类进行危险性评价。

表 4-4　不同地貌单元发育的主要地质灾害类型

一级地貌单元	主要灾害类型
黄土高原	河沟道水毁、黄土陷穴、坡面水毁、台田地水毁
秦岭大巴山高中山	崩塌、河沟道水毁、滑坡、坡面水毁
四川盆地	台田地水毁、河沟道水毁、坡面水毁、滑坡
鄂黔滇中山	坡面水毁、河沟道水毁
滇西南高中山	滑坡、坡面水毁、河沟道水毁
川西南、滇中中高山盆地	坡面水毁、滑坡、河沟道水毁
粤桂低山平原	坡面水毁、河沟道水毁

4.3.2　危险性评价因子

　　地形地貌、岩土体工程地质特征、人类工程活动强度及降水是地质灾害危险性评价的重要影响因素，但对于不同地貌单元，不同因素对管道地质灾害的危险性影响程度不同。因此，需要根据不同地貌单元综合考虑现有数据与 GIS 技术功能的局限性，分析每种地貌单元发育的主要灾害类型，再结合单体地质灾害危险性评价指标体系，选取主要因子和次要因子。

　　以西南管道为例，根据管道沿线地质灾害分布与发育特征，结合单体地质灾害影响因子研究成果，综合考虑现有数据与 GIS 技术功能的局限性，根据地貌单元的不同，最终选取的评价因子见表 4-5。

表 4-5 危险性评价因子

一级地貌单元	危险性评价因子
黄土高原	坡度、高差、流域面积、24h 最大降雨量、地表水、土地利用类型、多年平均降雨、灾害点密度
秦岭大巴山高中山	坡度、地质构造、地震烈度、流域面积、地表水、人类工程活动、24h 最大降雨量、岩土类型、灾害点密度
四川盆地	坡度、高差、流域面积、24h 最大降雨量、地表水、土地利用类型、灾害点密度
鄂黔滇中山	坡度、高差、流域面积、24h 最大降雨量、地表水、灾害点密度
滇西南高中山	
川西南、滇中中高山盆地	
粤桂低山平原	

评价因子权重是根据单体地质灾害影响因子敏感性值换算得来的,分析各地貌单元中主要灾害的各因子的敏感性值,通过均值处理,得到评价单元因子的敏感性值,最终通过归一化处理,得到各评价因子的权重(表 4-6~表 4-9)。

表 4-6 黄土高原区评价因子权重的确定

危险性评价因子	敏感性				敏感性均值	权重
	河沟道水毁	黄土陷穴	坡面水毁	台田地水毁		
坡度	1.353	0.937	2.730		1.673	0.131
高差		1.413	1.550	1.263	1.409	0.110
流域面积	2.891	0.730	1.230		1.617	0.126
24h 最大降雨量	0.958	1.466	2.950	2.763	2.034	0.159
地表水	2.891		1.070	1.100	1.687	0.132
土地利用类型		1.635		1.825	1.730	0.135
多年平均降雨		0.978			0.978	0.076
灾害点密度	1.160	2.381	1.880	1.225	1.662	0.130

注: 灾害点密度的敏感性值是根据评价指标体系中变形特征里最高敏感因子的敏感值代替得来的

表 4-7 秦岭大巴山高中山区评价因子权重的确定

危险性评价因子	敏感性				敏感性均值	权重
	崩塌	河沟道水毁	滑坡	坡面水毁		
坡度	2.920	1.353	2.688	2.730	2.423	0.126
地质构造	1.970				1.970	0.102
地震烈度	2.770		1.938		2.354	0.122
24h 最大降雨量	2.310	0.958	2.859	2.950	2.269	0.118
流域面积		2.891		1.230	2.061	0.107
地表水		2.891		1.070	1.981	0.103

续表

危险性评价因子	敏感性				敏感性均值	权重
	崩塌	河沟道水毁	滑坡	坡面水毁		
人类工程活动	1.930		2.141	2.580	2.217	0.115
岩土类型	2.970	2.529	2.344	2.310	2.538	0.132
灾害点密度	1.060	1.160	1.703	1.880	1.451	0.075

表 4-8　四川盆地评价因子权重的确定

危险性评价因子	敏感性				敏感性均值	权重
	台田地水毁	河沟道水毁	坡面水毁	滑坡		
坡度		1.353	2.730	2.688	2.257	0.172
高差	1.263		1.550		1.407	0.107
流域面积		2.891	1.230		2.061	0.157
24h 最大降雨量	2.763	0.958	2.950	2.859	2.383	0.182
地表水	1.100	2.891	1.070		1.687	0.129
土地利用类型	1.825				1.825	0.139
灾害点密度	1.225	1.160	1.880	1.703	1.492	0.114

表 4-9　鄂黔滇中山、西南高中山、川西南、滇中中高山盆地、粤桂低山平原评价因子权重的确定

危险性评价因子	敏感性			敏感性均值	权重
	坡面水毁	河沟道水毁	滑坡		
坡度	2.730	1.353	2.688	2.257	1.191
高差	1.550			1.550	0.000
流域面积	1.230	2.891		2.061	0.000
24h 最大降雨量	2.950	0.958	2.859	2.256	1.267
地表水	1.070	2.891		1.981	0.000
灾害点密度	1.880	1.160	1.703	1.581	1.077

4.3.3　危险性评价模型

在进行区域管道地质灾害危险性评价过程中，有很多种数学模型可以选择。每种数学模型本质的不同就在于对评价因子的选择以及对评价因子的权重确定上。因此可以将区域管道地质灾害危险性评价模型归结为多因子综合因素评判模型。

该模型是在综合考虑各评价因子的分级及权重的基础之上，计算每个评价栅格单元的危险度值来表示地质灾害危险性，其计算见式（4-12）：

$$H = \sum_{i=1}^{n} \omega_i \cdot h_i \qquad (4\text{-}12)$$

式中，H——评价栅格单元的危险度值；

　　　h_i——第 i 个评价因子的赋值；

　　　ω_i——第 i 个评价因子的权重；

　　　n——评价因子的个数。

评价模型中选用栅格单元作为评价单元，评价单元是进行评价的基本单位，可以是不规则的图元，也可以是规则的图元。对地理空间数据区划而言，评价单元有规则格网单元、行政区划单元和自然区单元。应根据数据的精度选择不同的基本评价单元。

4.4　区域管道地质灾害易损性评价

灾害的危害程度高低（风险度）一方面取决于致灾体（风险源）条件，另一方面取决于受灾体（受险对象）条件。对受灾体遭受破坏概率的大小和发生损毁的难易程度的分析评价，即易损性分析。受险对象的易损性是相对于风险源而言的，某风险对象相对于某风险源的易损性是该风险源与该受险对象相互作用水平的度量。例如某管段位于一滑坡冲击影响范围之外，即使滑坡的危险性很高，其风险值也是 0，即不存在风险。某受险对象的易损性水平与风险源的种类和强度、受险对象的结构和功能、风险源及受险对象的时空配置关系以及人类社会的综合防减灾能力都有联系。例如相对于一个可能的泥石流而言，有稳管结构的管道和无稳管结构的管道相对于该泥石流的易损性是不同的，前者较后者的易损性小得多；同样，管道位于泥石流流通区和位于泥石流形成区，其易损性也是不同的，相对来说后者的易损性要小得多。

管道输送的石油、天然气是高压力易燃易爆物品，在运输过程中，管道在各种环境地质灾害（如洪水掏切、滑塌蠕滑变形、泥石流冲击以及采空塌陷的弯剪作用等）的作用下，往往会发生两种情形，一是管道盖层变薄，造成管道裸露和破裂；二是斜坡变形或地面塌陷，造成管道变形和断裂。管道地质灾害的易损性主要包括直接损失和间接损失。直接损失主要指管道的破裂及油气泄露造成的损失；间接损失主要是指事故对沿线居民的人身财产及环境的危害。可能发生的最为严重的事故是管道破裂后短时间内大量油气的泄漏聚集，遇明火发生燃烧和爆炸，特别是城镇聚集区，其危害更大。

油气泄漏后对周围环境的影响是有所不同的。例如油管道泄漏后对周围水体的影响是非常大的，而气管道对水体的污染可以忽略；再如油管道与气管道的扩散速度不同，故影响半径也不同。因此，地质灾害的易损性需要根据管道输送介质的不同分类评价。

4.4.1　易损性评价因子

分析不同介质管道泄漏后对周围人口、道路、环境等造成的影响，综合考虑现有数据与 GIS 技术功能的局限性等条件，根据输送介质的不同，最终选取的评价因子见表 4-10。

表 4-10　易损性评价因子

管道类型	易损性评价因子
输油管道	人口、道路、河流、坡度、土地利用类型
输气管道	人口、道路、坡度

注：坡度用来表示管道泄漏后，输送介质的扩散容易程度

　　不同类型灾害的致灾方式不同，滑塌灾害以蠕滑变形为主，埋深对其影响很小，主要的影响因素为管道的位置，故选取管道位置、工程措施作为管道易损性的评价主要指标；泥石流由于本身具有分区性质，而且各区的动力破坏条件差异很大，以冲切和冲击为主，管道位置和管道埋深对其影响都很大，为此选取管道埋深、管道位置和工程措施作为管道易损性评价主要指标；采空塌陷更多的是塌陷变形，位于不同位置的管道因塌陷程度不一，管道的损毁程度也不一，为此选取管道位置作为其易损性评价主要指标。

　　评价因子权重是根据各主要评价指标及易损性影响因子敏感性程度确定的，可通过专家直接打分，得到各评价因子的权重。

　　对于区域管道易损性评价因子的选取，由于管道长度不同，其选取比例也有差异，在实际应用中，应综合考虑。但最主要的是考虑管道经过地区所经历的长度。例如，当管道与河流平行时，在区域评价中就比横穿河流时造成的危害小。因此，在对区域管道易损因子的评价中，应结合管道经过地区的发展规划确定。同时，在进行易损性评价时，对人口聚集点（如重点学校区域等）宜按照点的个数调整权重比。

4.4.2　易损性评价模型

　　易损性评价模型可采用多因子综合评判模型，该模型是在综合考虑各评价因子的分级及权重的基础之上，计算每个评价栅格单元的易损度值来表示地质灾害易损性，其计算公式如下：

$$V = \sum_{i=1}^{n} \omega_i \cdot v_i \qquad (4\text{-}13)$$

式中：V——评价栅格单元的危险度值；

　　　　v_i——第 i 个评价因子的赋值；

　　　　ω_i——第 i 个评价因子的权重；

　　　　n——评价因子的个数。

　　需要说明的是，在区域管道易损性评价模型中，应以地貌单元来控制栅格单元的选取，同时，栅格大小应结合工作程度进行分级，要求的原则是在同一栅格单元中，尽可能将主要的评价因子包括进去。这一栅格单元应在调查基础上不断进行调试，一般以 1km 正方单元为宜，其他可选 2km 正方单元，但由于管道的带状特点，超过 2km 单元，建议宽度都以 1km 为宜。

4.5 区域管道地质灾害风险评价

4.5.1 风险评价模型

区域管道地质灾害的风险程度可用风险性指数 R 来表示，风险性指数越高，潜在风险性就越大。区域管道地质灾害是地质灾害危险性、易损性的组合，灾害的易损不仅包括灾害本身造成的损失，还包括管道因地质灾害破坏而泄漏造成的后果损失。因此区域管道地质灾害风险要综合考虑危险性与易损性两方面的影响，区域管道地质灾害风险评价模型可采用式（4-1）。

地质灾害危险性、易损性评价采用基于 GIS 多因子综合叠加模型，其计算公式如下：

$$H = \omega_i \cdot h_i \tag{4-14}$$

$$V = \omega_j \cdot v_j \tag{4-15}$$

式中，H——地质灾害危险值；

ω_i——第 i 个危险性评价指标的权重；

h_i——第 i 个危险性评价指标的状态值；

V——管道地质灾害的易损值；

ω_j——第 j 个易损性评价指标的权重；

v_j——第 j 个易损性评价指标的状态值。

评价以管道为中心线，管道两侧一定范围作为评价区，采用正方形栅格格网单元作为管道地质灾害风险评价的最小单元，将区内划分成多个评价单元。

4.5.2 风险评价因子

管道途经各个不同地貌单元，分析显示在不同地貌单元地质灾害分布类型与数量有所不同，因此，地质灾害危险性评价指标需要按照地貌单元的不同分别构建。而易损性评价指标体系仅仅代表了地质灾害破坏和损害的敏感性，而非地质灾害本身，因此评价因子可以统一选取，最终构建了地质灾害风险评价指标体系。以黄土高原地貌区为例，坡度、高差、流域面积、24h 最大降雨量对地质灾害的发育影响较为明显；而对于秦岭大巴山高中山地貌区，宜选取坡度、地质构造、地震烈度等作为地质灾害风险评价主要指标。

因子权重的确定采用贡献率模型［式（4-16）、式（4-17）］，分析管道沿线地质灾害发育特征及易损程度，对评价指标在每个灾害的影响程度进行打分（1 分为评价指标对灾害的影响小或易损小，2 分为影响中等或易损中等，3 分为影响大或易损大），然后汇总各灾害对每种指标的贡献总值，通过归一化处理，最终确定各因子的权重。

$$r_i = \sum_{j=1}^{n} r_{ij} \tag{4-16}$$

$$S_i = \frac{r_i}{\sum\limits_{i=1}^{m} r_i}$$　　　　　　（4-17）

式中，r_{ij}——第 j 灾害样本中第 i 个评价指标分值；

　　　　n——灾害样本的个数；

　　　　r_i——第 i 个评价指标的贡献总值；

　　　　m——评价指标的个数；

　　　　S_i——第 i 个评价指标的权重。

4.5.3　管道地质灾害风险评价

基于 GIS 多因子综合叠加模型，利用栅格计算器将获取到的地质灾害危险性、易损性各指标与其对应的权重进行加权计算，然后综合两方面的评价成果，最终完成区域管道地质灾害风险值计算。

合理地确定地质灾害风险等级界线值是风险区划的关键环节之一，一般采用自然断点法和等间距法，将管道沿线地质灾害风险划分为地质灾害高风险区、较高风险区、中等风险区、较低风险区和低风险区五个不同等级，各单元确定的地质灾害风险性等级标准见表 4-11，最终得到管道沿线地质灾害风险分区图。

表 4-11　地质灾害危险等级分区表

等级	高风险	较高风险	中等风险	较低风险	低风险
风险值	$R \geqslant 3.7$	$3.3 \leqslant R < 3.7$	$3 \leqslant R < 3.3$	$2.5 \leqslant R < 3$	$R < 2.5$

第5章 管道地质灾害风险管理

管道地质灾害风险管理是指指导和控制管道运营组织与管道地质灾害风险相关问题的协调活动，其流程如图5-1所示。

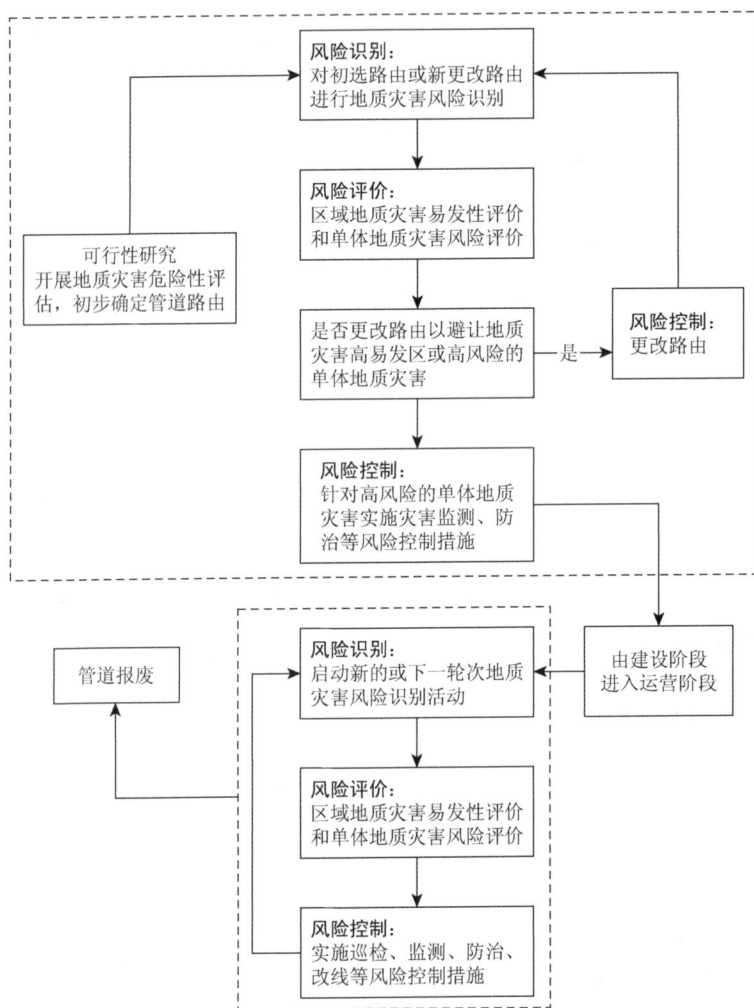

图 5-1 管道地质灾害风险管理流程图

5.1 管道地质灾害风险管理原则

管道地质灾害风险管理是指对管道地质灾害风险进行识别、评价、控制和再评价的过程，将管道地质灾害风险降低到可接受的水平。

对油气管道实施地质灾害风险管理应遵循以下原则：①在设计、建设和运行新管道系统时，应融入管道地质灾害风险管理的理念和做法；②结合油气管道的特点，进行信息化、程序化、动态化的地质灾害风险管理；③要建立负责管道地质灾害风险管理的机构及管理流程，配备必要的手段；④要对所有与管道地质灾害风险管理相关的信息进行分析整合，实现有限资源在不同管道间进行高效分配，以最高效地降低管道地质灾害风险水平；⑤必须持续不断地对管道进行地质灾害风险管理；⑥应当不断在管道地质灾害风险管理过程中采取各种新技术、新方法。

单体地质灾害等级可分为五级：高、较高、中、较低、低。根据不同的地质灾害等级采取不同的措施（表 5-1、表 5-2）。

表 5-1　地质灾害风险分级原则

风险等级	风险描述
高	该等级风险为不可接受风险
较高	该等级风险为不希望有的风险
中	该等级风险为有条件接受风险
较低	该等级风险为可接受风险
低	该等级风险处于可忽略程度

表 5-2　不同风险等级灾害点的风险控制措施

风险等级	风险控制措施
高	防治、改线等风险消减措施，在风险消减措施实施前宜先实施监测
较高	重点巡查、专业监测或风险消减措施
中	重点巡检或简易监测
较低	巡检
低	不采取措施

对于不同风险等级的灾害点采取不同的风险控制措施，以减少地质灾害对管道的威胁。

1. 巡检

管道地灾风险控制应建立巡检机制，对风险等级较低的灾害点一般采用巡检，风险中等、较高的灾害有时也采取重点巡检作为风险控制的手段。对灾害点和地质灾害易发段定期巡检，每次巡检均应有记录，由地质灾害点巡检员填写管道地质灾害巡检记录。地质灾害的巡检可与日常巡检相结合。

1）地质灾害巡检频率

（1）地质灾害巡检时间间隔可根据灾害点风险等级、地质灾害易发区易发等级及现场踏勘确定，一般为 60 天。

（2）在汛期应对风险等级为中及以上的灾害点和高易发区、中易发区加密巡检，巡检时间间隔不宜大于 20 天。

（3）在强降雨或长时间降雨后应及时进行巡检。

2）各类型灾害巡检内容

（1）滑坡灾害巡检。查看地表及构筑物的变形情况，是否出现垮塌、松弛、裂缝、鼓包、沉陷等现象，其中裂缝应重点查看裂缝性质、缝宽变化、是否冒气（热、冷气）等；并应注意岩土体中发出的不明声音和附近动物的异常表现；查看地下水异常变化情况，是否发生泉（水井）干枯、枯泉复活、出现新泉、泉水流量变化、泉水质变化（混浊、颜色等）、水塘水位变化、小溪流量变化等；查看坡体树木变化情况，是否发生歪斜。

（2）崩塌灾害巡检。崩塌灾害巡检除参照滑坡灾害巡检内容执行外，还应注意坡脚是否有新的崩塌岩块出现。

（3）泥石流灾害巡检。泥石流巡检应查看固体堆积物活动情况、水源变化情况（包括固体物质在暴雨、洪流冲蚀后的稳定状态，降雨情况、冰雪消融及冻土消融情况等），应注意泥石流沟水位的突然变化。

（4）水毁灾害巡检。应调查水源变化情况，包括：①近水源的变化情况：管沟汇水、河沟水位、水冲刷方向等。②管沟冲蚀情况：管道敷设带水土流失情况、管沟掏蚀情况、管沟陷穴、保护工程及管道破坏情况等。③植被破坏情况：是否有新土裸露。

（5）黄土陷穴巡检。应查明特殊土类型、对管道可能造成的危害和形式。

对于新发现的或已编录在册且有较大变形的灾害点，经论证需要应急抢险的，应及时实施应急抢险。

2. 监测

对确定实施监测的灾害点，在现场详细调查的基础上进行监测工程设计。专业监测站（点）还应该按监测点重要性进行分级，分级标准见表 5-3。

表 5-3　监测点重要性分级

监测站（点）分级	说明
I	1. 风险等级为高和较高但难以实施工程防治措施的灾害点 2. 需要进行应急防治的灾害点
II	除第 1 种情况以外高或较高的灾害点
III	风险等级为中及以下的灾害点

其中 I 级监测站（点）宜采用多种方法进行监测，并形成合理的监测内容组合，实时监测、远程预警；II 级监测站（点）应根据需要确定监测内容；III 级监测站（点）可只进行简易监测。

同时，监测仪器、设备选择应避免其对管道的安全、正常运营造成影响，管道应力应变监测的精度应小于管道应力应变阈值的 1/50。

（1）进行管体应力应变监测并将管体轴向应力应变作为管道失效预报、预警的依据，可根据以下要求确定预报预警阈值。

①以应力准则设计的管段，用管材许用应力作为管道失效预报阈值，最小屈服极限作为管道失效预警阈值。

②以应变准则设计的管段，用管材许用应变作为管道失效预报阈值，极限应变作为管道失效预警阈值。对于地震和活动断裂灾害监测，管材的许用应变参考《油气输送管道线路工程抗震技术规范》（GB/T 50470—2017）确定。其他灾害根据管道设计资料确定。

（2）专业监测频率应符合以下要求。

①Ⅰ级监测（站）点监测周期为 15～30 天，在汛期、短期预报期、临灾预报期应加密监测，宜进行实时监测。

②Ⅱ级监测（站）点监测周期为 30 天，比较稳定的可调整为 60 天；在汛期、防治工程施工期和短期预报期、临灾预报期等情况下应加密监测，宜每天一次或实时监测。

③Ⅲ级监测点在汛期可每 15 天或 30 天监测一次，非汛期可根据稳定性延长监测周期。

（3）各类型灾害专业监测内容要求如下。

①滑坡灾害的专业监测：包括灾害体变形监测、管道变形监测、滑坡对管道的作用力监测。管道变形监测包括管道位移监测和管体应力应变监测；管体位移监测包括角位移监测和弯曲挠度监测；管体应力监测分为管体应力应变监测和应力应变增量监测，管体应力应变监测以监测管体轴向应力、应变为主。

a. 管体位移、应力应变监测方法和滑坡对管道的作用力监测方法参见 5.2 节。

b. 监测点网布设应符合以下要求。

（a）应根据灾害体的地质特征、灾害体与管道的空间关系和相互作用形式、通视条件及施测要求布设变形监测网。

（b）监测网的布设应能达到系统监测滑坡的变形量、变形方向和管体应力的要求，掌握其时空动态和发展趋势的目的，满足预测预报精度的要求。

（c）滑坡变形侧线应至少有一条与管道平行或重合。

（d）测点应根据测线建立的变形地段、块体、管道及其组合特征进行布设，在管道敷设带还应增设测点和监测项目。

（e）合理选择管道应力监测截面，主要考虑滑坡边缘、滑坡中部、局部变形突出位置、管道受影响可能较严重地段以及测线与管道交汇处。

c. 监测预报应符合以下要求。

（a）监测预报等级按灾害可能发生时间分为预测、预报、预警，各等级内容见表 5-4。

（b）灾害监测预报为滑坡变形破坏预报。对于与管道有直接接触的滑坡，特别是慢速滑坡，还应进行滑坡变形量预报或管体失效预报，各预报内容应相互结合，以免管道在滑坡破坏前由于变形量过大而失效。

（c）滑坡变形破坏预报应发布预报对象变形活动趋势和发生破坏的时间、规模、运动方向和活动范围，并判断其是否会影响到管道等，预报对象应包含对管道有重大影响的地段或块体。

（d）对于与管道有直接接触的滑坡，特别是慢速滑坡，应根据管体应力应变监测进行管体强度失效预报预警。结合滑坡变形监测和滑坡变形相关因素监测，发布管体应力应变变化趋势和管体应力应变达到预报预警阈值的时间。

（e）对于与管道有直接接触的滑坡，若没有监测管体应力应变，可通过类比其他已进行或正在进行管体监测的监测点，估计管体应力应变大小。

②崩塌、泥石流、水毁、黄土陷穴灾害的专业监测：崩塌、泥石流、水毁、黄土陷灾害专业监测均可参照滑坡灾害专业监测的相关内容。

3. 防治工程

对列入工程治理规划的滑坡、崩塌、泥石流、水毁、黄土陷穴等灾害点，应实施勘查工作，决定是否实施工程治理；对于确定需要治理的灾害点，应进行施工图设计。对列入工程治理规划的一般水毁、黄土陷穴灾害、冻土、风蚀沙埋、盐渍土灾害，可在现场详细调查的基础上直接进行施工图设计。

进行管道地质灾害防治相关工作前，应确定管道中心线的准确位置，并在工程地质测绘和地形测绘时将管道位置标出，管道中心线位置误差不应大于 0.5m，工程地质测绘宜采用 1：500 或 1：2000 比例尺。

防治工程施工应尽可能安排在非汛期进行，减小施工扰动，做好施工期监测工作。对已竣工的防治工程应进行后评估及维护。

在管道附近进行勘探、治理工程施工等工程作业时，应注意对管道的防护，重点注意以下事项。

（1）在管道附近进行土石方开挖时，应通过坑探方式确定管道和光缆位置。

（2）土石方开挖宜采用人机结合的方式进行，在距离管道 5m 以外可运用机具开挖，5m 以内应人工开挖。

（3）工程施工需要在管道中心线两侧 50m 范围内爆破时，应采用静态爆破，并合理选择静爆剂。

（4）在管道中心线两侧各 50～500m 进行爆破时，应采用控制爆破，并对管道采取防护措施。

（5）在采用控制爆破或机械振动施工时，应沿管道敷设方向开挖一条减震沟（槽），沟（槽）深度不小于管底埋置深度的 1.5 倍，形成的振动波到达管道处的最大爆破振动速度不大于 70mm/s。

同时，当管道受地质灾害作用后，如条件具备，宜检查管道防腐层受损、管道截面变形及管道位移情况。

5.2　管道滑坡灾害风险管理

滑坡是在一定的自然条件与地质条件下，组成斜坡的部分岩土体，在以重力为主的因素作用下，沿斜坡内部一定的软弱面发生剪切而产生的整体下滑破坏。

在滑坡体内敷设管道时,滑坡对管道的作用可分为两种:垂直方向的推挤和平行管道轴线方向的摩擦力挤压。

当滑坡的滑动方向完全垂直于管道轴线方向时,管道主要受到滑坡的挤压作用,在滑坡边缘还受到剪切作用,在滑坡外侧稳定区域管道可能还存在反弯段。

当滑坡的滑动方向与管道轴线完全平行时,管道受到滑坡摩擦力的挤压作用,在滑坡前后两端,管道还受到剪切作用,特别是对圆弧形滑面的滑坡。

在现实生活中,对于多数滑坡,两者兼有,两种力所占的比例与管道轴线和滑坡滑动方向的夹角有关。一般摩擦力对管道的影响较小,因此认为纵向敷设比横向敷设相对安全。

5.2.1　管道滑坡灾害风险工程措施管理

当滑坡灾害点处于高、较高风险等级时宜采取工程治理措施或专业监测。管道滑坡工程防治措施的确定,必须在掌握了滑坡的类型及其发展的阶段,正确分析了解影响形成滑坡的主要、次要因素及彼此的联系,评价滑坡的稳定性,结合工程的重要程度、施工条件及其他各种情况综合加以考虑。

滑坡灾害防治工程要求如下。

(1)滑坡灾害的防治宜参照《建筑边坡工程技术规范》《滑坡防治工程勘查规范》《滑坡防治工程设计与施工技术规范》中的相关要求执行。

(2)滑坡灾害勘查应核实管道与滑坡滑动面、剪出口及滑坡其他主要要素的空间位置关系。

(3)滑坡灾害勘查应有针对性地布置勘测剖面,滑坡主、辅纵剖面上应包含管道,管道上下方应至少布置一个勘探钻孔,探井、探槽等山地工程或物探工程。

(4)管道滑坡灾害的治理方式除考虑滑坡因素外,还应考虑滑坡与管道的空间位置关系、管道的敷设方式、工程施工对管道的影响。

(5)慢速滑坡可采用管体应力释放、稳管墩等管道防护措施。

1)主要抗滑支挡工程措施

国内抗滑支挡工程技术在 20 世纪经历以下发展历程:新中国成立初期的截排水 + 挡土墙→60 年代的抗滑挡墙 + 支撑渗沟→70 年代的抗滑桩、复合桩→80 年代的预应力锚索。目前,主要抗滑支挡工程类型有抗滑挡土墙、抗滑桩、预应力锚索及复合结构锚索桩、桩板墙等。

一般地,抗滑挡土墙用于支挡推力较小的滑坡;抗滑桩与预应力锚索用于加固推力较大的滑坡,其中仅从经济性考虑,抗滑桩宜用于滑体较薄者,预应力锚索宜用于滑体较厚者;锚索桩用于推力过大的滑坡;桩板墙用于桩间要回填土或桩间土不稳定的滑坡。见图 5-2、图 5-3、图 5-5。

抗滑挡土墙一般常用重力式挡土墙(图 5-5),根据不同的滑面深度和位置采用不同类型的挡土墙,一般置于滑坡体的前缘。其截面形式如图 5-4 所示。

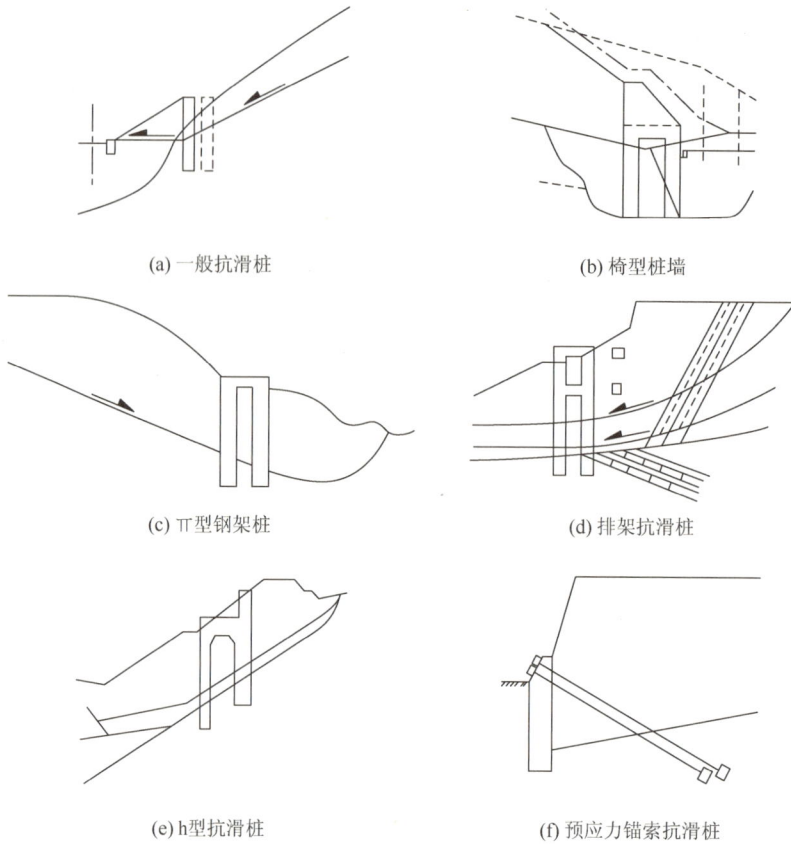

(a) 一般抗滑桩

(b) 椅型桩墙

(c) π型钢架桩

(d) 排架抗滑桩

(e) h型抗滑桩

(f) 预应力锚索抗滑桩

图 5-2　新型抗滑结构型式示意图

图 5-3　抗滑工程现场施工

2）地表截排水工程

地表截排水沟修于滑坡后缘之外，多为环形，并尽早接入两侧自然沟道。滑体较大时可在滑体中修横向截水沟，对滑体中泉眼要设沟引排。地表截排水沟的截面一般为倒梯形，

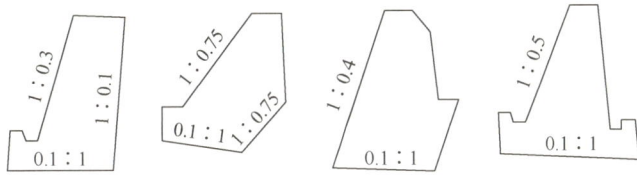

图 5-4　抗滑挡土墙截面形式图

图 5-5　重力式挡土墙

较浅时可用矩形。梯形截面一般底宽 0.4m，深 0.4～0.6m，边坡率为 1∶1～1∶1.5。见图 5-6、图 5-7。

图 5-6　排水沟

图 5-7　坡面截水沟

地表径流在松散坡体和古滑坡堆积体集中下切与侧蚀，会在沟道两岸形成高陡临空面，进而牵引松散体失稳，产生两岸向沟滑移的相对滑坡。对此，在沟道建抗滑涵洞，既可遏制沟水的下切和侧蚀，又可通过涵洞及洞顶回填土平衡两岸滑坡的推力，稳定滑坡。

5.2.2 管道滑坡灾害风险监测措施管理

1. 预报等级

管道滑坡、崩塌灾害预报等级按灾害发生时间分为预测、预报、预警，各等级内容见表5-4。

表 5-4　滑坡预报等级表

预报等级	时间	方法	指标	手段	预防措施
预测 （中长期预报）	一年以上	调查评价、巡检与监测	风险等级	1. 风险评价、分级，数据库； 2. 灾害体变形位移监测； 3. 管道位移、应力应变监测	防治工程或管道移位
预报 （短期预报）	几天至一年	调查评价、巡检与监测	滑坡变形临界值、管道许用应力或许用应变	1. 稳定性分析； 2. 灾害体变形位移监测； 3. 管道位移、应力应变监测	应急抢险工程或应急
预警 （临灾预报）	几天以内	巡检、监测	滑坡变形警戒值、管材屈服极限或管材极限应变	1. 变形位移监测和地声等物理量监测； 2. 管道位移、应力应变监测； 3. 气象、水文与地质等相关因素监测； 4. 宏观变形监测	应急预案

2. 预报内容

管道滑坡、崩塌灾害监测预报为滑坡、崩塌变形破坏预报。对于与管道有直接接触的滑坡，特别是慢速滑坡，还应进行滑坡变形量预报或管体失效预报，各预报内容应相互结合，以免管道在滑坡破坏前由于变形量过大发生失效。

1）预报对象

管道滑坡、崩塌灾害监测预报包含滑坡、崩塌变形活动趋势和发生破坏的时间、规模等，预报对象主要包括：①变形速率大的地段或块体；②对管道有重大影响的地段或块体；③对整个滑坡、崩塌的稳定性起关键作用的地段或块体；④对整个滑坡、崩塌的变形破坏具有代表性的地段或块体。

2）灾害范围

确定滑坡、崩塌灾害范围及其是否会影响到管道和管道附属设施，灾害范围应包括：①滑坡、崩塌体自身的范围；②滑坡、崩塌运动所能达到的范围；③滑坡、崩塌所能造成的次生灾害的影响范围；④地震、暴雨等其他地质灾害条件下放大效应所波及的范围。

3）条件

确定灾害范围时应考虑的条件为：①滑坡、崩塌运动的规模、范围、形式和方向；②滑坡、崩塌运动场所内的地形、地貌、地质及水文条件；③滑坡、崩塌的运动速度和加速度，在峡谷区产生气垫效应、反射回弹及多冲程的可能性，是否会与管道发生作用或对管道产生不利后果；④次生灾害产生的可能性及波及范围。对于涌浪、堵河等，应对不同水位、流量条件下不同崩滑规模、运动速度所产生的灾害及可能对管道产生的影响进行分析。

管道失效预报是对管体应力监测数据进行统计分析，结合滑坡变形监测和滑坡变形相关因素监测，预测管体应力变化趋势和达到许用应力和强度屈服极限的时间。对于与管道有直接接触的滑坡，若没有监测管体应力，可通过计算或类比其他进行管体监测的监测点，根据管道应力临界值确定滑坡变形量临界值或管体位移临界值，进行滑坡变形量预报。

3. 滑坡、崩塌变形破坏预报方法

一般情况下，滑坡、崩塌变形破坏预报应合理选择以下预报参数。

（1）多维位移监测数据，是滑坡、崩塌并行预报的基本参数，其中绝对位移数据是预报模型所必需的参数。

（2）倾斜监测数据，是滑坡、崩塌、变形破坏预报的重要参数之一。

（3）地应力、滑坡推力、地温及地下水监测数据，均是滑坡、崩塌变形破坏表征的预报参数。

（4）地声监测数据，是岩质滑坡、崩塌变形破坏预报的重要参数之一，具有较短的时效性和较高的有效性。

（5）应结合实际监测内容和方法选取预报参数，进行多参数综合评判和预报，以提高预报的准确性。

宏观前兆监测资料对滑坡、崩塌变形破坏预报极为重要，在预报时与预报参数紧密结合，对照分析。

滑坡、崩塌破坏预报方法、模型很多，参见表 5-5，应根据灾害特点、监测内容、监测方法，建立合理的滑坡、崩塌变形破坏预报模型，确定预报判据，也可以选择多个方法、模型相互验证。

表 5-5　滑坡崩塌综合信息预报系统

	变形破坏阶段		I 蠕动变形	II 等速变形	III 加速变形	IV 临滑	预报适宜性
预报方法和预报判据	1	变形速率判据 监测位移曲线跟踪法	减速变形，切线角 α 由大变小，甚至曲线下弯	等速变形 α 角近恒定，曲线向上呈微斜直线	变形加速，α 角由恒定变陡，曲线上弯	变形急剧，α 角陡立，曲线近陡直	临滑预报，长、中、短期趋势预报
	2	入编曲线切线角 α 和矢量角判据指数平滑法，卡尔曼滤波法，多元非线性相关分析法等	位移矢量角 α 渐小至 0	位移矢量角 α 等值增大	位移矢量角 α 由等值增大到非等值（加速）增大	$\alpha = \tan^{-1}\mathrm{d}x/\mathrm{d}t = 70° \sim 90°$ 位移矢量角突然增大或减小	

续表

预报方法和预报判据	3	力学图解法（崩塌灾害）	$\alpha<\omega$，$\alpha>\varphi$：滑移 $\alpha<\omega$，$\alpha<\varphi$：倾倒 $\alpha>\omega$，$\alpha>\varphi$：滑移、倾倒			临滑预报
	4	变形行迹判据	后缘断续拉张裂缝	后缘不连续拉张裂隙，两侧羽状裂缝，后缘微错落下沉	后缘弧形拉裂圈与两侧纵向剪张裂隙趋于连接，后缘错落下沉，前缘微鼓胀	后缘弧形拉裂圈与两侧纵向剪张裂缝贯通，后缘壁和前缘鼓胀形成，前端滑床岩层倾角变陡，并呈现挤压褶皱、裂缝和压碎	临滑预报，长、中、短期趋势预报
		宏观地质调查法				
	5	宏观先兆判据				局部小崩小滑日趋频繁，地下水变化异常，地声，地热现象，动物行为异常，超常降雨和地震	
		宏观调查法				
险情预警预报要则			预警阶段	一级预报	临滑预报	
			位移以月变量为依据，至少每周检测一次	位移以日变量为依据，至少每日监测一次	跟踪监测曲线进行	

注：α——岩层（或软弱层）倾角；ω——变形岩体倾倒临界角；φ——变形岩体内软弱面内摩擦角

4. 应力应变阈值的确定

单体管道滑坡预报模型与传统滑坡预报模型相比，还应增加灾害对管道的影响分析，分析管道受力是否在允许范围内，当受力超过许用应力阈值时，还应触发管道安全的预警。

管道应力应变参数指的是管道遭受滑坡破坏的应力应变指标。根据西部管道某处滑坡建立起的模型（图5-8），分析（图5-9）最大位移与（图5-10）管道最大应力部位，在这两处分别设置土压力感应器、位移监测装置，并根据研究成果，设置应力、位移的监测阈值，为灾害预警工作提供重要的参数依据。

根据《输油管道工程设计规范》5.2.4 条，管道及管件由永久荷载、可变荷载（包括滑坡等地质灾害作用管道的力）所产生的轴向应力之和，不应超过钢管的最低屈服强度的80%，但不得将地震作用和风载荷同时计入，即需满足式（5-1）：

$$\sigma_a \leqslant [\sigma_a] = 0.8\sigma_S \tag{5-1}$$

式中，σ_a——管道轴向应力（拉应力为正值，压应力为负值），MPa；

$[\sigma_a]$——管道许用轴向应力，MPa；

σ_S——管体材料最小屈服强度，MPa。

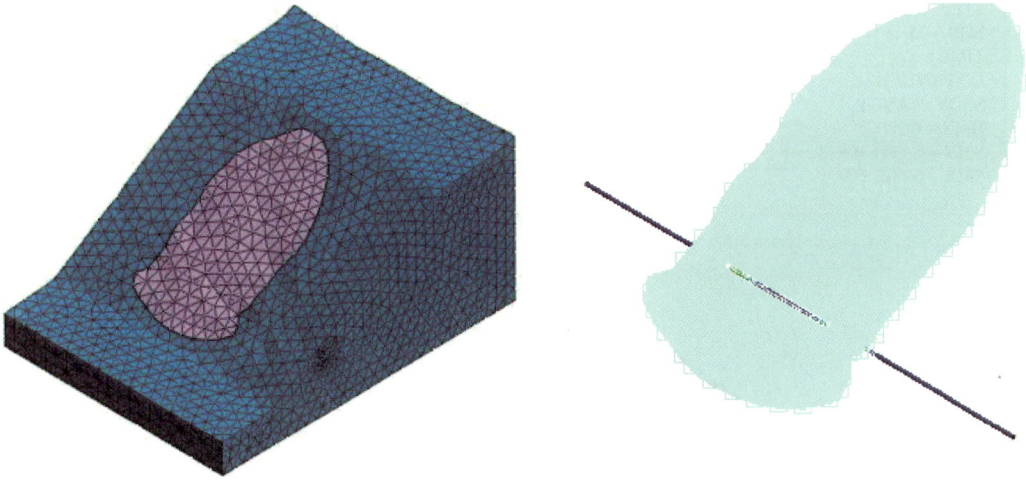

图 5-8　数值模拟

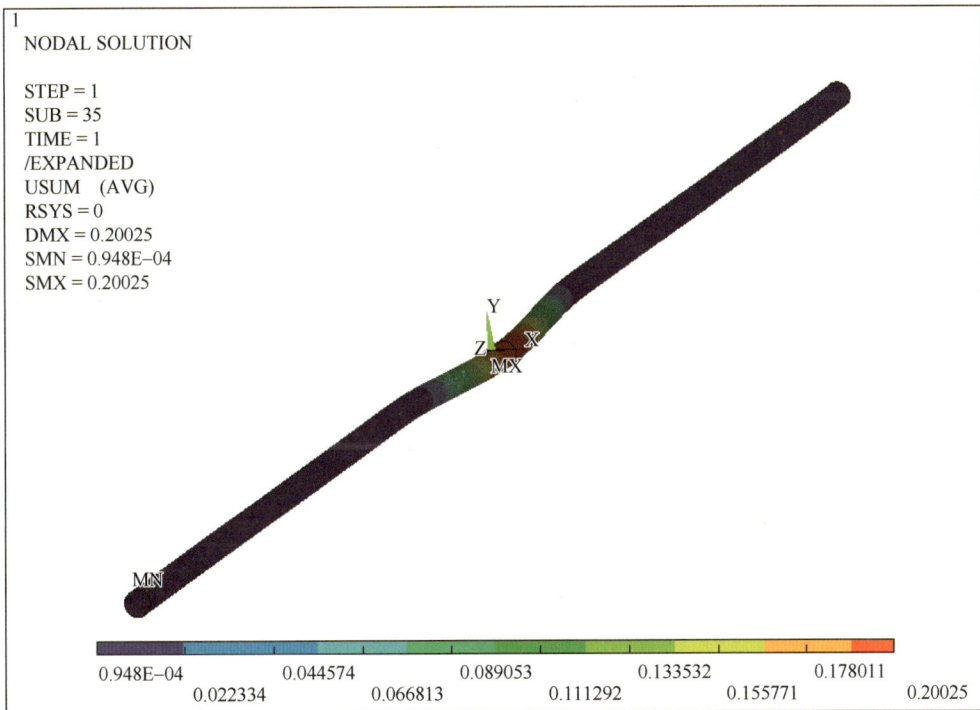

图 5-9　管道位移分布图

图 5-10　管道应力分布图

根据《输油管道工程设计规范》5.5.5 条和《输气管道工程设计规范》5.1.1 条，对于轴向变形受约束的管道应按照最大剪应力破坏理论计算当量应力，当 σ_a 为压应力时（负值），应满足下述条件：

$$\sigma_e = \sigma_h - \sigma_a \leqslant 0.9\sigma_s$$

$$\sigma_h = pd/2\delta \tag{5-2}$$

式中，σ_e——当量应力，MPa；

　　　σ_h——由内压引起的管道环向应力，MPa；

　　　p——管道当前运行压力，MPa；

　　　d——管道的内直径，m；

　　　σ_a——管道轴向应力（拉应力为正值，压应力为负值），MPa；

　　　σ_s——管体材料最小屈服强度，MPa；

　　　δ——管道的壁厚，m。

在滑坡等外荷载作用下，不考虑焊缝等因素时，管道应力条件同时满足了式（5-1）和式（5-2）即可认为是安全的。对于拉应力，式（5-1）比式（5-2）的条件苛刻，而对于压应力正好相反。这样，拉应力的判断标准可只选用式（5-1），压应力的判断标准可只选用式（5-2）。

对于运营一定周期的老管线，由于腐蚀、环焊缝等因素导致管道缺陷，式（5-1）和式（5-2）中的管体材料最小屈服强度 σ_S 可根据管道内检测情况适当折减。

当风险等级为高或较高时宜采取专业的监测措施，专业的监测措施内容包括灾害体变形监测、管道变形监测、滑坡对管道的作用力监测。针对不同的灾害点布设不同类型的监测点网，主要的类型有测线布置、测点布置、滑坡变形监测网型、管体应力应变监测截面。见图 5-11～图 5-14。

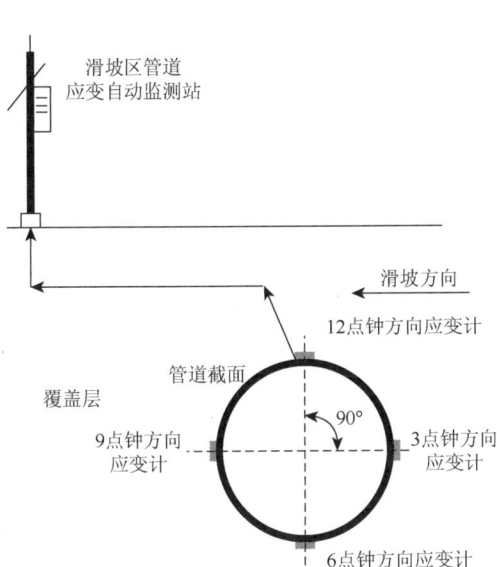

图 5-11　管道应变自动监测站示意图

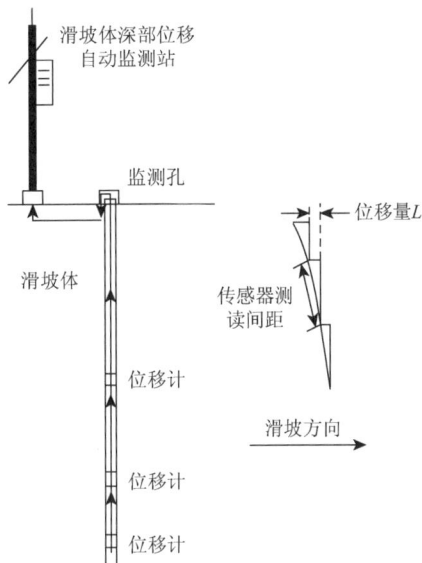

图 5-12　滑坡体深部位移自动监测站示意图

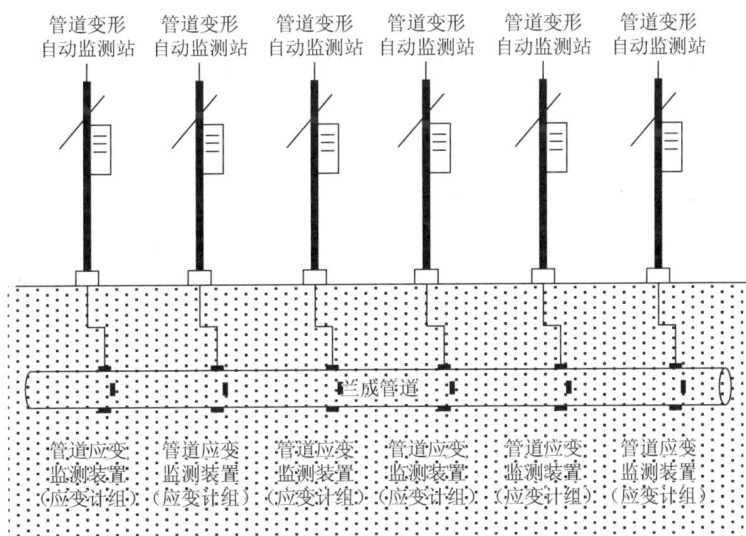

图 5-13　管道应变监测装置布置示意图

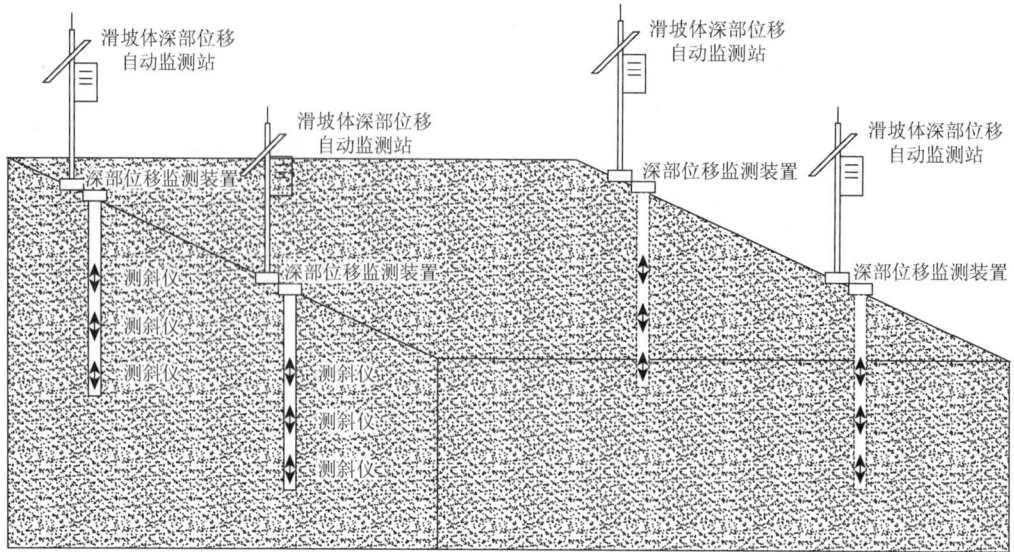

图 5-14　管道深部位移监测装置布置示意图

5.3　管道崩塌灾害风险管理

崩塌（崩落、垮塌或塌方）是较陡斜坡上的岩土体在重力作用下突然脱离母体崩落、滚动、堆积在坡脚（或沟谷）的地质现象。崩塌落石灾害具有高速运动、冲击能量高、多发性及在特定区域发生时间和地点的随机性、难以预测性和运动过程的复杂性等特征。因此，发生在管道沿线的崩塌落石，常会导致管体受损或者破裂，对油气管道的安全运营构成极大的威胁。

针对保护对象，主要是防止崩塌落石造成管道的变形破裂或者人员的伤亡，并不一定要阻止崩塌落石的发生。目前，崩塌落石的防治措施可分为主动治理工程措施和被动治理工程措施。

5.3.1　管道崩塌灾害风险工程措施管理

当崩塌灾害点处于高、较高风险等级时宜采取工程措施对灾害点进行治理。实施危岩主动治理要有施工条件和安全条件，对于高陡危岩和紧靠居民区的危岩要充分论证后选择。落石被动防护要有空间条件，被动防护工程多设于远离陡崖的缓坡区，工程措施应做拦石墙与拦石网的技术经济比选。当治理难度较大或者经济成本较高时可考虑改线工程。

崩塌灾害防治工程要求如下。

（1）崩塌灾害的防治宜参照建筑边坡技术规范中的相关要求执行。

（2）崩塌灾害勘查应核实崩塌体崩落方向，估算崩塌体崩塌后可能的运动轨迹及其到达管道附近时速度的大小、方向。

（3）崩塌灾害勘察应有针对性地布置勘测剖面，查明管沟区域地质条件，可采用必要的勘探手段。

（4）应根据管道与崩塌体空间位置关系、管道敷设方式进行防治工程设计。对管道可采用的防护措施包括：在管道上方设置盖板、防护拱、拱棚，堆砌沙袋，或在管沟设置土工栅格等。必要时可采取管道改线、加大埋深等措施。

（5）当施工期工程扰动有可能导致崩塌体失稳而影响管道时，应进行施工期管道临时防护措施。

（6）崩塌灾害治理时，应合理选取施工机械及施工场地，防止施工机具滚落或崩塌体垮塌破坏管道。

1）危岩主动治理工程措施

（1）清危和补缝。此为通用措施。对挑悬、孤立、松动的危石进行人工清理，并采用临时安全防护措施保障施工安全。对张裂缝用水泥砂浆填补，尽量清缝并满缝（图 5-15、图 5-16）。

图 5-15　清危现场施工图　　　　　　　图 5-16　封闭凹岩腔施工效果图

（2）锚固。用于加固完整的危岩体，常用砂浆锚杆与预应力锚杆。因锚固工程多与主控裂隙面大角度相交，对滑塌式失稳、非预应力锚杆靠杆体抗剪作用有限；对倾倒式失稳，锚杆受力方向与杆向近于一致，可充分发挥锚固力的作用。因此，防倾以选取普通锚杆为宜，预应力锚杆则用以防滑塌式失稳为佳，见图 5-17。

（3）防护。用于防护较破碎的危岩体的措施有喷锚、连梁、SNS 主动网等。其中，喷锚破坏植被；连梁可将裂缝两侧岩体连为整体；SNS 主动柔性防护网对环境改变小，单价较低，宜用。危岩壁无施工空间时，挂 GAR 型维护系统即可。为与环境协调，网材可选用绿网，见图 5-18、图 5-19。

（4）支顶。当崩塌落石形成凹腔时，可对凹腔进行嵌补或采取支顶措施。目前常用的支顶措施有墙、立柱、挑梁等，可防止凹腔进一步风化剥落。当凹腔风化严重时可采用垮工墙嵌补支顶，凹腔过于深者可采用分散式立柱支顶，较高时墙、柱可加锚杆防倾，当凹腔过高时，可改用钢筋混凝土挑梁支顶，见图 5-20、图 5-21。

图 5-17 锚索锚固工程

图 5-18 主动防护网

图 5-19 被动防护网

图 5-20 支撑凹岩腔

图 5-21 竖梁支撑

（5）拦石墙-落石槽。该措施适于在坡度不大于 30° 的坡段兴建，由圬工拦石墙及其后的落石槽组成拦石体系。墙的有效高度即落石槽深度，可按落石最大弹跳高度加安全高度 0.5～1.0m 确定，落石槽底可按与落石最大弹跳相应的弹跳水平距离的一半确定。见图 5-22。

图 5-22　拦石墙

鉴于管道地质灾害的保护对象的特殊性可在管道上方铺设沙袋垫层起到保护管道的作用。见图 5-23。

图 5-23　沙袋垫层

5.3.2　管道崩塌灾害风险监测措施管理

崩塌灾害点的监测原则及措施和滑坡灾害点的监测原则及措施基本一致。具体的内容可见章节 5.2.2。管道崩塌灾害要加强对危岩体裂缝的监测（图 5-24）。

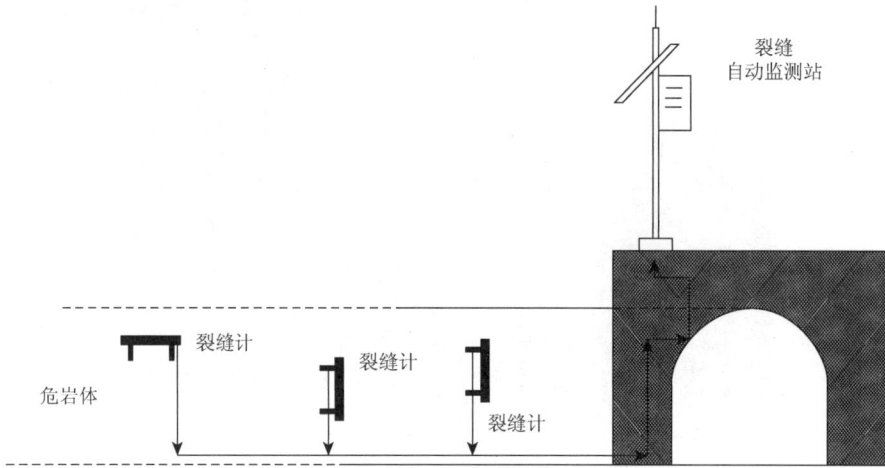

图 5-24　裂缝自动监测示意图

5.4　管道泥石流灾害风险管理

泥石流是指在山区或者其他沟谷深壑、地形险峻的地区，因为暴雨、暴雪或其他自然灾害引发的山体滑坡并携带有大量泥沙及石块的特殊洪流。泥石流具有突然性、流速快、流量大、物质容量大和破坏力强等特点。

对于管道泥石流的风险管理可分三种：采取工程措施对泥石流进行整体治理；采取一定的工程措施保证泥石流的顺利通过；对泥石流进行监测，对危险区采取保护措施确保不引起严重危害。

5.4.1　管道泥石流灾害风险工程措施管理

对于泥石流首先要做好预防措施，做好预警和预报，加强环境保护，防治泥石流危害管道安全。当泥石流灾害威胁管道时，可采取一定的生物工程措施或者土建工程措施对泥石流进行整治。

泥石流灾害防治工程要求如下。

（1）泥石流灾害防治宜参照《泥石流灾害防治工程勘查规范》及《泥石流灾害防治工程设计规范》中的相关内容执行。

（2）应通过勘查核实泥石流的物质来源、停淤线与管道空间位置关系，重点分析管线分布于泥石流发育的具体区域，以及区域的变化情况。

（3）泥石流灾害勘查应至少绘制一条沿管道方向的勘测剖面。查明管沟区域地质条件，必要时可布置勘探钻孔、探槽等山地工程或物探工程。

（4）泥石流治理工程宜根据泥石流的地质背景、形成条件、分布特征、类型和管道敷设情况采取综合治理的措施。

1）生物工程措施

泥石流的形成要具备一定的水源条件和一定的物源条件，种植一些乔、灌、草等植物不仅可以降低地表径流，同时可以起到水土保持的作用，从而可以预防和制止泥石流的发生或减小泥石流规模，保证管道的安全。

2）土建工程措施

目前泥石流的治理措施可以分为两大类：一类是排导工程；一类是拦挡工程。

①排导槽。通过人工修建或改造的沟道引导泥石流顺畅通过防护区（段），排向下游泄入主河道的工程。排导沟施工简单方便，投资少，对防治泥石流灾害常有立竿见影的成效，是防治泥石流的常用措施，见图 5-25。

图 5-25　四川黑水沟排导槽治理工程

②实体重力坝。实体重力坝是建在泥石流形成区或流通区沟谷内的一种横断沟床的人工建筑物，旨在控制泥石流的发育，减少泥石流发生的频率，减小泥石流的规模。按照坝库规模大小和主要功能的不同，可以大致分为谷坊坝和拦沙坝两大类，见图 5-26。

泥石流的治理过程一般是多种工程措施相结合，在不同的区域采取不同的防治措施。在形成区可采取一定的抗滑措施和生物工程措施；在流通区可采取一定的拦挡工程和固床护坡工程；在堆积区采取一定的防护工程、排导工程、停淤工程、过流工程等，见图 5-27。

图 5-26　四川文家沟坝体工程

图 5-27　四川文家沟治理工程水石分治区

5.4.2　管道泥石流灾害风险监测措施管理

1. 预报等级

泥石流活动预报等级按时间分为预测、预报、预警，各等级内容见表 5-6。

表 5-6　泥石流活动预报等级表

预报等级	时间	空间	方法	指标	手段	预防措施
预测 （中长期预报）	一年以上	区域、单沟	调查评价	风险等级	风险分级和数据库	防治工程或管道移位
预报 （短期预报）	几个小时至一年	单沟	调查评价和监测	临界值	1. 流域、沟谷自然、地貌、地质、管道因素分析； 2. 暴雨监测	应急抢险工程或应急
预警 （临灾预报）	几个小时以内	单沟	监测	警戒值	降雨、泥位、地声、流速等监测仪器及其报警装置	应急预案

2. 预报方法

1）泥石流活动预测方法

泥石流活动的危险度，可以利用环境质量进行预测。一般预测的方法是：详细调查研究区内泥石流的形成条件和分布特征；在综合分析和数量统计的基础上，选取、确定泥石流危险区划的因素及权重，并对其进行归一化处理，用各因素权重得分与归一化处理数据的成绩之和来表征泥石流活动的危险度，并据此划分出若干危险等级，编制危险区划图，作为预防的参见依据。

泥石流活动频率预测的一般方法和步骤如下：①对区内泥石流沟进行详细的地质、地貌调查，查明泥石流沟的数量；②按泥石流沟发育阶段（发展期、活动期、衰退期、间歇期）和危害程度（严重、中等、轻微、暂无）进行分类、统计；③分析、确定灾害性泥石流活动周期；④预测不同发展阶段、不同危害程度的泥石流每年可能活动的次数和全区泥石流每年可能活动的次数，作为预防的参考依据。

泥石流活动的流体性质，可根据泥石流沟松散固体物质的机械组成进行预测。一般在泥石流密度大于 $18 \times 10^4 kg/m^3$ 时，黏粒（小于 0.005mm）含量大于 5% 的多为黏性泥石流，黏粒含量小于 5% 的多为稀性泥石流，黏粒含量介于上述两者之间的为过渡性泥石流。在泥石流重度小于 $18kN/m^3$ 时，黏粒含量高的多为泥流或者稀性泥石流，黏粒含量少的多为水石流或稀性泥石流。一般固体物质的机械组成，粒径大于 2mm 的占 55%～70%，粒径 0.05～2mm 的占 15%～25%，粒径 0.005～0.05mm 占 5%～10%，粒径小于 0.005mm 的占 5%～10%，泥石流活动的流体性质为黏性。

确定降雨能级和泥石流活动规模之间的关系，可预测泥石流活动的激发雨量和雨强，即临界雨量。常用的方法如下。

（1）泥石流灾害实地调查法：对泥石流灾害做详细的实地地形、地貌、灾情调查，结合降雨监测资料，进行统计、分析，确定临界雨量。

（2）泥石流与暴雨等值线关系分析法：根据监测资料编制的暴雨等值线，找出泥石流所在区内等值线均值，作为该区临界雨量初选值；再用典型泥石流实地地质、地貌调查的暴雨均值进行检验修订，确定最终临界雨量。见图 5-28。

（3）直接量监测法：设置雨量监测点网，监测泥石流活动时的降雨情况，用雨强（10min 雨量 $H_{1/6}$、1h 雨量 H_1、日雨量 H_{24}）绘制直角坐标关系图，如图 5-28 所示。根据三点群的分布情况，确定泥石流发生的临界雨量值。

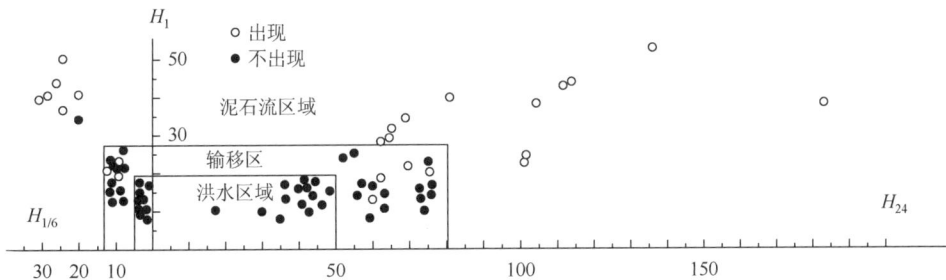

图 5-28　雨强 $H_{1/6}$、H_1、H_{24} 组合关系

2）泥石流活动预报方法

泥石流活动预报包括泥石流活动时间（中长期、短期、临灾）、空间（区域、单沟）、流量（规模）三大要素，要特别重视临灾预报。

根据流域和河沟内地质、地貌条件，特别是固体物质、沟床形态和水文条件等，结合监测、实测资料和模拟实验，建立短时暴雨 $H_{1/6}$-H_1-H_{24} 之间的关系，确定泥石流活动临界降雨量。

降雨强度指标（R）为

$$R = K\left[\frac{H_{24}}{H_{24(D)}} + \frac{H_1}{H_{1(D)}} + \frac{H_{1/6}}{H_{1/6(D)}}\right] \tag{5-3}$$

式中，H_{24}——24h 最大降雨量，mm；

$H_{24(D)}$——该地区可能发生泥石流的 24h 临界降雨量，mm；

H_1——1h 最大降雨量，mm；

$H_{1(D)}$——该地区可能发生泥石流的 1h 临界降雨量，mm；

$H_{1/6}$——10min 最大降雨量，mm；

$H_{1/6(D)}$——该地区可能发生泥石流的 10min 临界降雨量，mm。

根据统计和综合分析，得出泥石流发生概率的暴雨强度指标。在具体应用时，根据气象预报的 $H_{1/6}$、H_1、H_{24} 降雨量，利用式（5-3）计算出相应的 R 值，及时发出不同的等级警报。泥石流不同的发生概率与警报等级的对应关系见表 5-7。根据泥石流活动临界降雨量和受灾降雨量，绘制泥石流活动预报图，包括最高泥位线和泥石流泛滥线等，与上述警报同时发出。

表 5-7　泥石流预报等级表

降雨强度指标	发生概率	警报等级
$R<3.1$	安全雨情	
$R \geqslant 3.1$	可能发生泥石流的雨情	注意报（应引起注意的警报）
$3.1<R \leqslant 4.2$	发生概率<0.2	发生报（发生泥石流的警报）
$4.2<R \leqslant 10$	发生概率 0.2～0.8	警戒报（可能成灾的警报）
$R>10$	发生概率>0.8	灾情报（可能引起下游或邻近地区次生灾害的警报）

泥石流的监测内容，分为对固体物源、水源条件等形成条件的监测、运动特征的监测及流体特征监测。泥石流的固体来源于滑坡、崩塌，宜选择合适的方法对其稳定性进行监测。暴雨型泥石流应设立监测降雨为主的气象站，监测气温、风向、风速、降雨量。

（1）对于降雨监测，有条件时，宜利用遥测雨量监测系统、测雨雷达超时监测系统、气象卫星短时监测系统等自动化监测仪器，进行降雨量的监测。

（2）对冰雪消融型泥石流，还应对冰雪消融进行监测。

泥石流动态要素、动力学要素监测应在选定的若干个断面上进行。

（1）小型泥石流沟或暴发频率低的泥石流沟，一般采用水文观测的方法进行监测。

（2）较大的或暴发频率较高的泥石流沟，宜利用专门仪器进行监测。常用的有雷达测速仪、各种压电式传感器与冲击力仪、超声波泥位计、无线遥测地声仪、地震式泥石流报警器，以及重复水准测量、动态立体摄影测量等。

在有条件时，宜采用遥感技术对泥石流规模、发育阶段、活动规律等进行中长期动态监测，用地面多光谱陆地摄影、地面立体摄影测量技术进行短周期动态监测。

地质灾害降雨量监测一般采用自动记录、电池供电、自带数据采集器的翻斗式雨量记录仪（图 5-29）。仪器由承雨器部件和计量部件组成。承雨口采用国际标准口为（直径 200mm）计量组件，是一个翻斗式机械双稳态结构，其功能是将毫米计的降雨深度转换为开关信号输出。该仪器的内置数据采集器同时可以反映降雨强度、降雨时间及降雨次数。数据采集器可与数据传输装置相连，如采用 GPRS 技术可将监测数据用手机信号的方式发送给室内接收终端。

图 5-29　雨量计

雨量传感器应安装在空旷的场地，并保证其上方 45°的仰角范围内无遮挡物，若四周有植被应定期修剪，使其高度不超过雨量计受水器。底盘应牢固固定在混凝土底座或木桩上，保持受水器器口水平。

5.5　管道水毁灾害风险管理

水毁灾害主要指由水动力引起的自然灾害，表现为因溪流和洪水冲击、冲刷地表，造成坡面滑（垮）塌、冲沟、河床下切、河流改道等现象，常常引起伴行敷设的油气管道受力、变形，裸露、悬空，甚至失稳、断裂。

根据其发生所处的微地貌类型，管道水毁灾害总体上可分为河沟道水毁、台田地水毁和坡面水毁。

1）河沟道水毁灾害发育特征

河沟道水毁一般发生在管道穿越河流或沟道的地段，是流水冲蚀作用形成的，降雨、冰雪融水、地下水等水文变化对河沟道及堤岸产生侵蚀和破坏，见图 5-30。主要划分为以下三类。

（1）河沟床冲刷下切。河沟床长期处于冲淤交替动态变化中，当冲刷占据主导地位时，河沟床将持续下切，同时增加沟道切割深度。依据冲刷下切宽度范围可划分为河沟床整体下切和河沟床局部下切；依据冲刷下切速率可划分为迅速下切和缓慢下切。

（2）河沟床淤积抬升。当淤积占据主导地位时，河沟床将持续抬升，同时降低河沟道切割深度，因其发育速率缓慢，可归类为渐变性地质性灾害。

（3）岸坡坍塌。受河沟道自然摆动影响，两侧岸坡坍塌发育普遍且规模不等。在漩涡水流长期侧蚀、掏蚀、潜蚀等综合作用下，凹岸多呈陡坡、陡崖状，重力倾蚀进一步加剧岸坡失稳发生坍塌、崩塌等次生灾害。

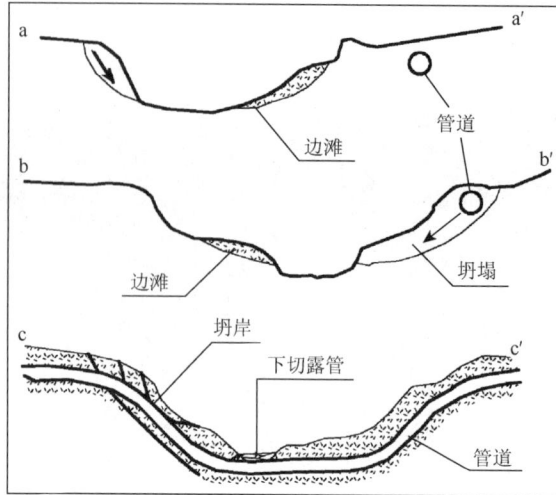

图 5-30　管道敷设剖面示意图

2）台田地水毁灾害发育特征

台田地水毁一般发生在台阶式田地的陡坎部位，管道穿越陡坎地段的松散土体时容易受到降雨和地表径流的冲刷，易在地表形成冲蚀沟，导致管道上覆土体流失、变薄。

在管道与陡坎距离相对较近时，土体的严重流失可能会掏空管道上覆土体，出现露管现象。由于台田地的整体坡度较缓，台田地水毁灾害对管道的危害主要为水土流失、露管或者破坏陡坎处的管道护坡工程，因此台田地水毁灾害对管道造成的危害相对较小。

3）坡面水毁灾害发育特征

坡面水毁一般发生在坡体上，主要由坡面水力冲蚀土体引起，坡面水力冲刷侵蚀的强弱主要取决于边坡的坡度、坡长、降雨、岩土体的性质、地表植被覆盖率及人类工程活动等因素，其中边坡的坡度、降雨和人类工程活动是影响坡面水毁灾害的三个主要因素。

坡面水毁灾害发育的严重程度取决于管道的敷设情况，如管道的埋深、管道上方覆土回填的密实程度等，同时也取决于管道的穿越方式，如管道于坡体是顺向穿越、横向穿越或斜向穿越。

一般情况下，坡面土体越松散，坡度越大，降雨强度越大，人类工程活动越频繁，坡面水毁灾害发生的可能性越大，其危害程度越大。

5.5.1　管道水毁灾害风险工程措施管理

水毁工程防治要求如下。

（1）水毁灾害防治工程宜结合少量探井、探槽等山地或物探工程进行，受保护管段处应至少布置一个探槽等山地或物探工程。

（2）应绘制包含管道的主勘测剖面和沿管道方向的辅勘测剖面。

（3）坡面水毁防治措施应结合生态防护和工程治理综合进行：①防治措施的选择应根据坡面形态、坡面工程地质条件、水文气象条件、管道敷设方式和管道的空间位置综合确定。②防治工程设计时，宜进行水力计算，根据汇水流量、冲刷力等因素合理设计工程形式及规模，并按照《油气输送管道线路工程水工保护设计规范》中的相关内容执行。

（4）河道沟水毁防治措施应根据河流特性、水流性质、河道地貌、地质等因素，结合防护位置综合治理：①应根据最大水流量、河床冲刷深度及河床摆动等河沟道水文资料进行计算，并合理设计工程形式及规模。②防治工程设计按《油气输送管道线路工程水工保护设计规范》中的相关内容执行，宜进行综合防治。③大型河道、灾害风险很高的特殊点，可采用管道改线、管道下沉、穿跨越等措施；在河岸侵蚀严重、河流摆动区，应采取稳管措施；在冲刷严重区，应压实管沟回填土并加强管沟覆盖。

（5）台田地水毁应结合挡土和截排水工程进行合理选型和综合防治。挡土工程可按照《油气输送管道线路工程水工保护设计规范》中的相关要求进行设计；截排水工程宜按《滑坡防治工程设计与施工技术规范》中的相关要求进行设计。

1. 河沟道水毁灾害的防护工程措施

河沟道水毁工程防护措施可分为直接型和间接型两大类。

直接型防护措施是针对管道采取的保护措施，主要包括 U 型槽、硬覆盖、石笼、支墩或打桩套管等措施；间接型防护措施主要目标是改善管道所处环境，进一步分为稳定河床措施（如拦沙坝、河底硬化等）和稳定河沟岸坡措施（如护岸挡墙、导流坝等），见图 5-31、图 5-32。各防护措施适用条件及结构见表 5-8。

表 5-8 各防护措施适用条件及结构简图

防护类型	防护措施	防护目标	适用条件	结构材料	简明结构示意图
直接型	箱涵	管道实体	山区河流河谷，易发山洪、水（泥）石流的河沟道	钢筋混凝土	
	U 型槽		平原及山区小河沟，不适用于山洪频发、水流量和流速较大的河沟	钢筋混凝土	
	硬覆盖		平原及山区小河沟，不适用于山洪频发、水流量流速较大的河沟	钢筋混凝土、素混凝土、浆砌石	

续表

防护类型	防护措施	防护目标	适用条件	结构材料	简明结构示意图
直接型	石笼 （图 5-32）		易发一般性洪水，山洪、水（泥）石流规模较小的河沟道	钢筋笼、大块石	
	抗浮桩		平原大型河流及鱼池塘穿越	混凝土、钢管、木桩	
	支墩		平原大型河流及鱼池塘穿越、山区非季节性河沟谷	混凝土、钢管	
间接型	拦沙坝	稳定河床	山区河流沟谷，易发山洪、水（泥）石流的河沟道	钢筋混凝土、素混凝土	
	倒 U 型槽		平原小型河沟	钢筋混凝土	
	河底硬化		平原或山区小河沟，不适用于山洪频发、水流量流速较大的河沟	钢筋混凝土、素混凝土、浆砌石	

续表

防护类型	防护措施	防护目标	适用条件	结构材料	简明结构示意图
间接型	护岸挡墙	稳定河床	存在侧蚀威胁或向岸侵蚀的河沟岸坡	素混凝土、浆砌石	
	导流坝		侧向侵蚀强烈的河沟，不适用于易发山洪、水（泥）石流的河沟道	钢筋混凝土、素混凝土、浆砌石	

图 5-31　兰郑长某处冲沟治理工程

图 5-32　石兰线某处石笼治理工程

2. 坡面水毁灾害的防护工程措施

坡面水毁灾害的防治措施一般是首先回填管沟至安全要求，再设置水工保护措施，防止该类灾害再次发生，见图 5-33。其主要保护措施包括：对于切坡敷设的情况一般设置侧挡墙、地下横截墙以及提高冲刷基线，或设置排水沟、截水沟疏导水流，并在敷设带植草。部分严重地区对管沟进行硬化。挡墙、排水沟和硬化的结构一般为浆砌石。坡面水毁灾害治理工程布置图如图 5-34 所示。

图 5-33　坡面水毁灾害防冲堡坎治理工程

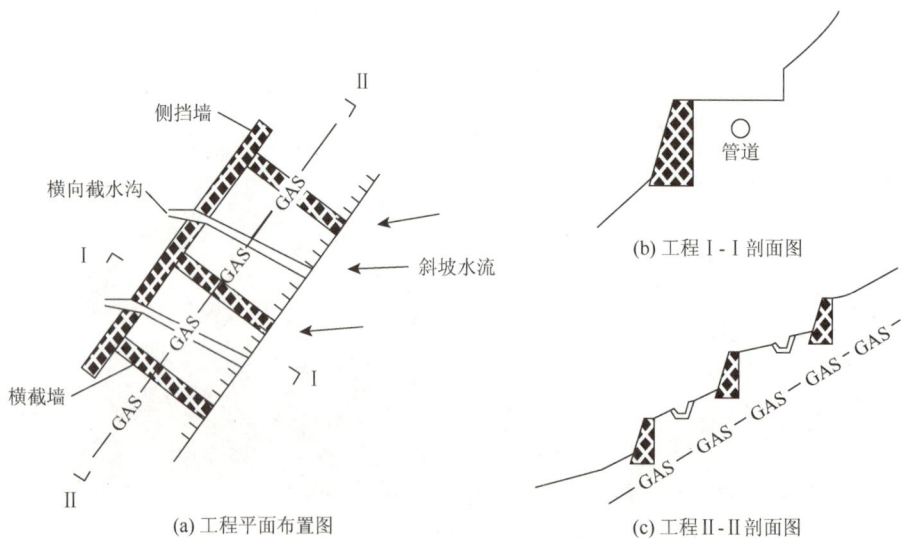

(a) 工程平面布置图　　　　　　(c) 工程Ⅱ-Ⅱ剖面图

图 5-34　坡面水毁灾害治理工程布置图

3. 台田地水毁灾害的防护工程措施

管道在台田地敷设，在降雨、灌溉时，管沟处可能会出现塌陷或田坎垮塌的情况，造成管道埋深不足或耕地毁坏。对于管沟处的塌陷可采取回填的方式进行治理，对于垮塌的田坎，需对其进行恢复的同时，田坎处利用干砌石挡土墙或浆砌石、挡土墙进行治理。

5.5.2 管道水毁灾害风险监测措施管理

水毁灾害以巡检为主，针对风险等级高、较高的灾害点可采用专业监测措施。

水毁灾害巡查应调查水源变化情况，包括：①近水源的变化情况，管沟汇水、河沟水位、水流冲刷方向等。②管沟冲蚀情况，管沟敷设带水土流失情况、管沟掏蚀情况、管沟陷穴、防护工程及管道破坏情况等。③植被破坏情况，是否有新土裸露。

1. 河沟道水毁专业监测

当管道穿越河流时，河沟道水毁灾害的监测重点为河流的下切情况。监测示意图见图 5-35。

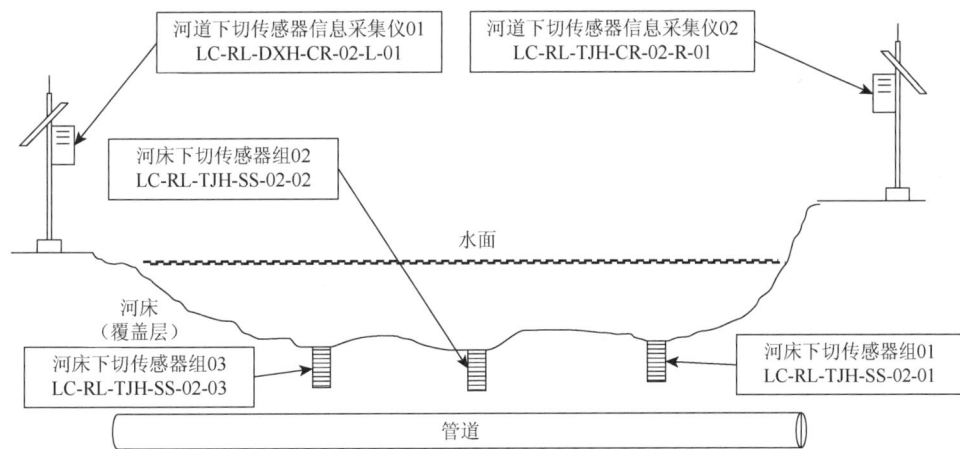

图 5-35 河沟道水毁下切程度监测示意图

当管道沿岸坡敷设时，监测的重点为管道距岸坡的距离。监测示意图见图 5-36。

2. 坡面水毁专业监测

坡面水毁的监测重点为坡面水毁范围的变化情况及深度的变化情况。监测示意图见图 5-37。

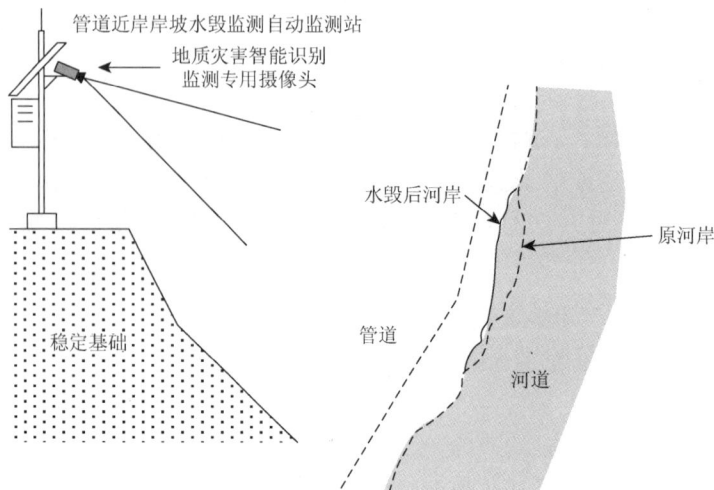

图 5-36　河沟道水毁岸坡侵蚀程度监测示意图

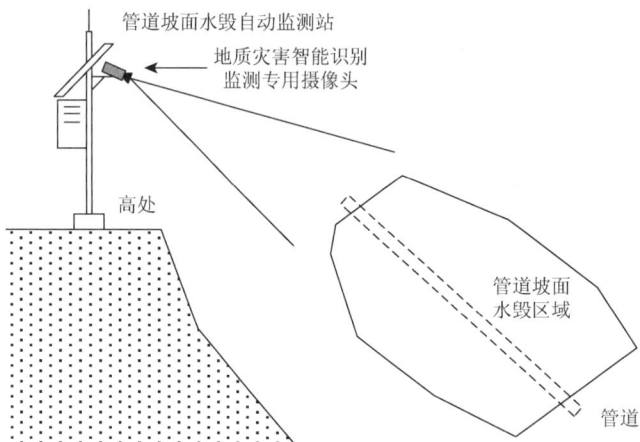

图 5-37　坡面水毁监测示意图

5.6　管道黄土陷穴灾害风险管理

黄土陷穴是指黄土地区地表形成的穴状凹地在雨季时大面积汇集的雨水，沿着黄土的垂直节理大孔隙向内部渗透、潜流，溶解了黄土中的易溶盐，破坏了黄土结构，土体不断崩解，水流带走黄土颗粒，形成暗穴，在水的浸泡和冲刷作用下，洞壁坍塌，逐渐扩大形成更大的暗穴或出露于地表的其他形态的陷穴。特别是在地形起伏多变、地表径流容易汇集的地方，土质松散、垂直节理较多的新黄土中最易形成陷穴。

黄土的湿陷性是产生陷穴的内在原因，水的潜蚀作用是产生陷穴的外部诱因。

微地形地貌特征对陷穴产生也有一定影响。一般陷穴多发生在一边靠山，一边临深沟的地段；有时也发生在半填半挖路堑与路堤衔接处、桥涵台背填土处或者填土施工接茬处等；在地形起伏波折变化大的地方，特别是缓坡突然转为陡坡的地段也会发生。

管沟陷穴所导致的灾害是突发性的，但其形成与发展过程是逐渐的，且有规律性，一般分为以下五个阶段：①管沟填土区负地形的产生阶段；②陷穴的形成阶段；③陷穴的发展阶段；④陷穴的扩大阶段；⑤陷穴的致灾阶段。

5.6.1　管道黄土陷穴灾害风险工程措施管理

对于黄土陷穴，一般应尽量减少对线路沿线土层开挖和修坡，施工道路也应尽量减少挖方工程量。防治根本是必须对管线沿线设置完善的地表水工保护设施，杜绝大坡度条件下管沟内侵入地表水流，对管道稳定构成隐患。

1）开挖与填埋工程

（1）开挖导洞和竖井进行回填。洞穴较深，明挖土方工程数量大，应开挖导洞和竖井进行回填。由洞内向外逐步回填密实，回填前必须将洞穴内的尘土彻底清除干净，接近地面 0.5m 厚时，改用黏土回填夯实。

（2）灌砂。对小而直的陷穴，可用干砂灌实整个洞穴。

（3）灌泥浆。适用于洞身不大，但洞壁曲折起伏较大的洞穴和离管道地基中线或地基较远的小陷穴，用水、黏土和砂子和匀后做重复多次灌注。

（4）开挖回填夯实。适用于各种形状的洞穴，也是最常用的一种处理方法。可根据各洞穴情况，设计开挖回填，一般用黄土分层夯实；为提高回填质量和工效，可采用土坯砖砌回填方法。

2）排水与防治工程

（1）设置排水系统。布设排水沟和截水沟，将地表水系统引至有防渗层的排水沟、截水沟，经由沟渠排泄至附近的桥涵或地基范围以外。

（2）改善地表土性质。将松散的土层表面进行夯实，铺填黏土等不透水层或在坡面种植草皮，增强地表的防渗性能，平整坡面与地面，消除坑洼，减小地面水的积聚和渗透。

（3）开展水土保持。主要为植草种树，使土不下山，水土不流失。

（4）增设排水沟加强防渗。在管道沿线为高坡或半填半挖的山侧设排水沟或加大排水沟，并将沟渠加设防渗铺设。

（5）开展巡查工作。对可能产生黄土陷穴的地带（如沟谷两侧、谷底、边坡顶部、地形起伏变化坡折处等），要进行定期的巡视检查，如发现有异常现象时应及时处理，防止黄土陷穴的发生和发展。

5.6.2　管道黄土陷穴灾害风险监测措施管理

由于黄土湿陷性应及时发现、及时治理，黄土陷穴的监测宜采取巡检的方式。黄土陷穴规模较小，发生造成的危害较小，分布数量较多，因此，以人工巡检方式为宜。

第6章 油气管道地质灾害风险评价实践

6.1 单体管道地质灾害风险评价实践

本章选取了管道沿线的滑坡、崩塌、泥石流、水毁、黄土陷穴五类代表性地质灾害点，通过定量风险评价进行单体管道地质灾害风险评价实践。根据第3章建立的管道地质灾害风险各指标体系指标分类与赋值表对选取的灾害点进行量化打分，并算出各地质灾害点的危险性、管道易损性、灾害风险概率指数、管道失效后果指数，最终通过风险判别矩阵得到各灾害点的风险评价结果。

6.1.1 管道滑坡灾害风险评价实例

本节先对选取的西南管道沿线5处代表性滑坡灾害点情况进行简单说明，然后运用滑坡灾害风险评价模型进行风险评价。5处灾害点包括兰成渝成品油管道沿线2处，中贵天然气管道沿线1处，兰成原油管道沿线1处，中缅天然气管道（国内段）1处，现对其中4处灾害点介绍如下。

1）兰成渝成品油管道沿线某滑坡灾害点（灾害点编号：LCY-H01）

该滑坡位于甘肃省礼县，发育在 V 型山谷中，山谷走向呈南北向，宽 250～300m，切割深度 150～200m，谷底顺直且地形起伏不大。四周土地多为荒地，覆盖层多以崩坡积碎石土为主，厚度 2～3m，周围山体基岩大面积出露，岩性以千枚岩为主。

管道沿伴行路内侧山脚敷设，位于滑坡正下方，滑坡坡向约 70°，地形坡度约 50°，坡面顺直，纵长约 30m，前缘宽 30m，厚 2～3m，方量约 $0.3 \times 10^4 \mathrm{m}^3$，于 2013 年汛期发生滑动，滑坡剪出口位于管道之上，现滑坡处于基本稳定状态（图 6-1）。

图 6-1 LCY-H01 滑坡灾害点

2）兰成渝成品油管道沿线某滑坡灾害点（灾害点编号：LCY-H02）

该滑坡位于甘肃省成县，发育于 U 型河谷中，山谷走向呈南北向，宽 200～300m，切割深度 120～220m，谷底顺直且地形起伏不大。谷中冲沟名为旋潭沟，冲沟多沿山谷东侧而下，走向与山谷走向平行，沟宽 15～25m，沟道顺直，纵坡降约 230‰。四周土地多为荒地，覆盖层多以砂卵石为主，厚 8～10m，四周山体基岩大面积出露，岩性以砂岩为主。

管道沿伴行路内侧山脚敷设，位于滑坡正下方。滑坡坡向约 240°，斜坡坡度约 50°，坡面顺直，纵长约 100m，前缘宽约 140m，厚 2～3m，方量约 $2×10^4m^3$，滑坡剪出口位于管道之上，现滑坡处于基本稳定状态（图 6-2）。

图 6-2　LCY-H02 滑坡灾害点

3）中贵天然气管道沿线某滑坡灾害点（灾害点编号：ZG-H01）

该滑坡位于四川省西充县，发育于丘陵地貌区，地势起伏相对较大，周边主要为灌木、荒草地、耕地和林地。第四系覆盖层为残坡积粉质黏土，下伏基岩为砂岩夹泥岩。

该段管道敷设于斜坡地带（基本顺坡向敷设），管沟开挖回填的人工填土结构松散，该滑坡位于陡坡中上部，纵长约 14m，横宽约 17m，厚 1～2m，体积约 400m³，为小型土质滑坡，主滑方向约 160°（图 6-3）。

4）中缅天然气管道（国内段）沿线某滑坡灾害点（灾害点编号：ZM—H01）

该滑坡位于云南省德宏州，发育于中山地貌区，处于龙陵-瑞丽大断裂附近，西北距黄草坝断层约 300m，地势起伏大，周边主要为林地，第四系覆盖层为残坡积碎石土，厚约 1～3m，下伏基岩为强风化变质砂岩，岩层产状 316°∠36°。

管道沿横切斜坡方向开挖埋设，斜坡坡度 25°～45°，坡体上部较缓为 25°～30°，下部较陡坡度 30°～45°。滑坡体斜长 40～50m，宽约 180m，滑体土厚度 3～5m，滑坡土体为碎石土，后缘见拉张裂缝，下挫（图 6-4）。

利用第 3 章介绍的滑坡发生概率指标分级与赋值标准对坡度、坡面形态、土体类型、历史滑塌、现今变形、土体状态、滑体厚度、24h 最大降雨量、地震烈度这 9 个指标进行赋

图 6-3　ZG-H01 滑坡灾害点

(a)

(b)

图 6-4　ZM-H01 滑坡灾害点

值量化，并根据指标评分模型求出管道地质灾害风险概率指数（表 6-1）和管道失效后果指数（表 6-2）。

表 6-1　滑坡风险概率指数计算表

灾害点编号	灾害风险概率											
	地质灾害危险性										管道易损性	风险概率值
	灾害发生的概率指标									灾害防治指标		
	坡度	坡面形态	土体类型	历史滑塌	现今变形	土体状态	滑体厚度	24h 最大降雨量	地震烈度	灾害防治效果		
LCY-H01	9	3	1	8	7	7	1	9	9	0	0.3	0.193
LCY-H02	9	3	1	5	5	6	2	9	9	0	0.3	0.179
ZG-H01	10	2	7	6	5	9	2	5	2	0	0.6	0.347
LC-H01	6	3	2	3	3	9	2	10	9	0	0.6	0.343
ZM-H01	7	6	3	4	5	9	2	6	9	0	0.4	0.236

表 6-2　管道失效后果指数计算表（滑坡）

灾害点编号	危害系数	泄漏系数					扩散系数	受体			后果指数
		内径/m	平均压力/MPa	流体重度/(kg/m³)	泄漏量/kg	分值		人口	环境	高价值	
LCY-H01	7	0.45	14.7	770	85882921.47	5	3.5	0.5	0	0	61.25
LCY-H02	7	0.45	14.7	770	85882921.47	5	3.5	0.5	0	0	61.25
ZG-H01	10	1.016	10	85	15571047.15	5	2	1	0.5	0.3	180
LC-H01	6	0.61	14.7	850	165808027.2	5	4	0.5	0	0	60
ZM-H01	10	1.016	10	85	15571047.15	5	4.5	1	0.5	0.1	360

最终通过滑坡风险判断矩阵表 6-3 进行风险判别，判断结果见表 6-4。

表 6-3　滑坡风险判别矩阵

后果损失	风险概率				
	低（0, 0.13）	较低[0.13, 0.25）	中[0.25, 0.33）	较高[0.33, 0.56）	高[0.56, 1]
低[3.75, 10）	低	较低	中	较高	高
较低[10, 90）	低	较低	中	较高	高
中[90, 300）	较低	中	中	较高	高
较高[300, 860）	较低	中	较高	较高	高
高[860, 1450]	较低	中	较高	高	高

表 6-4　滑坡风险评价结果

灾害点编号	风险概率值	后果指数	风险
LCY-H01	0.193	61.25	较低
LCY-H02	0.179	61.25	较低
ZG-H01	0.347	180	较高
LC-H01	0.343	60	较高
ZM-H01	0.236	360	中等

6.1.2　管道崩塌灾害风险评价实例

本节先对选取的西南管道沿线 10 处代表性崩塌灾害点情况进行简单说明，然后运用崩塌灾害风险评价模型进行风险评价。10 处灾害点分别为兰成渝成品油管道沿线 8 处，中缅天然气管道（国内段）2 处。

1）兰成渝成品油管道沿线某崩塌灾害点（灾害点编号：LCY-B01）

该崩塌位于甘肃省康县，发育于中山河谷地貌区，河谷地形相对较狭窄，地势相对较陡峭，第四系地层为崩坡积碎石土，有前志留系碧口群组变质砂岩出露。

管道位于伴行路内侧，沿危岩边坡坡脚敷设。该危岩带边坡系人工边坡，危岩段长约 5m，坡高约 12m，边坡坡度约 80°，岩层产状 140°∠68°，主崩方向 180°。岩体裂隙发育，岩体破碎，主要发育两组裂隙：①240°∠57°、②180°∠85°，裂隙多呈张开状，连续性较好，大部分无充填，岩体被层面与裂隙共同切割，形成一处方量约 4m³ 的危岩体（图 6-5）。

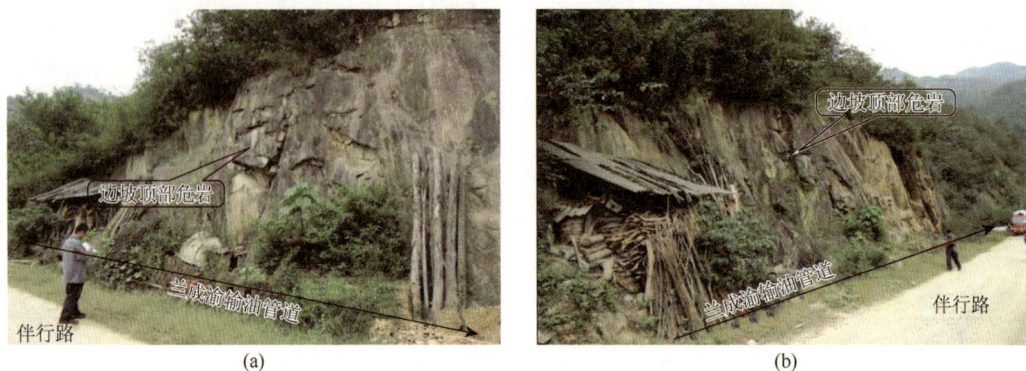

图 6-5　LCY-B01 崩塌灾害点

2）兰成渝成品油管道沿线某崩塌灾害点（灾害点编号：LCY-B02）

该崩塌位于甘肃省康县，发育于中山河谷地貌区，河谷地形相对较狭窄，地势相对较陡峭，第四系地层为崩坡积碎石土，有前志留系碧口群组砂质板岩出露。

管道位于伴行路内侧，沿危岩边坡坡脚敷设。该危岩段边坡系人工边坡，危岩段长约 40m，坡高约 20m，坡度约 70°，岩层产状 135°∠63°，主崩方向 290°。岩体裂隙发育，岩体破碎，主要发育两组裂隙：①240°∠76°、②280°∠28°，裂隙多呈微张状，连续性较好，几乎无充填（图 6-6）。

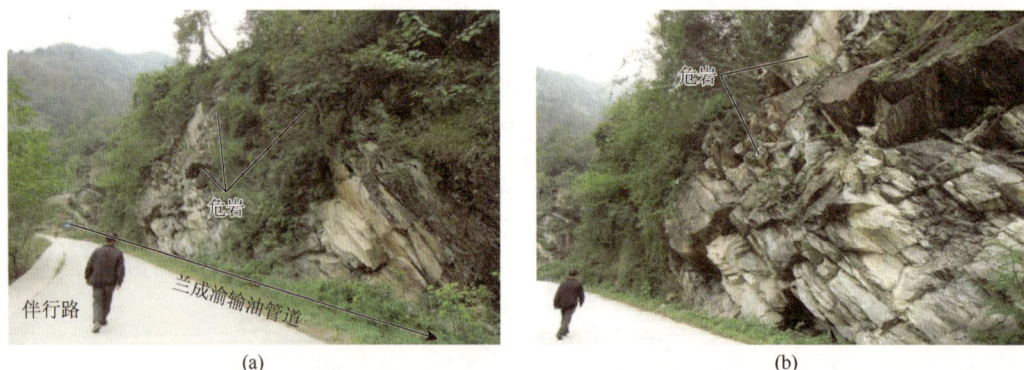

图 6-6　LCY-B02 崩塌灾害点

3）兰成渝成品油管道沿线某崩塌灾害点（灾害点编号：LCY-B03）

该崩塌位于甘肃省康县，发育于中山河谷地貌区，整体地形相对较狭窄，地势相对较陡峭，第四系地层为崩坡积碎石土，有前志留系碧口群组砂质板岩出露。

　　管道位于伴行路内侧，沿危岩边坡坡脚敷设。该危岩带边坡系人工边坡，危岩段长约 200m，坡高 5～25m，坡度约 68°，岩层产状 135°∠60°，主崩方向约 260°。岩体裂隙发育，岩体极破碎，主要发育两组裂隙：①280°∠30°、②180°∠70°，裂隙多呈微张状，连续性较好，几乎无充填，岩体被层面与裂隙共同切割形成不稳定岩块体，方量 2～15m³，局部较大（图 6-7）。

图 6-7　LCY-B03 崩塌灾害点

　　4）兰成渝成品油管道沿线某崩塌灾害点（灾害点编号：LCY-B04）
　　该崩塌位于甘肃省康县，发育于中山河谷地貌区，整体地形相对较狭窄，地势相对较陡峭，第四系地层为崩坡积碎石土，有前志留系碧口群组砂质板岩出露。
　　管道位于伴行路内侧，沿危岩边坡坡脚敷设。该危岩段边坡系人工边坡，危岩段长约 20m，坡高 10～20m，坡度约 75°，岩层产状 135°∠68°，主崩方向约 240°。岩体裂隙发育，岩体破碎，主要发育两组裂隙：①240°∠70°、②250°∠10°，裂隙多呈闭合状，连续性相对较好，几乎无充填，岩体被层面与裂隙共同切割形成不稳定岩块体，方量约 30m³（图 6-8）。

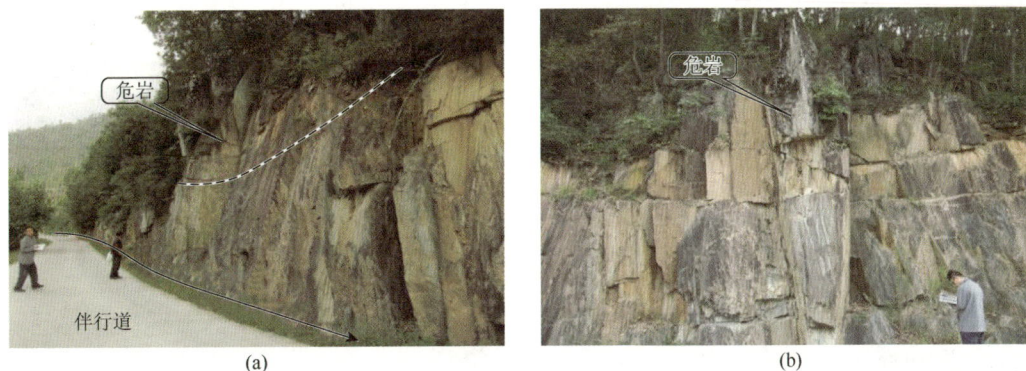

图 6-8　LCY-B04 崩塌灾害点

5）兰成渝成品油管道沿线某崩塌灾害点（灾害点编号：LCY-B05）

该崩塌位于甘肃省康县，发育于中山河谷地貌区，河谷整体地形相对较狭窄，地势相对较陡峭，第四系地层为崩坡积碎石土，有前志留系碧口群组砂质板岩出露。

管道位于伴行路内侧，沿危岩边坡坡脚敷设。该危岩带边坡系人工边坡，危岩段长约100m，坡高5～15m，坡度约60°，岩层产状190°∠84°，主崩方向约40°。岩体裂隙发育，岩体极破碎，主要发育两组裂隙：①280°∠15°、②70°∠56°，裂隙张开度5～8mm，间距3～5mm，岩体被层面与裂隙共同切割形成块体，块体方量为2～5m³，最大约15m³（图6-9）。

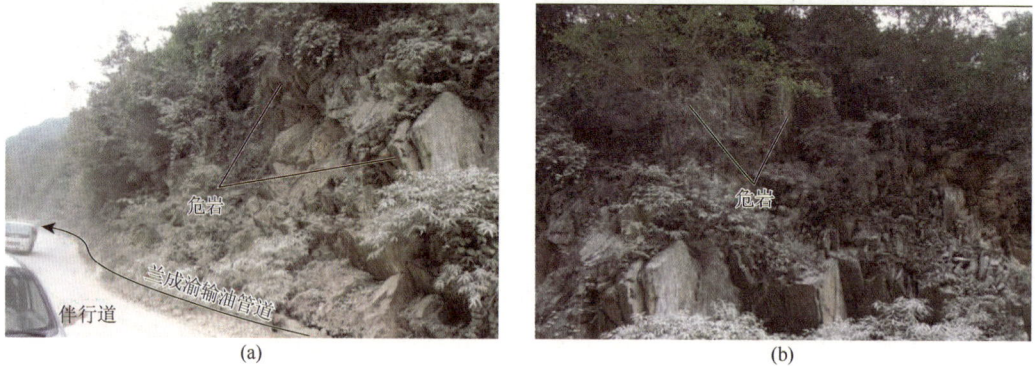

图6-9　LCY-B05 崩塌灾害点

6）兰成渝成品油管道沿线某崩塌灾害点（灾害点编号：LCY-B06）

该崩塌位于甘肃省康县，发育于中山河谷地貌区，河谷整体地形相对较狭窄，地势相对较陡峭，第四系地层为崩坡积碎石土，有前志留系碧口群组砂质板岩出露。

管道位于伴行路内侧，沿危岩边坡坡脚敷设。该危岩段边坡系人工边坡，危岩段长约40m，坡高5～15m，坡度约60°，岩层产状190°∠84°，主崩方向约40°。岩体裂隙发育，岩体极破碎，主要发育两组裂隙：①235°∠66°，②90°∠8°，裂隙张开度5～8mm，几乎无充填，岩体被层面与裂隙共同切割形成块体，方量约0.6m³（图6-10）。

图6-10　LCY-B06 崩塌灾害点

7）兰成渝成品油管道沿线某崩塌灾害点（灾害点编号：LCY-B07）

该崩塌位于甘肃省康县，发育于中山河谷地貌区，河谷整体地形相对较狭窄，地势相对较陡峭，第四系地层为崩坡积碎石土，有前志留系碧口群组变质砂岩出露。

管道位于伴行路内侧，沿危岩边坡坡脚敷设。该危岩带边坡系人工边坡，危岩段长约30m，坡高 20～35m，坡度约 80°，岩层产状 155°∠68°，主崩方向约 290°，该段岩体裂隙发育，岩体破碎，主要发育两组裂隙：①270°∠72°、②65°∠20°，裂隙张开度 1～3mm，基本无充填（图 6-11）。

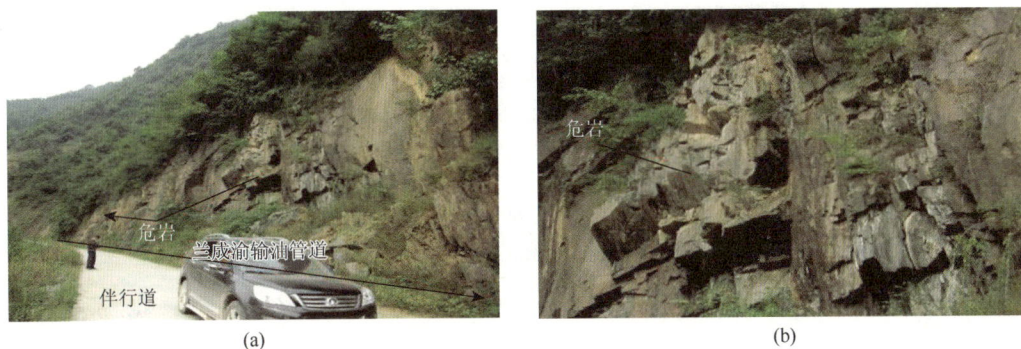

图 6-11　LCY-B07 崩塌灾害点

8）兰成渝成品油管道沿线某崩塌灾害点（灾害点编号：LCY-B08）

该崩塌位于陕西省宁强县，发育于中山河谷地貌区，地势相对较陡峭，第四系地层为崩坡积碎石土，有前志留系碧口群组灰黄色变质砂岩出露。

管道位于伴行路内侧，沿危岩边坡坡脚敷设。该危岩段顺坡长约 10m，坡高约15m，坡向约 210°，坡度约 67°，岩层产状 263°∠40°，岩体内主要发育有两组构造裂隙：①90°∠30°、②230°∠70°，裂隙张开度 2～5mm，延伸 3～5m，裂隙延展性较好，无充填（图 6-12）。

图 6-12　LCY-B08 崩塌灾害点

9）中缅天然气管道（国内段）沿线某崩塌灾害点（灾害点编号：ZM-B01）

该崩塌位于云南省永平县，发育于中山地貌区，地势起伏大，周边主要为林地及耕地，第四系覆盖层为崩坡积碎石土，厚 0.5～1.0m，下伏基岩为三叠系的灰岩，岩层产状 38°∠16°，该点东北距平坡断裂约 500m，基岩裂隙发育、岩体较破碎。

该段管道沿斜坡坡脚埋设，坡体坡向约 183°，坡度约 80°，坡体为基岩边坡，管道施工时对该坡体采取了锚固措施，管道运营过程中，该处锚固措施逐渐失效形成崩塌体，威胁其下管道运营安全。该处主要发育两处裂隙，①265°∠78°，裂隙张开 8～10cm，延伸长 3～5m；②170°∠76°，裂隙张开 4～6cm，延伸长 2～4m。总体上裂隙均贯通，危岩块体约 2.5m³（图 6-13）。

图 6-13　ZM-B01 崩塌灾害点

10）中缅天然气管道（国内段）沿线某崩塌灾害点（灾害点编号：ZM-B02）

该崩塌位于云南省南华县，发育于中山地貌区，地势起伏大，周边主要为林地，第四系覆盖层为残坡积碎石土，厚约 0.5m，下伏基岩为白垩系石英砂岩，岩层产状 165°∠79°，该点东北距沙桥断层约 4km，基岩裂隙较发育，岩体较破碎。

该段管道沿河谷埋设。崩塌处为一处已停工的采石场开采面，坡体坡向约 135°，坡体上部坡度 50°～60°，下部坡度 15°～25°，崩塌体高约 40m，宽约 60m，危岩块体方量约 6m³，最大 70m³，主崩方向约 135°。该处主要发育两处裂隙：①355°∠70°，裂隙张开 1～3cm，延伸长 4～8m；②255°∠33°，裂隙张开 1～2cm，延伸长 3～5m。总体上裂隙多贯通（图 6-14）。

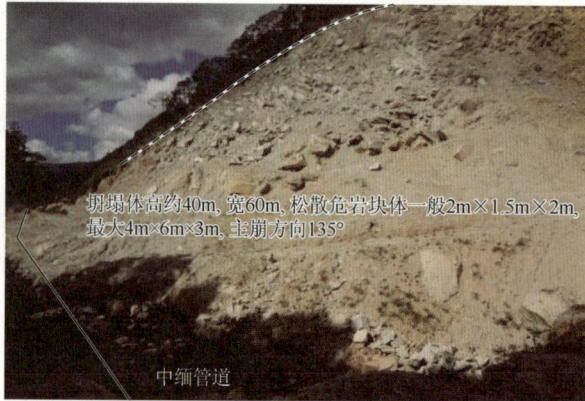

图 6-14　ZM-B02 崩塌灾害点

利用第 3 章介绍的崩塌发生概率指标分级与赋值标准对坡度、坡面形态、岩体类型、岩体结构类型、裂隙发育程度、结构面组合与边坡关系、24h 最大降雨量、地震烈度这 8 个指标进行赋值量化，并根据指标评分模型求出管道地质灾害风险概率指数（表 6-5）、管道失效后果指数（崩塌）（表 6-6）。

表 6-5　崩塌风险概率指数计算表

灾害点编号	灾害风险概率										
	地质灾害危险性									管道易损性	风险概率值
	灾害发生的概率指标								灾害防治指标		
	坡度	坡面形态	岩体类型	岩体结构类型	裂隙发育程度	结构面组合与边坡关系	24h 最大降雨量	地震烈度	灾害防治效果		
LCY-B01	9	3	5	2	1	5	10	6	0	0.2	0.103
LCY-B02	8	6	5	6	6	2	10	6	0	0.2	0.123
LCY-B03	7	6	5	6	5	9	10	6	0	0.2	0.131
LCY-B04	10	3	5	2	4	9	10	6	0	0.3	0.183
LCY-B05	6	6	5	8	5	4	10	6	0	0.3	0.200
LCY-B06	10	5	5	8	8	4	10	6	0	0.5	0.354
LCY-B07	10	4	5	2	5	3	10	6	0	0.1	0.055
LCY-B08	7	5	5	6	4	3	6	4	0	0.1	0.050
ZM-B01	10	3	5	7	6	2	5	4	0.22	0.5	0.221
ZM-B02	4	7	5	9	9	2	5	4	0	0.1	0.056

表 6-6　管道失效后果指数计算表（崩塌）

灾害点编号	危害系数	泄漏系数					扩散系数	受体			失效后果值
		内径/m	平均压力/MPa	流体重度/(kg/m³)	泄漏量/kg	分值		人口	环境	高价值	
LCY-B01	7	0.45	14.7	770	7	5	4.5	1	0	0	157.5
LCY-B02	7	0.45	14.7	770	7	5	4.5	1	0	0	157.5
LCY-B03	7	0.45	14.7	770	7	5	4.5	1	0	0	157.5
LCY-B04	7	0.45	14.7	770	7	5	4.5	1	0	0	157.5
LCY-B05	7	0.45	14.7	770	7	5	3.5	1	0	0	122.5
LCY-B06	7	0.45	14.7	770	7	5	3.5	1	0	0	122.5
LCY-B07	7	0.45	14.7	770	7	5	4.5	1	0	0	157.5
LCY-B08	7	0.45	14.7	770	7	5	3.5	1	0	0	122.5
ZM-B01	10	1.016	10	85	10	5	4.5	1	0.8	0.8	585
ZM-B02	10	1.016	10	85	10	5	4	1	0	0	200

最终通过崩塌风险判断矩阵（表 6-7）进行风险判别，判断结果见表 6-8。

表 6-7　崩塌风险判别矩阵

后果损失	风险概率				
	低（0, 0.16)	较低[0.16, 0.26)	中[0.26, 0.41)	较高[0.41, 0.55)	高[0.55, 1]
低[3.75, 10)	低	较低	中	较高	高
较低[10, 90)	低	较低	中	较高	高
中[90, 300)	较低	中	中	较高	高
较高[300, 860)	较低	中	较高	较高	高
高[860, 1450]	较低	中	较高	高	高

表 6-8　崩塌风险评价结果

灾害点编号	风险概率值	后果指数	风险
LCY-B01	0.103	157.5	较低
LCY-B02	0.123	157.5	较低
LCY-B03	0.131	157.5	较低
LCY-B04	0.183	157.5	中
LCY-B05	0.200	122.5	中
LCY-B06	0.354	122.5	中
LCY-B07	0.055	157.5	较低
LCY-B08	0.050	122.5	较低
ZM-B01	0.221	585	中
ZM-B02	0.056	200	较低

6.1.3　管道泥石流灾害风险评价实例

本节选取西南管道沿线 5 处代表性泥石流灾害点情况进行简单说明，然后运用泥石流灾害风险评价模型进行风险评价。5 处灾害点分别为兰成渝成品油管道沿线 1 处，中贵天然气管道沿线 1 处，兰郑长成品油管道沿线 2 处，中缅天然气管道（国内段）1 处。现对其中两处灾害点介绍如下。

1）兰成渝成品油管道沿线某泥石流灾害点（灾害点编号灾害点编号：LCY-N01）

该灾害点位于甘肃省康县，发育于中山河谷地貌区，河谷整体地形相对较狭窄，地势相对较陡峭，第四系地层为泥石流堆积、冲洪积碎石块石土。流域面积约 $2km^2$，主沟纵长约 3.1km，平均坡降 206‰，中上游坡降较大，下游坡降较小。该沟汇水条件较好，物源量较大，以崩滑物源和沟道物源为主，为中频稀性暴雨型泥石流沟。

管道横穿泥石流下游沟道敷设，处于冲淤相间段，在暴雨天气水动力条件好的情况下，容易受到潜在泥石流冲刷作用的影响（图 6-15）。

图 6-15　LCY-N01 泥石流灾害点

2）中缅天然气管道沿线某泥石流灾害点（灾害点编号：ZM-N01）

该泥石流位于云南省永平县，发育于中低山地貌区，地处松灯-湾坡背斜西翼，岩层产状 293°∠18°，出露岩层为侏罗系薄层片状页岩，表部节理裂隙发育，岩层破碎。沟域内的斜坡多有松散物质覆盖。周边主要为耕地，第四系覆盖层为冲洪积、残坡积碎石土。沟道为转马湾河，属澜沧江水系二级支流，5～9 月水量较大。流域面积约 4km²，主沟纵长约 3.8km，平均坡降 134‰。

该沟汇水条件一般，物源量较大，以崩滑物源和沟道物源为主，为中频稀性暴雨型泥石流沟。

管道沿河水流向顺下游沟道敷设，处于冲淤相间段，在暴雨天气水动力条件好的情况下，容易受到潜在泥石流冲刷作用的影响（图 6-16）。

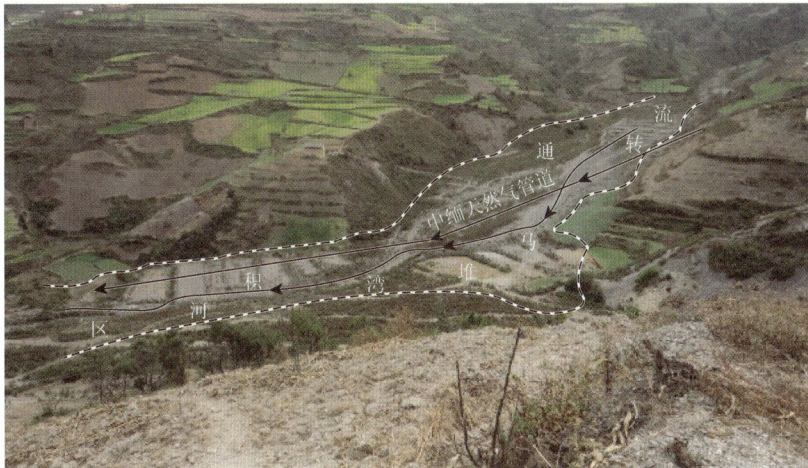

图 6-16　ZM-N01 泥石流灾害点

利用第 3 章介绍的泥石流发生概率指标分级与赋值标准对主沟纵坡降、山坡坡度、相对高差、沟槽横断面、流域面积、补给段长度比、河沟阻塞程度、松散物源储量、新构造影响、地层岩性、不良地质现象、冲淤变幅、暴雨强度这 13 个指标进行赋值量化，并根据指标评分模型求出管道地质灾害风险概率指数（表 6-9）、管道失效后果指数（泥石流）（表 6-10）。

表 6-9　泥石流风险概率指数计算表

灾害点编号	灾害风险概率															
	地质灾害危险性														管道易损性	风险概率值
	灾害发生的概率指标													灾害防治指标		
	主沟纵坡降	山坡坡度	相对高差	沟槽横断面	流域面积	补给段长度比	河沟阻塞程度	松散物源储量	新构造影响	地层岩性	不良地质现象	冲淤变幅	暴雨强度	灾害防治效果		
LZC-N01	6	1	4	3	8	1	1	1	7	8	1	1	5	0.311	0.8	0.251
LZC-N02	6	1	3	1	1	1	1	1	7	8	1	1	5	0.35	0.7	0.199
ZG-N01	3	8	8	8	3	8	1	8	8	5	5	4	5	0.35	0.1	0.065
LCY-N01	4	4	6	1	8	1	1	4	7	5	3	5	5	0.35	0.8	0.451
ZM-N01	6	7	3	3	6	1	1	1	6	5	5	2	5	0.272	0.4	0.186

表 6-10　管道失效后果指数计算表（泥石流）

灾害点编号	危害系数	泄漏系数					扩散系数	受体			后果指数
		内径/m	平均压力/MPa	流体重度/(kg/m³)	泄漏量/kg	分值		人口	环境	高价值	
LZC-N01	5	0.61	10	770	129951896.30	5	5.9	0	0.5	0	73.5
LZC-N02	6	0.61	10	770	129951896.30	5	4.2	0.5	0	0	62.65
ZG-N01	10	1.016	10	85	15571047.15	5	1.25	0.2	0.5	0.1	50.2
LCY-N01	7	0.45	14.7	770	85882921.47	5	7.7	0.6	0.2	0.6	378
ZM-N01	10	1.016	10	85	15571047.15	5	3.9	0.8	0.5	0.1	270.6

最终通过泥石流风险判断矩阵（表 6-11）进行风险判别，判断结果见表 6-12。

表 6-11　泥石流风险判别矩阵

后果损失	风险概率				
	低（0, 0.10）	较低[0.10, 0.20）	中[0.20, 0.25）	较高[0.25, 0.40）	高[0.40, 1]
低[3.75, 10）	低	较低	中	较高	高
较低[10, 90）	低	较低	中	较高	高
中[90, 300）	较低	中	中	较高	高
较高[300, 860）	较低	中	较高	较高	高
高[860, 1450]	较低	中	较高	高	高

表6-12　泥石流风险评价结果

灾害点编号	风险概率值	后果指数	风险
LZC-N01	0.251	73.5	较高
LZC-N02	0.199	62.65	中等
ZG-N01	0.065	50.2	低
LCY-N01	0.451	378	高
ZM-N01	0.186	270.6	中等

6.1.4　管道水毁灾害风险评价实例

1. 河沟道水毁风险评价案例

先对选取的西南管道沿线 5 处代表性河沟道水毁灾害点情况进行简单说明,然后运用河沟道水毁灾害风险评价模型进行风险评价。5 处灾害点分别为兰成渝成品油管道沿线 2 处,中贵天然气管道沿线 1 处,兰成原油管道沿线 1 处,中缅天然气管道（国内段）1 处。

1）兰成渝成品油管道沿线某河沟道水毁灾害点（灾害点编号：LCY-H01）

该河沟道水毁灾害点位于四川省德阳市,发育于平原河谷地貌区。出露地层为第四系全新统冲洪积粗、细砂及松散卵石。石亭江为常年流水河流,流量较大,水动力条件强。

管道横穿石亭江敷设,水面宽约 120m,河谷宽约 400m,穿越处下游淤土坝被洪水冲毁失效。受洪水下蚀作用河床下切较大,对管道造成直接威胁,目前管道下游已采用钢桩加袋装土等临时防冲措施（图 6-17）。

图 6-17　LCY-H01 河沟道水毁灾害点

2）兰成渝成品油管道沿线某河沟道水毁灾害点（灾害点编号：LCY-H02）

该河沟道水毁灾害点位于四川省江油市,发育于丘陵地貌区。管道穿越处出露地层为第四系全新统冲洪积粉土及卵石土。

管道沿丘间平坝敷设，穿越小重河，河宽约 30m，深 2m，坡降较小。两侧已修建堡坎，河底未做保护（图 6-18）。

图 6-18　LCY-H02 河沟道水毁灾害点

3）中贵天然气管道沿线某河沟道水毁灾害点（灾害点编号：ZG-H01）

该河沟道水毁灾害点位于甘肃省天水市，发育于黄土高原地貌区，地势起伏较大，周边主要为灌木、荒草地。第四系覆盖层为冲洪积层碎石土、砂土，残坡积层碎石土、黄土，结构松散，下伏基岩为砾岩。

该段管道敷设于座崖沟两岸斜坡地带（基本顺坡向敷设），中间穿越座崖沟，管道通过处修建有浆砌石护岸墙，无护底措施。目前，两岸天然土质岸坡发生局部水毁，坡面发生局部塌陷，冲沟零星分布；左岸岸坡水毁区范围长约 90m，宽约 12～43m，右岸岸坡水毁区范围长约 40m，宽约 5～28m。管道通过处沟底宽约 24m，沟道因洪水冲蚀下切，下切深度约 1.5～1.7m（图 6-19）。

图 6-19　ZG-H01 河沟道水毁灾害点

4）兰成原油管道沿线某河沟道水毁灾害点（灾害点编号：LC-H01）

该河沟道水毁灾害点位于四川省德阳市，发育于河谷地貌区，地势较平坦，周边主要为荒地。第四系覆盖层为冲洪积砂土，结构松散，下伏基岩为泥岩。

管道横穿河道敷设，埋深约 2.0m，河道宽约 6.0m，河道底部设置混凝土护底盖板，下游约 10m 处盖板边缘下部河床受流水下蚀严重，部分区域被掏空，导致盖板架空，易发生坍塌（图 6-20）。

图 6-20　LC-H01 河沟道水毁灾害点

5）中缅天然气管道（国内段）沿线某河沟道水毁灾害点（灾害点编号：ZM-H01）

该河沟道水毁灾害点位于云南省德宏州，发育于中山峡谷中，第四系覆盖层为冲洪积碎石土，厚 3～6m，下伏基岩为紫红色泥岩。区域内降雨集中，瞬时降雨量大，河水量可短时内剧增，随季节的变化较大。

管道横穿沟道沿河床底敷设，水面宽 3～4m，水深小于 0.5m，沟道平均坡降约 60‰。现河水已将管道上方土体冲刷带走，导致管道露管长约 5m（图 6-21）。

图 6-21　ZM-H01 河沟道水毁灾害点

利用第 3 章介绍的河沟道水毁灾害发生概率指标分级与赋值标准对岸坡形态、河岸坡度、河沟纵坡降、地层岩性、河沟道变形、土体状态、24h 最大降雨量、洪水位变幅这 8 个指标进行赋值量化，并根据指标评分模型求出管道地质灾害风险概率指数（表 6-13）和管道失效后果指数（河沟道水毁灾害）（表 6-14）。

表 6-13　河沟道水毁风险概率指数计算表

灾害点编号	灾害风险概率									灾害防治指标	管道易损性	风险概率值
	地质灾害危险性									灾害防治效果		
	灾害发生的概率指标											
	岸坡形态	河岸坡度	河沟纵坡降	地层岩性	河沟道变形	土体状态	24h最大降雨量	洪水位变幅				
LCY-H01	5	3	8	4	3	7	8	4	0	0.2	0.086
LCY-H02	5	4	3	8	3	5	10	7	0.04	0.5	0.235
ZG-H01	6	8	6	5	6	6	10	5	0.12	0.8	0.338
LC-H01	5	9	5	6	2	6	10	6	0.32	0.2	0.026
ZM-H01	5	10	9	3	10	6	6	6	0	1	0.517

表 6-14　管道失效后果指数计算表（河沟道水毁灾害）

灾害点编号	危害系数	泄漏系数					扩散系数	受体			失效后果值
		内径/m	平均压力/MPa	流体重度/(kg/m³)	泄漏量/kg	分值		人口	环境	高价值	
LCY-H01	7	0.45	14.7	770	85882921.47	5	5	1	0.8	0.1	333
LCY-H02	7	0.45	14.7	770	85882921.47	5	5	1	0.8	0.4	385
ZG-H01	10	1.016	10	85	15571047.15	5	5	0.5	0.8	0.1	350
LC-H01	6	0.61	14.7	850	165808027.2	5	5	1	0.8	0.6	360
ZM-H01	10	1.016	10	85	15571047.15	5	5	1	0.8	0.1	475

最终通过河沟道水毁风险判断矩阵（表 6-15）进行风险判别，判断结果见表 6-16。

表 6-15　河沟道水毁风险判别矩阵

后果损失	风险概率				
	低（0, 0.13)	较低[0.13, 0.26)	中[0.26, 0.36)	较高[0.36, 0.52)	高[0.52, 1]
低[3.75, 10)	低	较低	中	较高	高
较低[10, 90)	低	较低	中	较高	高
中[90, 300)	较低	中	中	较高	高
较高[300, 860)	较低	中	较高	较高	高
高[860, 1450]	较低	中	较高	高	高

表 6-16　河沟道水毁风险评价结果

灾害点编号	风险概率值	后果指数	风险
LCY-H01	0.086	333	较低
LCY-H02	0.235	385	中等
ZG-H01	0.338	350	较高
LC-H01	0.026	360	较低
ZM-H01	0.517	475	高

2. 坡面水毁风险评价案例

先对选取的西南管道沿线 10 处代表性坡面水毁灾害点情况进行简单说明，然后运用坡面水毁灾害风险评价模型进行风险评价。10 处灾害点分别为兰成渝成品油管道沿线 2 处，中贵天然气管道沿线 3 处，兰郑长成品油管道沿线 1 处，兰成原油管道 2 处、中缅天然气管道（国内段）2 处。现对其中四处灾害点介绍如下。

1）中贵天然气管道沿线某坡面水毁灾害点（灾害点编号：ZG-P01）

该坡面水毁灾害点位于四川省广元市，发育于低山地貌区，地势起伏相对较大，周边主要为林木、耕地、荒草地。第四系覆盖层为残坡积层碎石土，管沟开挖回填的人工填土结构松散，下伏基岩为泥岩夹砂岩。

该段管道敷设于斜坡地带（基本顺坡向敷设），斜坡呈多级阶梯状，局部陡坡相连，坡度为 15°～35°，斜坡顶部为一处陡坎，坡度约 50°。管道通过处修建有干砌石挡土墙，受地表水的冲蚀、侵蚀作用影响，干砌石挡土墙发生水毁破坏，部分墙体已垮塌，管道位于水毁区下方（图 6-22）。

图 6-22 ZG-P01 坡面水毁灾害点

2）兰成原油管道沿线某坡面水毁灾害点（灾害点编号：LC-P01）

该坡面水毁灾害点位于四川省广元市，发育于低山丘陵地貌区，地势高低起伏，管道周边区域属斜坡属荒地，地表植被较稀疏。第四系覆盖层为粉质黏土，结构松散，下伏基岩为泥岩。

管道敷设于乡村土路边的土坡之上，埋深约 1.5～2.5m，边坡形成于道路施工时的路堑开挖，坡高约 5.0m，坡体主要由泥岩组成，薄层状结构，较破碎，地表植被覆盖率较差，加之修路时对坡脚的开挖致使土坡坡度较陡（坡度约 70°）。雨季地表水的顺坡流动，导致边坡挡墙发生变形垮塌（图 6-23）。

3）中缅天然气管道（国内段）沿线某坡面水毁灾害点（灾害点编号：ZM-P01）

该坡面水毁灾害点位于云南省保山市，发育于中山地貌区，处于鸡街子断裂破碎带中，地势起伏大，周边主要为耕地，第四系覆盖层为残坡积碎石土，厚 0.5～1.5m，下伏基岩为白垩系泥岩及砂岩，岩层产状 48°∠47°，基岩裂隙发育，岩体破碎。

图 6-23　LC-P01 坡面水毁灾害点

管道沿坡脚敷设，斜坡坡向约 310°，坡度 20°～25°，坡体上松散体主要为管沟开挖回填碎石土，厚 3～5m。区域内降雨集中，瞬时降雨量大。2014 年雨季地表水冲刷坡体表层碎石土形成坡面水毁区，水毁区长约 40m，宽 5～20m，深 0.5～1.0m（图 6-24）。

图 6-24　ZM-P01 坡面水毁灾害点

4）中缅天然气管道（国内段）沿线某坡面水毁灾害点（灾害点编号：ZM-P02）

该坡面水毁灾害点位于云南省曲靖市，发育于中低山地貌区，南东距大青-青石桥断层的次生断层约 1.2km，地势起伏较大，周边主要为林地，第四系覆盖层为残坡积粉质黏土，厚 0.5～2.0m，下伏基岩为二叠系灰岩，岩层产状 316°∠12°，基岩裂隙发育，岩体破碎。

管道顺斜坡开挖埋设，斜坡坡向约 350°，坡度 20°～25°。坡体上以管沟开挖回填的碎石土为主，碎石粒径多小于 10cm，细粒土含量较高。区域内降雨集中，瞬时降雨量大。

2014 年雨季地表水冲刷坡体表层碎石土形成坡面水毁区，水毁区沿管道长约 60m，宽 5～8m，深 0.5～2.0m，导致管道露管长约 5m（图 6-25）。

图 6-25　ZM-P02 坡面水毁灾害点

利用第 3 章介绍的坡面水毁灾害发生概率指标分级与赋值标准对坡度、坡面形态、相对高差、土体类型、植被覆盖率、坡面冲刷程度、土体状态、24h 最大降雨量、地表水体这 9 个指标进行赋值量化，并根据指标评分模型求出管道地质灾害风险概率指数（表 6-17）、管道失效后果指数（表 6-18）。

最终通过坡面水毁风险判断矩阵表（6-19）进行风险判别，判断结果见表 6-20。

表 6-17　坡面水毁风险概率指数计算表

灾害点编号	灾害风险概率											
	地质灾害危险性									灾害防治指标	管道易损性	风险概率值
	灾害发生的概率指标									灾害防治效果		
	坡度	坡面形态	相对高差	土体类型	植被覆盖率	坡面冲刷程度	土体状态	24h 最大降雨量	地表水体			
LCY-P01	4	7	2	5	7	3	4	10	1	0.29	0.5	0.144
LCY-P02	4	8	2	6	7	5	8	10	1	0.1	0.2	0.111
LZC-P01	5	8	3	8	8	7	4	9	1	0	0.7	0.430
ZG-P01	6	4	1	3	4	5	7	8	1	0.19	0.3	0.117
ZG-P02	8	3	1	1	4	5	5	10	1	0	0.7	0.344
ZG-P03	9	8	3	2	2	8	8	10	1	0	0.9	0.560
LC-P01	9	7	1	7	9	7	5	10	1	0	0.5	0.339
LC-P02	10	7	1	2	3	3	5	8	1	0.1	0.2	0.099
ZM-P01	5	2	2	4	3	6	6	5	1	0	0.3	0.127
ZM-P02	5	3	3	5	9	7	8	7	1	0	0.6	0.350

表 6-18　管道失效后果指数计算表（坡面水毁）

灾害点编号	危害系数	泄漏系数						扩散系数	受体			失效后果值
		内径/m	平均压力/MPa	流体重度/(kg/m³)	泄漏量/kg	分值			人口	环境	高价值	
LCY-P01	7	0.45	14.7	770	85882921.47	5	2	1	0	0	70
LCY-P02	7	0.45	14.7	770	85882921.47	5	4	1	0	0	140
LZC-P01	6	0.61	10	770	129951896.3	5	3	1	0	0	105
ZG-P01	10	1.016	10	85	15571047.15	5	3.5	1	0.5	0.5	350
ZG-P02	10	1.016	10	85	15571047.15	5	2	1	0.5	0.5	200
ZG-P03	10	1.016	10	85	15571047.15	5	4.5	1	0	0	225
LC-P01	6	0.61	14.7	850	165808027.2	5	3	0.5	0	0	45
LC-P02	6	0.61	14.7	850	165808027.2	5	3	0.5	0	0	45
ZM-P01	10	1.016	10	85	15571047.15	5	4.5	1	0	0	225
ZM-P02	10	1.016	10	85	15571047.15	5	4	1	0	0	200

表 6-19　坡面水毁风险判别矩阵

后果损失	风险概率				
	低（0, 0.13）	较低[0.13, 0.26）	中[0.26, 0.35）	较高[0.35, 0.52）	高[0.52, 1]
低[3.75, 10）	低	较低	中	较高	高
较低[10, 90）	低	较低	中	较高	高
中[90, 300）	较低	中	中	较高	高
较高[300, 860）	较低	中	较高	较高	高
高[860, 1450]	较低	中	较高	高	高

表 6-20　坡面水毁风险评价结果

灾害点编号	风险概率值	后果指数	风险
LCY-P01	0.144	70	较低
LCY-P02	0.111	140	较低
LZC-P01	0.430	105	较高
ZG-P01	0.117	350	较低
ZG-P02	0.344	200	中等
ZG-P03	0.560	225	高
LC-P01	0.339	45	中
LC-P02	0.099	45	低
ZM-P01	0.127	225	较低
ZM-P02	0.350	200	较高

3. 台田地水毁风险评价案例

先对选取的西南管道沿线 6 处代表性台田地水毁灾害点情况进行简单说明，然后运用台田地水毁灾害风险评价模型进行风险评价。6 处灾害点分别为中贵天然气管道沿线 5 处，兰郑长成品油管道沿线 1 处。

1）中贵天然气管道沿线某台田地水毁灾害点（灾害点编号：ZG-T01）

该灾害点位于四川省广元市利州区，发育于构造剥蚀中低山地貌区，斜坡平均坡度约 25°。全区属亚热带湿润季风气候，年均气温 17℃，雨量充沛，年均降雨量 698mm，年内降雨量集中在 5～10 月，在极端降雨条件下极易形成台田地冲蚀。表层为第四系黄色含碎石粉质黏土，基岩为肉红色-紫红色长石砂岩。

管道穿越田间陡坎敷设，由于铺设管道时对管沟开挖，使得坡体土结构松散，在降雨条件下陡坎发生局部垮塌，可见小范围漏管（图 6-26）。

图 6-26 ZG-T01 台田地水毁灾害点

2）中贵天然气管道沿线某台田地水毁灾害点（灾害点编号：ZG-T02）

该灾害点位于四川省广元市利州区，发育于构造剥蚀中低山地貌区，斜坡平均坡度约 25°。全区属亚热带湿润季风气候，年均气温 17℃，雨量充沛，年均降雨量 698mm，年内降雨量集中在 5～10 月，在极端降雨条件下极易形成台田地冲蚀。区域地层为第四系含碎石粉质黏土、耕植土、淤泥质土，土体结构较为疏松，未见基岩出露。

管道穿越田间陡坎敷设，管沟开挖使得管沟周围一定范围内土体结构疏松，加上挡土墙墙身没有设置泄水孔，在降雨作用下，墙后土体逐渐饱和，土压力增加，导致挡土墙出现垮塌（图 6-27）。

3）中贵天然气管道沿线某台田地水毁灾害点（灾害点编号：ZG-T03）

该灾害点位于四川省广元市利州区，发育于构造剥蚀中低山地貌区，微地貌形态为台地。植被主要为灌木，覆盖率为 45%，主要农作物为蔬菜、水稻等。表层为第四系含碎石粉质黏土，出露基岩为紫红色泥岩、砂岩。区域内年降雨量多集中在 5～9 月。

管道横穿穿越田间陡坎敷设。由于挡墙位于冲沟内，周围山体坡面流水常年汇集于此，土体饱和，墙后土压力增加，导致墙体中部出现局部变形垮塌（图 6-28）。

图 6-27　ZG-T02 台田地水毁灾害点

图 6-28　ZG-T03 台田地水毁灾害点

4）中贵天然气管道沿线某台田地水毁灾害点（灾害点编号：ZG-T04）

该灾害点位于四川省广元市苍溪县，发育于构造剥蚀中低山地貌区，斜坡平均坡度10°～15°。表层为第四系含碎石粉质黏土，两侧见基岩出露，岩性为紫红色砂泥岩。区域内地下水以孔隙水为主，未见地下水出露。全区属亚热带湿润季风气候，年均气温 17℃，雨量充沛，在极端降雨条件下极易形成台田地冲蚀。

管道穿越斜坡陡坎顺坡敷设，管线右侧陡坎为草袋临时挡墙，陡坎上部修建有一条 U型灌溉水沟，水沟有漏水现象。由于挡墙没有设置泄水孔，斜坡坡度陡峭，加上管线敷设开挖使得土体结构被破坏，在后期降雨的作用下，土体逐渐饱和，墙后土压力增加，导致草袋挡墙全部垮塌，浆砌条石挡墙严重变形（图 6-29）。

5）中贵天然气管道沿线某台田地水毁灾害点（灾害点编号：ZG-T05）

该灾害点位于四川省阆中市江南镇，发育于构造剥蚀低山地貌区，斜坡台田地形，坡度约 12°，地形纵向呈阶梯状延伸。周边为耕地，表层为第四系含碎石粉质黏土，基岩为砂岩、泥岩互层，区域内年降雨量多集中在 5～9 月。

图 6-29　ZG-T04 台田地水毁灾害点

　　管道穿越斜坡陡坎顺坡敷设，由于管道周边耕地土质松软，植被稀少，加上管沟开挖回填没有压实，在降雨的作用下，土体不断饱和，墙后土压力增加，导致修筑的两道挡墙出现不同程度的变形甚至损毁（图 6-30）。

图 6-30　ZG-T05 台田地水毁灾害点

　　利用第 3 章介绍的台田地水毁灾害发生概率指标分级与赋值标准对台田地陡缓、坎高、岩土类型、土地利用类型、变形情况、24h 最大降雨量、地表水体这 7 个指标进行赋值量化，根据指标评分模型求出管道地质灾害风险概率指数（表 6-21）、管道失效后果指数（表 6-22）。

　　最终通过台田地水毁风险判断矩阵表（6-23）进行风险判别，判断结果见表 6-24。

表 6-21 台田地水毁风险概率指数计算表

灾害点编号	灾害风险概率										
	地质灾害危险性								灾害防治指标	管道易损性	风险概率值
	灾害发生的概率指标										
	台田地陡缓	坎高	岩土类型	土地利用类型	变形情况	24h 最大降雨量	地表水体		灾害防治效果		
ZG-T01	1	6	4	8	4	7	4		0.32	0.4	0.112
ZG-T02	2	7	8	7	7	7	3		0.26	0.5	0.403
ZG-T03	2	6	8	7	6	7	3		0.28	0.3	0.133
ZG-T04	2	10	8	2	8	8	4		0.1	0.4	0.273
ZG-T05	2	10	4	7	4	7	4		0.31	0.1	0.091

表 6-22 管道失效后果指数计算表（台田地水毁）

灾害点编号	危害系数	泄漏系数						扩散系数	受体			失效后果值
		内径/m	平均压力/MPa	流体重度/(kg/m³)	泄漏量/kg	分值			人口	环境	高价值	
ZG-T01	7	0.45	14.7	770	85882921.47	5		2	1	0	0	70
ZG-T02	7	0.45	14.7	770	85882921.47	5		2	1	0	0	70
ZG-T03	6	0.61	10	770	129951896.3	5		4.5	1	0	0	158
ZG-T04	6	0.61	10	770	129951896.3	5		4.5	1	0	0	158
ZG-T05	10	1.016	10	85	15571047.15	5		3	1	0	0	150

表 6-23 台田地水毁风险判别矩阵

后果损失	风险概率				
	低（0, 0.18)	较低[0.18, 0.36)	中[0.36, 0.56)	较高[0.56, 1]	高
低[3.75, 10)	低	较低	中	较高	\
较低[10, 90)	低	较低	中	较高	\
中[90, 300)	较低	中	中	较高	\
较高[300, 860)	较低	中	较高	较高	\
高[860, 1450]	较低	中	较高	高	\

表 6-24 台田地水毁风险评价结果

灾害点编号	风险概率值	后果指数	风险
ZG-T01	0.112	70	较低
ZG-T02	0.403	70	中

灾害点编号	风险概率值	后果指数	风险
ZG-T03	0.133	158	较低
ZG-T04	0.273	158	中
ZG-T05	0.091	150	较低

6.1.5　管道黄土陷穴灾害风险评价实例

本节先对选取的西南管道沿线 5 处代表性黄土陷穴灾害点情况进行简单说明,然后运用黄土陷穴灾害风险评价模型进行风险评价。5 处灾害点分别为兰成渝成品油管道沿线 1 处,中贵天然气管道沿线 1 处,兰郑长成品油管道沿线 2 处,兰成原油管道 1 处。

1) 兰成渝成品油管道沿线某黄土陷穴灾害点(灾害点编号:LCY-HT01)

该灾害点位于甘肃省兰州市,发育于黄土高原地貌区,地势开阔平缓,周边主要为耕地,第四系地层为风积黄土,未见基岩出露。黄土多具有湿陷性,水敏性较强。

管道敷设处为荒地,管道上方有一处呈椭圆形陷穴(图 6-31)。

图 6-31　LCY-HT01 黄土陷穴灾害点

2) 兰郑长成品油管道(甘肃段)沿线某黄土陷穴灾害点(灾害点编号:LZC-HT02)

该灾害点位于甘肃省兰州市,发育于黄土梁地貌区,出露第四系上更新统马兰黄土,黄土多具有湿陷性,水敏性较强。

管道沿耕地穿越斜坡土坎采用开挖方式敷设,开挖铺设管道造成表层回填土结构较松散。管道在耕地通过处出现大范围黄土塌陷,已形成漏管(图 6-32)。

(a)

(b)

图 6-32　LZC-HT02 黄土陷穴灾害点

3）中贵天然气管道沿线某黄土陷穴灾害点（灾害点编号：ZG-HT01）

该灾害点位于宁夏回族自治区中卫市，发育于黄土台源地貌区，地形多平坦开阔，相对高差一般为 5～10m。由于该段区域黄土多为风成黄土，黄土湿陷性较强，多易形成陷穴。

管道敷设处为荒地，发育有一处陷穴，陷穴长约 5m，宽约 1m，深 0.2～0.7m，管道位于陷穴下方（图 6-33）。

图 6-33　ZG-HT01 黄土陷穴灾害点

4）兰成原油管道沿线某黄土陷穴灾害点（灾害点编号：LC-HT01）

该灾害点位于甘肃省定西市，发育于黄土高原地貌区，地势高低起伏，管道周边区域为缓坡荒地，地表植被较稀疏。第四系覆盖层为黄土，结构松散。黄土多具有湿陷性，湿陷性较强。

管道敷设处为荒地，发育有一处陷穴。该黄土陷穴直径约 1.3m，深约 1.0m，表面呈近圆形，管道位于陷穴下方（图 6-34）。

图 6-34　LC-HT01 黄土陷穴灾害点

利用第 3 章介绍的黄土陷穴灾害发生概率指标分级与赋值标准对地形起伏程度、微地貌特征、汇水面积、土体类型、土地利用类型、土体状态、变形特征、多年平均降雨量这 8 个指标进行赋值量化，并根据指标评分模型求出黄土陷穴风险概率指数（表 6-25）和黄土陷穴失效后果指数（表 6-26）。

最终根据黄土陷穴风险判别矩阵（表 6-27）进行风险判别，判别结果见表 6-28。

表 6-25　黄土陷穴风险概率指数计算表

灾害点编号	灾害风险概率										
	地质灾害危险性									管道易损性	风险概率值
	灾害发生的概率指标								灾害防治指标		
	地形起伏程度	微地貌特征	汇水面积	土体类型	土地利用类型	土体状态	变形特征	多年平均降雨量	灾害防治效果		
LCY-HT01	1	2	3	5	9	5	2	6	0	0.3	0.109
LZC-HT01	3	8	8	5	5	6	7	6	0	0.8	0.491
LZC-HT02	5	6	10	5	9	7	6	6	0	0.8	0.527
ZG-HT01	4	4	1	5	5	7	2	3	0	0.2	0.080
LC-HT01	3	5	3	5	9	8	4	7	0	0.5	0.261

表 6-26　管道失效后果指数计算表（黄土陷穴)

灾害点编号	危害系数	泄漏系数					扩散系数	受体			失效后果值
		内径/m	平均压力/MPa	流体重度/(kg/m³)	泄漏量/kg	分值		人口	环境	高价值	
LCY-HT01	7	0.45	14.7	770	85882921.47	5	3	1	0	0	105
LZC-HT01	6	0.61	10	770	129951896.3	5	4.5	1	0	0	158
LZC-HT02	6	0.61	10	770	129951896.3	5	3	1	0	0	105
ZG-HT01	10	1.016	10	85	15571047.15	5	3	1	0	0	150
LC-HT01	6	0.61	14.7	850	165808027.2	5	3	0.5	0	0	45

表 6-27　黄土陷穴风险判别矩阵

后果损失	风险概率				
	低（0, 0.22)	较低[0.22, 0.30)	中[0.30, 0.50)	较高[0.50, 0.60)	高[0.60, 1]
低[3.75, 10)	低	较低	中	较高	高
较低[10, 90)	低	较低	中	较高	高
中[90, 300)	较低	中	中	较高	高
较高[300, 860)	较低	中	较高	较高	高
高[860, 1450]	较低	中	较高	高	高

表 6-28　黄土陷穴风险评价结果

灾害点编号	风险概率值	后果指数	风险
LCY-HT01	0.109	105	较低
LZC-HT01	0.491	158	中
LZC-HT02	0.527	105	较高
ZG-HT01	0.080	150	较低
LC-HT01	0.261	45	较低

6.2　区域管道地质灾害风险评价实践

本节将运用本书第 4 章关于区域管道地质灾害危险性评价因子、评价模型以及区域管道地质灾害易损性评价因子和评价模型的相关原理和方法，以兰成原油管道和兰成渝成品油管道及沿线地质灾害两个典型实例，分别做区域管道地质灾害危险度和管道易损度的定量计算，得到相应区域管道地质灾害的风险值（R），并对两条管道进行地质灾害风险分区分段。

6.2.1　兰成原油管道地质灾害风险评价实例

1. 兰成原油管道及沿线地质灾害发育概况

兰成原油管道干线起始于甘肃省兰州市西固区，终止于四川省彭州市。全线共经过 3 省 9 市 20 个县（市、区）级行政区域，全长 882km。全线管道采用 L450 管材，Φ610mm 管径，设计输送压力 10MPa，局部 8MPa、12MPa，设计年输油 1000 万吨。管道沿线地势起伏大、地貌形态多，先后穿越黄土高原区、秦岭大巴山高中山区、四川盆地区等多个地貌单元。沿线气候复杂多变，先后穿越黄土高原湿润气候区、秦巴山区山地暖温带湿润气候区、四川盆地亚热带湿润气候区等诸多气候区，年均降雨 100～1100mm 不等。沿线地层岩性齐全，特征复杂，类型多样。复杂的地质环境条件为地质灾害的发育创造了有利的条件，也为管道的安全运营带来了隐患。

根据 2017 年汛期兰成原油管道沿线地灾排查资料显示，管道沿线共有各类地质灾害隐患点 147 处，其中地质灾害高风险点 1 处，较高风险 3 处，中等风险 70 处、较低风险 58 处、低风险 15 处（图 6-35），涉及滑坡、崩塌（危岩）、水毁（坡面水毁、河沟道水毁、台田地水毁）、泥石流、黄土陷穴和潜在不稳定斜坡共六种灾害类型。

2. 地质灾害风险评价模型及评价指标体系

1）地质灾害风险评价模型

采用第 4 章介绍的区域管道地质灾害风险评价模型：

$$风险值(R) = 危险性(H) \times 易损性(V) \tag{6-1}$$

对于地质灾害危险性（H）、易损性（V），也采用第 4 章介绍的评价模型，其计算公式分别如下：

$$H = \sum_i^n \omega_i \cdot v_i \tag{6-2}$$

$$V = \sum_j^n \omega_j \cdot v_j \tag{6-3}$$

式中，H——地质灾害危险值；
ω_i——第 i 个危险性评价因子的权重；
v_i——第 i 个危险性评价因子的状态值；
V——管道地质灾害的易损值；
ω_j——第 j 个易损性评价因子的权重；
v_j——第 j 个易损性评价因子的状态值；
n——评价因子的个数。

以兰成原油管道为中心线，管道两侧 1km 的范围作为评价区，采用 15m×15m 的规则栅格网格单元作为此次兰成原油管道地质灾害风险评价的最小单元,从而将区内划分成 7.84×10^6 个评价单元。

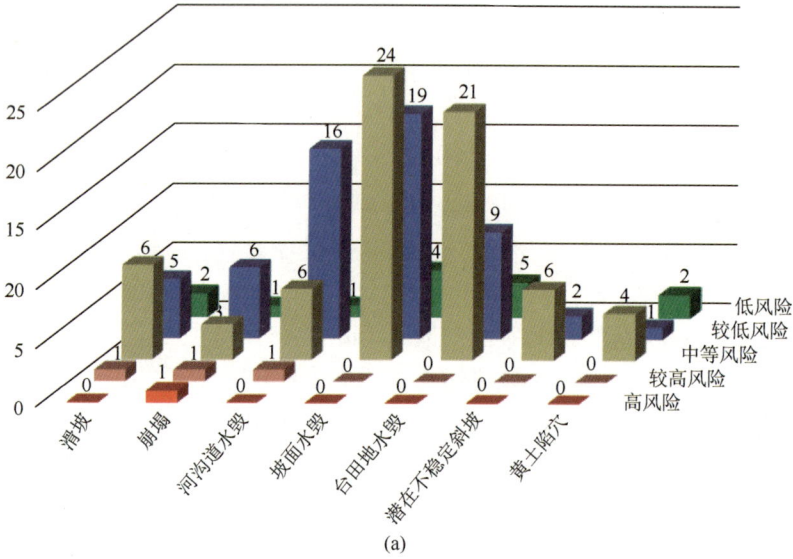

(a)

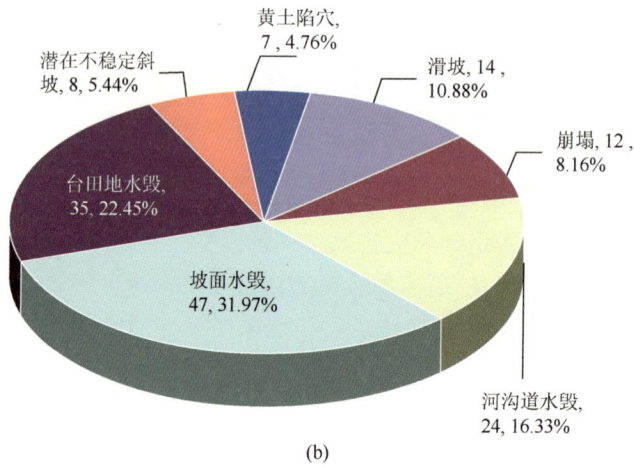

(b)

图 6-35　管道沿线地质灾害发育分布图

2）地质灾害风险评价指标体系

　　管道途经黄土高原区、秦岭大巴山高中山区、四川盆地区三大地貌单元，分析显示在不同地貌单元地质灾害分布类型与数量有所不同（表 6-29），因此，地质灾害危险性评价指标需要按照地貌单元的不同分别构建。而易损性评价指标体系仅仅代表了地质灾害破坏和损害的敏感性，而非地质灾害本身，因此评价指标可以统一选取，最终构建出地质灾害风险评价指标体系（表 6-30）。

表 6-29　不同地貌单元地质灾害分布类型与数量统计表

地貌单元		黄土高原	秦岭大巴山高中山	四川盆地
灾害类型	滑坡	1	11	4
	崩塌	0	12	0
	坡面水毁	15	24	8
	河沟道水毁	4	17	3
	台田地水毁	2	24	7
	黄土陷穴	7	0	0
	潜在不稳定斜坡	1	5	2

表 6-30　不同地貌单元发育的主要地质灾害类型及评价指标

地貌单元	主要灾害类型	危险性评价指标	易损性评价指标
黄土高原	坡面水毁、河沟道水毁、黄土陷穴	坡度、高差、集水面积、24h 最大降雨量、地表水、土地利用类型、多年平均降雨量	人口、道路、河流、扩散系数、土地利用类型
秦岭大巴山高中山	滑坡、崩塌、河沟道水毁、坡面水毁、台田地水毁	坡度、地质构造、地震烈度、集水面积、地表水、人类工程活动、24h 最大降雨量、岩土类型	
四川盆地	台田地水毁、河沟道水毁、坡面水毁、滑坡	坡度、高差、集水面积、24h 最大降雨量、地表水、土地利用类型	

3）评价指标权重

指标权重的确定采用第 4 章介绍的贡献率模型［式（6-4）、式（6-5）］。首先分析兰成原油管道沿线地质灾害发育特征及易损程度，并对评价指标在每个灾害的影响程度进行打分（1 分为影响小或易损小，2 分为影响中等或易损中等，3 分为影响大或易损大），然后汇总各灾害对每种指标的贡献总值，通过归一化处理，最终确定各因子的权重（表 6-31、表 6-32）。

$$r_i = \sum_{j=1}^{n} r_{ij} \tag{6-4}$$

$$S_i = \frac{r_i}{\sum_{i=1}^{m} r_i} \tag{6-5}$$

式中，r_{ij}——第 j 灾害样本中第 i 个评价指标分值；

　　　n——灾害样本的个数；

　　　r_i——第 i 个评价指标的贡献总值；

　　　m——评价指标的个数；

　　　S_i——第 i 个评价指标的权重。

表 6-31　地质灾害危险性评价指标权重表

	指标	坡度	高差	集水面积	24h 最大降雨量	地表水	土地利用类型	多年平均降雨量	地质构造	地震烈度	人类工程活动	岩土类型	灾害点密度
权重	黄土高原区	0.13	0.11	0.13	0.15	0.13	0.14	0.08	-	-	-	-	0.13
	秦岭大巴山高中山区	0.13	-	0.11	0.12	0.10	-	-	0.10	0.12	0.12	0.12	0.08
	四川盆地区	0.17	0.11	0.16	0.18	0.13	0.14						0.11

表 6-32　地质灾害易损性评价指标权重表

易损性评价因子	权重
人口	0.3
道路	0.15
河流	0.35
扩散系数	0.1
土地利用类型	0.1

3. 评价指标的量化与分级

1）危险性评价指标的量化与分级

建立评价指标体系后，进一步要确定其分级，一般情况下，指标的分级应与危险性分级相对应。引用第 4 章的内容，将地质灾害危险性分为高危险区、较高危险区、中等危险区、较低危险区、低危险区五级，分别赋值为 5、4、3、2、1，相应地将评价指标也用五级来描述。危险性评价指标分级赋值标准如表 6-33 所示。

表 6-33　地质灾害危险性评价指标分级标准

评价指标	分级				
	1 分	2 分	3 分	4 分	5 分
坡度	<10°	10°~20°	20°~30°	30°~40°	>40°
高差/m	0~20	20~40	40~60	60~80	>80
集水面积差/m²	<100	1000~3000	3000~6000	5000~8000	>8000
24h 最大降雨量/mm	<100	-	100~125	-	>125
地表水(距离)/m	>60	45~60	30~45	15~30	0~15
土地利用类型	林地、草地	建筑、其他	裸地	旱地	水田
多年平均降雨量/mm	<200	200~300	300~400	400~500	>500
地质构造(距离)/mm	>4000	3000~4000	2000~3000	1000~2000	<1000
地震烈度/度	6	7	8	9	≥10
人类工程活动(距离)/m	-	>15	-	0~15	-
岩土类型	软岩、第四系	岩浆岩	碳酸岩	碎屑岩	变质岩
灾害点密度/(处/km²)	0~0.1	0.1~0.2	0.2~0.5	0.5~1	>1

2）易损性评价指标的量化与分级

易损性评价指标同样分为五级，分级赋值标准如表 6-34 所示。

表 6-34　地质灾害易损性评价指标分级标准

评价指标	1 分	2 分	3 分	4 分	5 分
人口/m （建筑物的缓冲区半径）	>200	150～200	100～150	50～100	<50
道路/m	>60	45～60	30～45	15～30	0～15
河流/m	>200	150～200	100～150	50～100	<50
扩散系数 （管道泄漏扩散容易程度）	<10°	10°～15°	15°～20°	20°～25°	≥25°
土地利用类型	其他（灌木林地、荒草地、裸地）	-	旱地	-	水田（含水域）

4. 管道地质灾害风险分区

1）管道地质灾害风险评价

运用第 4 章介绍的区域管道地质灾害风险评价方法，利用栅格计算器将得到的兰成原油管道沿线地质灾害危险性、易损性各指标与其对应的权重进行加权计算，综合两方面的评价成果，最终得到兰成原油管道地质灾害风险值。

接着，采用自然断点法将兰成原油管道沿线地质灾害风险划分为地质灾害高风险区、较高风险区、中等风险区、较低风险区和低风险区五个不同等级，各单元确定的地质灾害风险性等级标准见表 6-35，最终得到管道沿线地质灾害风险分区图（图 6-36）。

表 6-35　地质灾害危险等级分区表

等级	高风险	较高风险	中等风险	较低风险	低风险
风险值	$R≥3.7$	$3.3≤R<3.7$	$3≤R<3.3$	$2.5≤R<3$	$R<2.5$

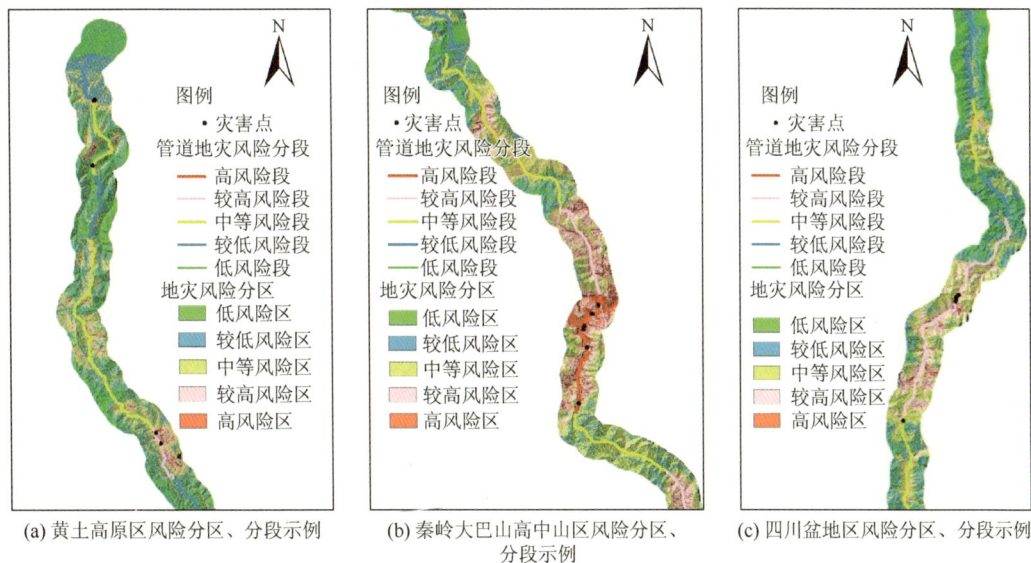

(a) 黄土高原区风险分区、分段示例　(b) 秦岭大巴山高中山区风险分区、分段示例　(c) 四川盆地区风险分区、分段示例

图 6-36　兰成原油管道地质灾害风险分区、分段示例（局部）

2）管道地质灾害风险分段

根据地质灾害风险评价分区图对管道进行地质灾害风险分段，将管道划分成 53 个风险等级段，其中高风险段 8.0km/1 段、较高风险段 175.1km/16 段、中等风险段 300.9km/14段、较低风险段 396.0km/21 段、低风险段 2.0km/1 段（表 6-36）。

表 6-36　兰成原油管道沿线地质灾害风险等级分段评价统计表

风险等级分段	管段里程/(km + m)	管段长度/km	地质灾害发育数量、密度
高风险段	K0452～K0460	8	灾害点共计 6 处，灾害点发育密度为 0.55 处/km
较高风险段	K0029 + 500～K0033、K0128 + 600～K0160、K0240～K0259、K0374～K0389、K0446～K0452、K0467～K0496、K0536 + 500～K0573、K0638～K0649、K0736～K0740、K0763 + 300～K0768、K0785～K0788、K0818～K0821、K0838～K0840、K0846～K0848、K0863～K0865、K0879～K0882	175.1	灾害点共计 36 处，灾害点发育密度为 0.55 处/km
中等风险段	K0005 + 500～K0011、K0015～K0029 + 500、K0048 + 400～K0052 + 500、K0058 + 800～K0069 + 300、K0093 + 200～K0122、K0271～K0280、K0306～K0339、K0366～K0370 + 500、K0389～K0416、K0433～K0446、K0460～K0467、K0496～K0530、K0573～K0638、K0649～K0694	300.9	灾害点共计 36 处，灾害点发育密度为 0.55 处/km
较低风险段	K0002～K0005 + 500、K0011～K0015、K0033～K0048 + 400、K0052 + 500～K0058 + 800、K0069 + 300～K0093 + 200、K0122～K0128 + 600、K0160～K0240、K0259～K0271、K0280～K0306、K0339～K0366、K0370 + 500～K0374、K0416～K0433、K0530～K0536 + 500、K0694～K0736、K0740～K0763 + 300、K0768～K0785、K0788～K0818、K0821～K0838、K0840～K0846、K0848～K0863、K0865～K0879	396	灾害点共计 12 处，灾害点发育密度为 0.55 处/km
低风险段	K0000～K0002	2	灾害点共计 0 处，灾害点发育密度为 0 处/km

6.2.2　兰成渝成品油管道地质灾害风险评价实例

1. 兰成渝成品油管道及沿线地质灾害发育概况

兰（州）—成（都）—渝（重庆）成品油管道干线全长 1251.9km，是我国第一条长距离、大口径、高压力、高落差、采用密闭顺序输送工艺输油的管道。全线采用 Φ508、Φ457、Φ323.9三种管径，最高输送压力达 14MPa，具有年输油 580 万吨油品的能力。管道经过甘肃、陕西、四川、重庆 4 省区市，干线起始于甘肃省兰州市西固区境内的北滩油库，止于重庆市大渡口区伏牛溪。全线共经过 13 个市（州）、38 个县、区级行政区域，其安全运行是西南经济发展和国防安全的基础和根本保障。管道沿线地势起伏大、地貌形态众多，先后穿越黄土高原区、秦岭大巴山高中山区、四川盆地区等多个地貌单元。沿线气候复杂多变，先后穿越黄土高原湿润气候区、秦巴山山地暖温带湿润气候区、四川盆地亚热带湿润气候区等诸多气候区，年均降雨 100～1100mm 不等。沿线地层岩性齐全，特征复杂，类型多样。复杂的地质环境条件为地质灾害的发育创造了有利条件，也为管道的安全运营带来了隐患。

根据 2017 年汛期兰成渝管道沿线地灾排查资料显示，管道沿线共发现各类地质灾害隐患点 163 处，其中，地质灾害高风险点 1 处，较高风险点 13 处，中等风险点 74 处、较低风险点 60 处、低风险点 15 处（图 6-37），涉及滑坡、崩塌（危岩）、泥石流、水毁（坡面水毁、河沟道水毁、台田地水毁）、地面塌陷（沉降）和潜在不稳定斜坡共六种灾害类型。

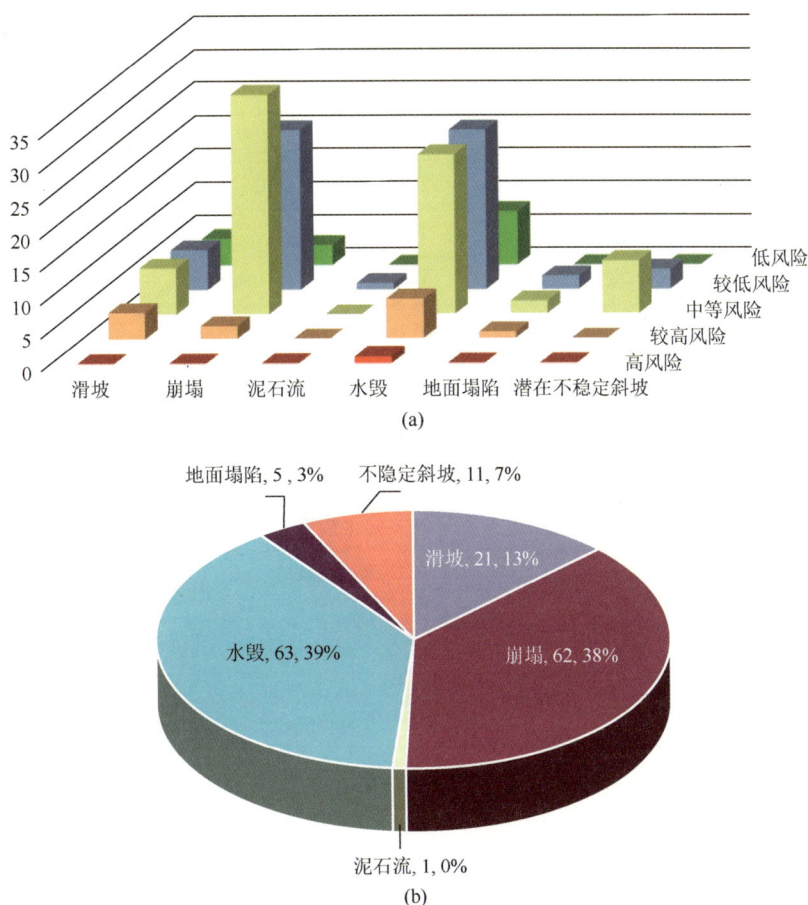

图 6-37　管道沿线地质灾害发育分布图

2. 地质灾害风险评价模型及评价指标体系

1）地质灾害风险评价模型

采用第 4 章介绍的区域管道地质灾害风险评价模型 [式（6-1）]。

对于地质灾害危险性（H）、易损性（V），也采用第 4 章介绍的评价模型 [式（6-2）、式（6-3）]。

以管道为中心线，管道两侧 1km 的范围作为评价区，采用 15m×15m 的规则栅格格网单元作为此次兰成渝成品油管道地质灾害风险评价的最小单元，将区内划分成 $1.12×10^7$ 个评价单元。

2）地质灾害风险评价指标体系

兰成渝成品油管道途经黄土高原区、秦岭大巴山高中山区、四川盆地区三大地貌单元，在不同地貌单元地质灾害分布类型与数量有所不同（表 6-37）。其地质灾害危险性评价指标和易损性评价指标的构建可参照章节 6.2.1 中对于兰成原油管道地质灾害风险评价体系的相关论述，最终构建的兰成渝成品油管道地质灾害风险评价指标体系如表 6-38 所示。

表 6-37　不同地貌单元地质灾害分布类型与数量统计表

地貌单元		黄土高原	秦岭大巴山高中山	四川盆地
灾害类型	滑坡	1	7	13
	崩塌	3	54	5
	泥石流	1	0	0
	水毁	26	15	22
	地面塌陷	1	1	3
	潜在不稳定斜坡	5	1	5

表 6-38　不同地貌单元发育的主要地质灾害类型及评价指标

地貌单元	主要灾害类型	危险性评价指标	易损性评价指标
黄土高原	水毁、崩塌、潜在不稳定斜坡	坡度、高差、集水面积、24h 最大降雨量、地表水、土地利用类型、多年平均降雨量、灾害点密度	人口、道路、河流、扩散系数、土地利用类型
秦岭大巴山高中山	滑坡、崩塌、水毁	坡度、地质构造、地震烈度、集水面积、地表水、人类工程活动、24h 最大降雨量、岩土类型、灾害点密度	
四川盆地	滑坡、崩塌、水毁、潜在不稳定斜坡	坡度、高差、集水面积、24h 最大降雨量、地表水、土地利用类型、多年平均降雨量、灾害点密度	

3）评价指标权重

地质灾害危险性评价指标权重和易损性评价指标权重的评价方法参照章节 6.2.1 中兰成原油管道的方法，最终确定的各因子的权重如表 6-39、表 6-40 所示。

表 6-39　地质灾害危险性评价指标权重表

	指标	坡度	高差	集水面积	24h 最大降雨量	地表水	土地利用类型	多年平均降雨量	地质构造	地震烈度	人类工程活动	岩土类型	灾害点密度
权重	黄土高原区	0.13	0.11	0.13	0.15	0.13	0.14	0.08	-	-	-	-	0.13
	秦岭大巴山高中山区	0.13	-	0.11	0.12	0.10	-	-	0.10	0.12	0.12	0.12	0.08
	四川盆地区	0.17	0.11	0.16	0.18	0.13	0.14	-	-	-	-	-	0.11

表 6-40　地质灾害易损性评价指标权重表

易损性评价因子	权重
人口	0.3
道路	0.15
河流	0.35
扩散系数	0.1
土地利用类型	0.1

3. 评价指标的量化与分级

1）危险性评价指标的量化与分级

在建立评价指标体系后，进一步要确定其分级，参照章节 6.2.1，可将兰成渝成品油管道沿线的地质灾害危险性分为高危险区、较高危险区、中等危险区、较低危险区、低危险区五级，分别赋值为 5、4、3、2、1，相应地将评价指标也用五级来描述。危险性评价指标分级赋值标准如表 6-33 所示。

2）易损性评价指标的量化与分级

易损性评价指标也可参照章节 6.2.1 关于兰成原油管道地质灾害的相关论述，分级赋值标准如表 6-34 所示。

4. 管道地质灾害风险分区

1）管道地质灾害风险评价

运用第 4 章介绍的区域管道地质灾害风险评价方法，利用栅格计算器将得到的兰成渝成品油管道沿线地质灾害危险性、易损性各指标与其对应的权重进行加权计算，然后综合两方面的评价成果，最终得到兰成渝成品油管道地质灾害风险值。

接着，采用自然断点法将兰成渝成品油管道沿线地质灾害风险划分为地质灾害高风险区、较高风险区、中等风险区、较低风险区和低风险区五个不同等级，各单元确定的地质灾害风险性等级标准见表 6-41，最终得到兰成渝成品油管道沿线地质灾害风险分区图（图 6-38）。

表 6-41　地质灾害危险等级分区表

等级	高风险	较高风险	中等风险	较低风险	低风险
风险值	$R \geqslant 3.7$	$3.3 \leqslant R < 3.7$	$3 \leqslant R < 3.3$	$2.5 \leqslant R < 3$	$R < 2.5$

2）管道地质灾害风险分段

根据地质灾害风险评价分区图对管道进行地质灾害风险分段，将管道划分成了 53 个风险等级段，其中高风险段 30.0km/2 段、较高风险段 166.4km/15 段、中等风险段 369.3km/15 段、较低风险段 594.5km/19 段、低风险段 91.7km/2 段（表 6-42）。

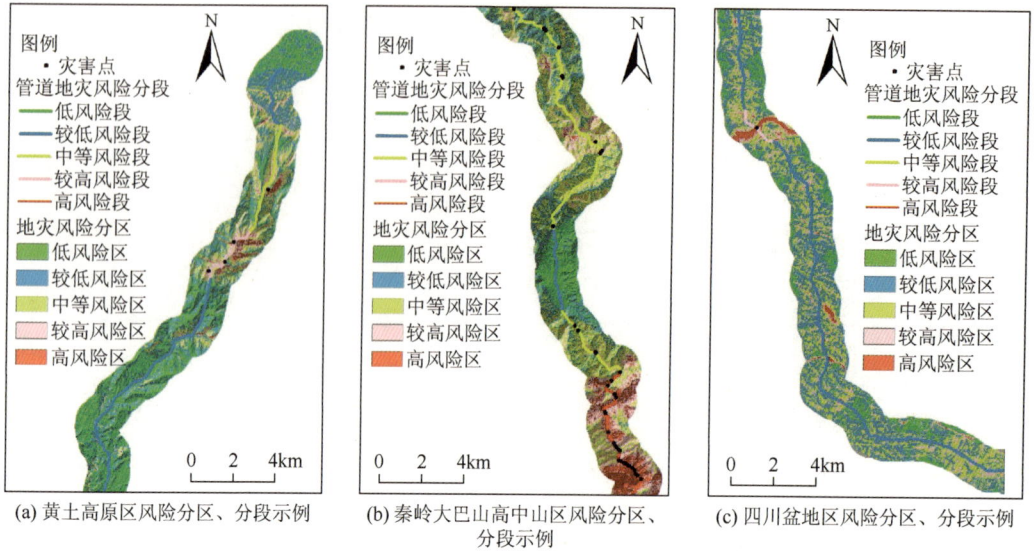

(a) 黄土高原区风险分区、分段示例　　(b) 秦岭大巴山高中山区风险分区、分段示例　　(c) 四川盆地区风险分区、分段示例

图 6-38　兰成渝成品油管道地质灾害风险分区、分段示例（局部）

表 6-42　兰成渝成品油管道沿线地质灾害风险等级分段评价统计表

风险等级分段	管段里程/(km + m)	管段长度/km	地质灾害发育数量、密度
高风险段	K0417～K0421、K0507～K0533	30	灾害点共计 33 处，灾害点发育密度为 1.10 处/km
较高风险段	K0010 + 400～K0013 + 600、K0120～K0151、K0206～K0239、K0356～K0361、K0410 + 500～K0417、K0433 + 500～K0456 + 500、K0533～K0549、K0583～K0606、K0612 + 800～K0621、K0745～K0752、K0765～K0767、K0797～K0800、K0819～K0820 + 500、K0835 + 500～K0837 + 500、K0862～K0864	166.4	灾害点共计 49 处，灾害点发育密度为 0.29 处/km
中等风险段	K0005～K0010 + 400、K0052 + 200～K0077、K0086～K0113、K0247～K0270、K0281～K0319 + 500、K0333 + 100～K0356、K0361～K0391 + 500、K0401～K0410 + 500、K0421～K0433 + 500、K0456 + 500～K0497 + 800、K0503～K0507、K0549～K0583、K0621～K0669、K1074～K1095、K1225～K1251 + 900	369.3	灾害点共计 54 处，灾害点发育密度为 0.15 处/km
较低风险段	K0001 + 700～K0005、K0013 + 600～K0052 + 200、K0077～K0086、K0113～K0120、K0151～K0206、K0239～K0247、K0270～K0281、K0319 + 500～K0333 + 100、K0391 + 500～K0401、K0497 + 800～K0503、K0606～K0612 + 800、K0669～K0745、K0752～K0765、K0767～K0797、K0800～K0819、K0820 + 500～K0835 + 500、K0837 + 500～K0862、K0864～K1074、K1095～K1135	594.5	灾害点共计 11 处，灾害点发育密度为 0.02 处/km
低风险段	K0000～K0001 + 700、K1135～K1225	91.7	灾害点共计 0 处，灾害点发育密度为 0 处/km

6.2.3　评价结果分析

前文运用第 4 章区域管道地质灾害风险评价的方法和模型，分别以兰成原油管道地质

灾害和兰成渝成品油管道地质灾害为例，通过计算风险值划定了各自的风险区和风险段。为了验证评价结果的科学性和实用性，可从两方面展开，第一方面是将实际查明的管道地质灾害点分布图与管道地质灾害风险性分区图叠加（图 6-36、图 6-38），分析它们的拟合度；第二方面是将管道地质灾害风险性分区图与实际三维地形图进行比对，分析高风险区与实际管道地质灾害易发区的微地形地貌是否有较高的重合度。

针对第一方面，图 6-36、图 6-38 显示：①两条管道及沿线较高-高风险区段的地质灾害点密度最高，尤其以兰成原油管道穿越的秦岭大巴山高中山区最显著 [图 6-36（b）]。②管道地质灾害点几乎都位于管道地质灾害中-较高-高风险区，其中以高风险区涵盖的灾害点最多。两条结论均表明实际灾害点分布与管道地质灾害风险性分区图具有较高的拟合度。

针对第二方面，可选取山脊穿越段、深部拉槽段、穿越河沟段、穿越山谷段四种典型的管道地质灾害易发区与地质灾害风险性分区进行比对。为了增加样本数量，提高结论的可信度，采用本书的区域管道地质灾害风险评价方法又分别评价了同样穿越黄土高原区、秦岭大巴山高中山区、四川盆地区的兰郑长成品油管道、中贵天然气管道沿线区域地质灾害风险性，下面分别详述。

（1）表 6-43 是兰郑长成品油管道 K0009-K0013 段风险性评价结果分析，通过三维地形场景可以发现，该段是典型的山脊穿越段，评价结果显示，管道穿越的顶部山脊处于较低-中等风险区，而山脊两侧的斜坡处于较高-高风险区，这与评价结果吻合。

（2）表 6-44 是中贵天然气管道 K246-K250 段风险性评价结果分析，通过三维地形场景可以发现，该段是典型的深部拉槽段，管道两侧斜坡在地表水作用下形成多处拉槽，处于高危险区，与评价结果相符。

（3）表 6-45 是中贵天然气管道 K198-K206 段风险性评价结果分析，通过三维地形场景可以发现，该段是典型的河沟穿越段，该段在地表径流作用下，形成多条与管道垂直的河沟，处于高危险区，与评价结果相符。

（4）表 6-46 是中贵天然气管道 K0452-K0458 段风险性评价结果分析，通过三维地形场景可以发现，该段是典型的山谷穿越段，该段管道沿着山谷深沟敷设，区域内地质灾害频发，处于高风险区，与评价结果相符。

上述四条结论表明，将管道地质灾害风险性分区图与实际三维地形图进行比对后，发现管道地质灾害高风险区与实际管道地质灾害易发区的微地形地貌具有较高的重合度。

表 6-43　山脊穿越段地质灾害评价典型示例——兰郑长管道 K0009-K0013

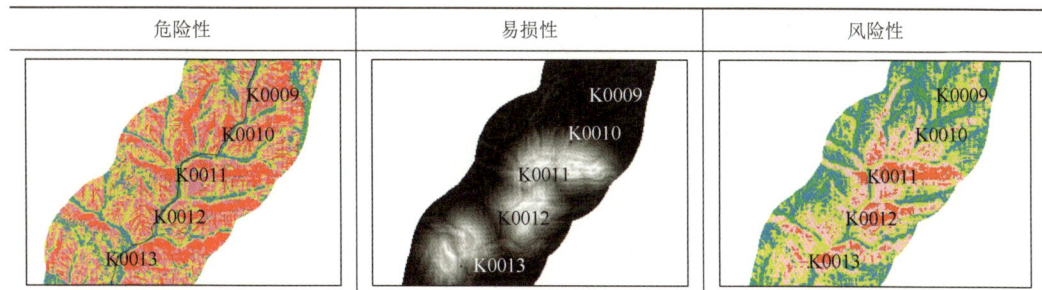

危险性	易损性	风险性

表 6-44　深部拉槽段地质灾害评价典型示例——中贵管道 K246-K250

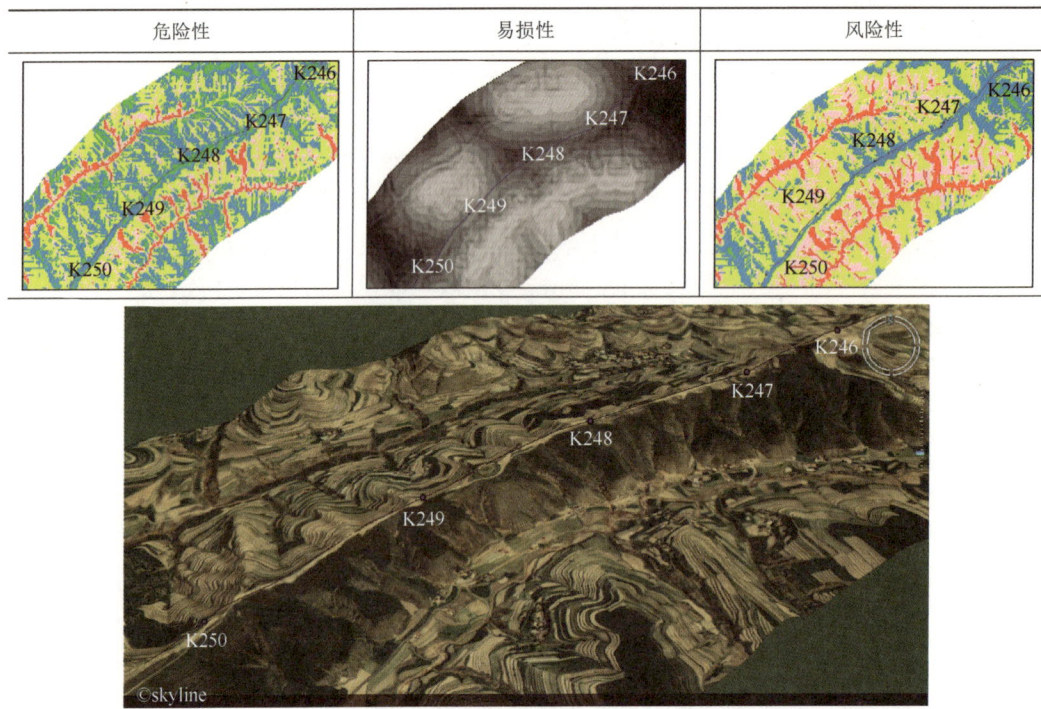

危险性	易损性	风险性

6-45　河沟穿越段地质灾害评价典型示例——中贵管道 K198-K206

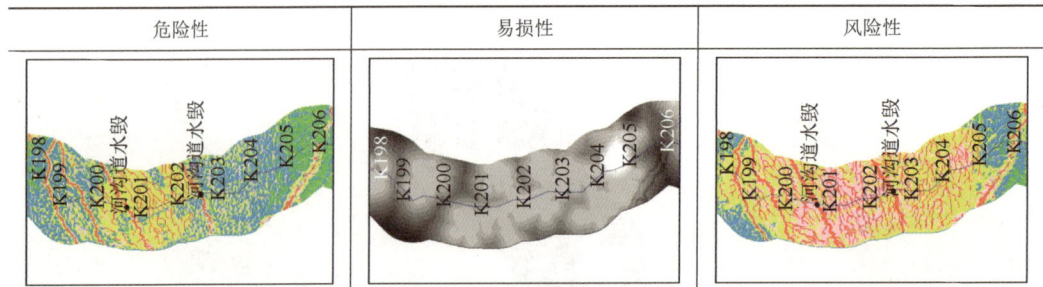

危险性	易损性	风险性

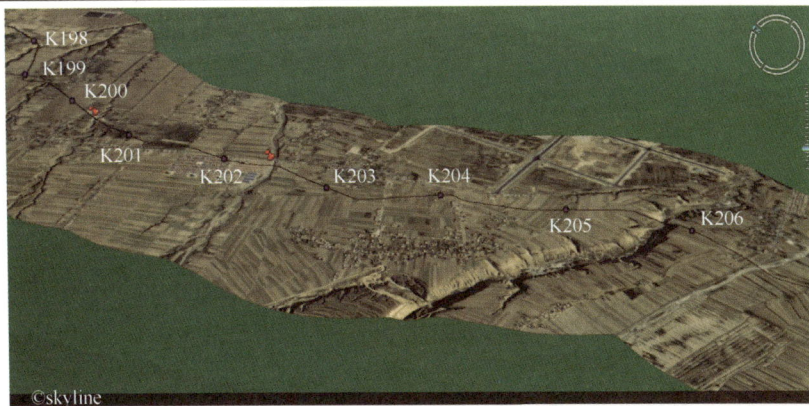

表 6-46 山谷穿越段地质灾害评价典型示例——中贵管道 K0452-K0458

危险性	易损性	风险性

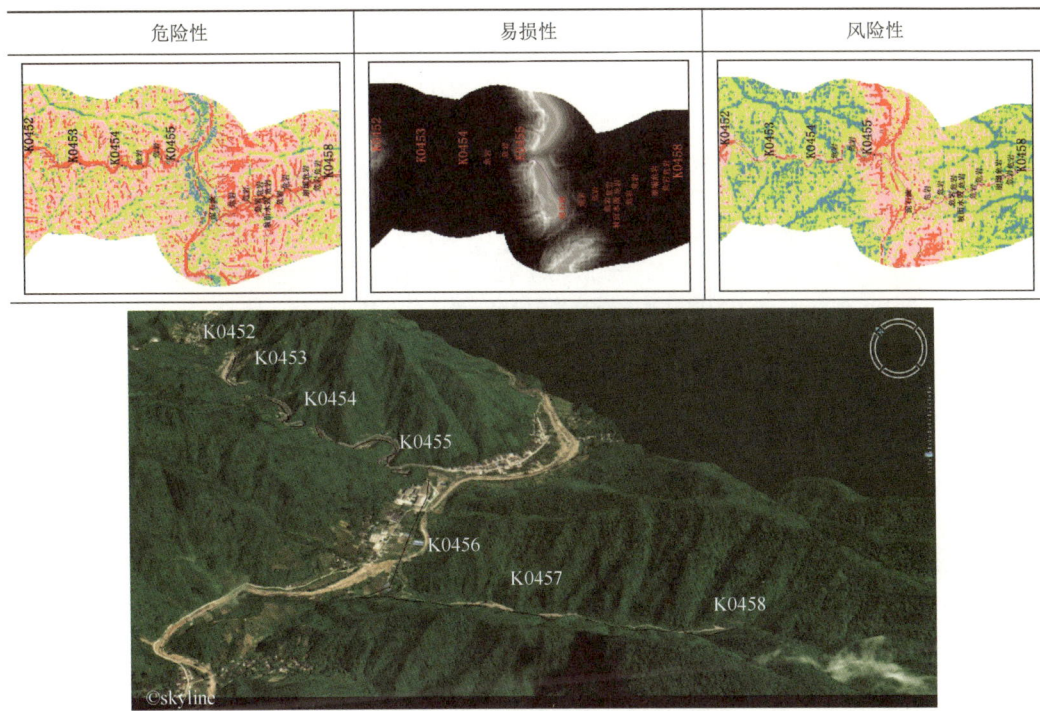

参 考 文 献

蔡鹤生,周爱国,唐朝晖,1998. 地质环境质量评价中的专家-层次分析定权法[J]. 地球科学,23(03):83-86.

常士骠,等,2007. 工程地质手册(第四版)[M]. 北京:中国建筑工业出版社.

陈崎奇,胡镁林,2014. 成品油管道穿越滑坡地段应力分析[J]. 管道技术与设备,5:14-15.

陈向新,等,2013. 中缅油气管道地质灾害防治研究报告[R]. 北京:北京中地华安地质勘查有限公司.

陈玉,郭华东,王钦军,2013. 基于 RS 与 GIS 的芦山地震地质灾害敏感性评价[J]. 科学通报,58(36):3859-3866.

董航,2013. 庆哈输油管道风险评价技术研究[D]. 大庆:东北石油大学.

傅志军,卫旭东,1998. 自然灾害区划的理论与方法[J]. 陕西师范大学学报(自然科学版),(26):237-239.

高吉喜,等,2004. 洪水易损性评价——洞庭湖地区案例研究[M]. 北京:中国环境科学出版社.

高启晨,等,2004. 西气东输工程沿线陕西段洪水风险评价[J]. 自然灾害学报,1(5):75-79.

郭磊,等,2011. 西气东输管道坡面水毁风险变权综合评价[J]. 油气田地面工程,30(11):1-4.

郭磊,等,2015. 长输天然气管道坡面水毁风险敏感因素辨识[J]. 油气储运,34(5):477-481.

郭微微,2013. 中俄输油管道沿线工程地质问题及地质灾害评价[D]. 哈尔滨:黑龙江大学.

郭跃,2010. 自然灾害的社会易损性及其影响因素研究[J]. 灾害学,25(1):84-88.

郝建斌,等,2008. 兰成渝成品油管道沿线地质灾害危险度区划[J]. 油气储运,27(4):49-63.

郝建斌,等,2010. 油气管道地质灾害风险管理技术[M]. 北京:石油工业出版社.

何易平,等,2005. 长江上游地区不同土地利用方式对山地灾害的敏感性分析——以金沙江一级支流小江流域为例[J]. 长江流域资源与环境,14(4):528-533.

侯景儒,黄竞先,1990. 地质统计学的理论与方法[M]. 北京:地质出版社.

黄润秋,等,2008. 地质环境评价与地质灾害管理[M]. 北京:科学出版社.

蒋卫国,等,2008. 区域洪水灾害风险评估体系(I)——原理与方法[J]. 自然灾害学报,17(6):53-59.

焦中良,谷海威,郭杰,等,2014. 滑坡条件下埋地管道的应力分析[J]. 煤气与热力,34(12):11-16.

荆宏远,等,2011. 管道地质灾害风险半定量评价方法与应用[J]. 油气储运,30(7):497-500.

李水平,2008. 西气东输管道沿线环境地质灾害风险性评价研究[D]. 成都:西南交通大学.

李媛,等,2004. 中国地质灾害类型及其特征——基于全国县市地质灾害调查成果分析[J]. 中国地质灾害与防治学报,15(2):29-34.

李越,刘波,2018. 油气长输管道建设中地质灾害风险管理的研究与应用——以阆中-南充输气管道为例[J]. 灾害学,33(01):152-155,161.

林东,周英,韦志东,等,2008. 宝雨山矿工作面采煤工艺选择的模糊综合评判[J]. 能源技术与管理,(02):17-18,21.

刘金涛,冯杰,张佳宝,2007. 分布式水文模型在流域水资源开发利用中的应用研究进展[J]. 中国农村水利水电,(02):142-144.

刘希林,莫多闻,2003. 泥石流风险评价[M]. 成都:四川科学技术出版社.

罗元华,张梁,张业成,1998. 地质灾害风险评估方法[M]. 北京:地质出版社.

雒林林,张超,2013. 黄土陷穴对长输管道建设的危害与防治[J]. 油气田地面工程,9:137.

马剑林,陈利琼,韩军伟,2011. 长距离天然气管道地质灾害风险区划[J]. 管道技术与设备,1:14-16.

马杰,2013. 贵州省铁路路网地质灾害敏感性评估[D]. 成都:西南交通大学.

马寅生，等，2004. 地质灾害风险评价的理论与方法[J]. 地质力学学报，10（1）：7-18.

牛文庆，郑静，吴红刚，等，2015. 管道受横向滑坡影响的模型试验研究[J]. 铁道建筑，（06）：117-120.

潘国耀，2007. 兰州—成都原油管道工程（陕西段）建设工程地质灾害危险性评估报告[R]. 成都：四川省地质工程勘察院.

潘家华，1995. 油气管道的风险分析[J]. 油气运输，14（3）：11-15.

潘俊义，2009. 陕甘黄土地质灾害对长输管道的危害与防治探讨[J]. 科技风，3：31-32.

乔建平，2005. 三峡库区云阳-巫山段斜坡高差因素对滑坡发育的贡献率研究[J]. 中国地质灾害与防治学报，16（4）：16-19.

乔建平，2010. 滑坡风险区划理论与实践[M]. 成都：四川大学出版社.

乔建平，等，2006. 采用本底因子贡献率法的三峡库区滑坡危险度区划[J]. 山地学报，24（5）：569-573.

乔建平，等，2009. 大地震诱发滑坡的分布特点及危险性区划研究[J]. 灾害学，24（2）：25-29.

乔建平，石莉莉，2009. 滑坡危险度区划方法及其应用[J]. 地质通报，28（08）：1031-1038.

乔建平，石莉莉，王萌，2008. 基于贡献权重叠加法的滑坡风险区划[J]. 地质通报，27（11）：1787-1794.

乔建平，王萌，2011. 贡献权重叠加法的滑坡危险度区划研究[J]. 自然灾害学报，20（02）：8-13.

乔建平，吴彩燕，2008. 滑坡本底因子贡献率与权重转换研究[J]. 中国地质灾害与防治学报，19（3）：13-16.

乔建平，吴彩燕，田宏岭，2004. 三峡库区云阳——巫山段地层因素对滑坡发育的贡献率研究[J]. 水文地质工程地质，23（17）：2920-2924.

乔建平，吴彩燕，田宏岭，2005. 三峡库区云阳——巫山段坡形因素对滑坡发育的贡献率研究[J]. 工程地质学报，14（1）：18-22.

乔建平，吴彩燕，田宏岭，2007. 长江三峡库区云阳-巫山段斜坡坡度对滑坡的贡献率[J]. 山地学报，25（2）：207-211.

乔建平，杨宗佶，2008. 贡献率法确定三峡库区滑坡发育环境本底因子[J]. 自然灾害学报，17（5）：47-51.

任美锷，包浩生，1992. 中国自然区域及开发整治[M]. 北京：科学出版社.

阮沈勇，黄润秋，2001. 基于 GIS 的信息量法模型在地质灾害危险性区划中的应用[J]. 成都理工学院学报，28（1）：89-92.

石莉莉，乔建平，2009. 基于 GIS 和贡献权重迭加方法的区域滑坡灾害易损性评价[J]. 灾害学，24（3）：46-50.

帅健，王晓霖，左尚志，2008. 地质灾害作用下管道的破坏行为与防护对策[J]. 焊管，31（5）：9-15.

苏培东，等，2009. 西气东输管道沿线地质灾害特征研究[J]. 地质灾害与环境保护，20（2）：25-28.

孙蕾，2007. 沿海城市自然灾害脆弱性评价研究——以上海市沿海六区县为例[D]. 上海：华东师范大学.

谭超，等，2012. 中卫—贵阳天然气管道（中卫-南部段）投产前沿线重大地质灾害调查与评价报告[R]. 成都：四川省地质工程勘察院.

谭春，2013. 基于 3S 技术的岩桑树水电站近坝区滑坡敏感性评价[D]. 长春：吉林大学.

谭卓英，蔡美峰，2005，变坡角浅层黏土斜坡稳定敏感性分析[J]. 北京科技大学学报，（03）：272-277.

汤国安，杨昕，2006. ArcGIS 地理信息系统空间分析实验教程[M]. 北京：科学出版社.

汤国安，赵牡丹，2000. 地理信息系统[M]. 北京：科学出版社.

王东源，赵宇，王成华，2013. 阳坝落石对输油管道的冲击分析[J]. 自然灾害学报，22（3）：229-235.

王萌，乔建平，2010. 贡献权重模型在区域滑坡危险性评价中的应用[J]. 中国地质灾害与防治学报，21（1）：1-6.

王萌，乔建平，吴彩燕，2008. 基于 GIS 和本底因素贡献权重模型的区域滑坡危险性评价——以重庆万州为例[J]. 地质通报，27（11）：1802-1809.

王敏，等，2013. 兰成渝输油管道沿线地质灾害调查与整治规划报告[R]. 成都：四川省地质工程勘察院.

王其磊，2012. 长输管道地质灾害定量风险评价技术研究[D]. 北京：中国地质大学.

王学平，等，2009. 管道地质灾害风险分级——以忠县—武汉输气管道为例[J]. 地质科技情报，28（03）：
　　99-102.

王焰新，李义连，付素蓉，等，2002. 武汉市区第四系含水层地下水有机污染敏感性研究[J]. 地球科学，
　　（05）：616-620.

吴彩燕，乔建平，2006. 基于因子叠加法的西藏自治区地质灾害危险度区划[J]. 水土保持研究，13（1）：
　　181-183.

吴彩燕，王青，2012. 山区灾害与环境风险研究[M]. 北京：科学出版社.

吴迪，2008. 西气东输管道沿线水毁灾害评价方法体系[D]. 成都：西南交通大学.

吴森，等，2013a. 基于本底因素贡献率模型的汶川县滑坡灾害危险性评价[J]. 西南科技大学学报（自然
　　科学版），28（3）：28-34.

吴森，等，2013b. 基于贡献率模型的汶川县滑坡灾害的易损性评价[J]. 三峡大学学报（自然科学版），
　　35（3）：69-74.

吴张中，郝建斌，谭东杰，等，2010. 采空塌陷区管土相互作用特征分析[J]. 中国地质灾害与防治学报，
　　21（03）：77-81.

徐惠，2015. 西气东输管道水毁灾害风险管理效能评估[D]. 成都：西南石油大学.

许卫豪，2014. 轮南—鄯善段油气管线水毁灾害发育特征与风险评价[D]. 天津：天津城市建设学院.

严大凡，翁永基，董绍华，2005. 油气长输管道风险评价与完整性管理[M]. 北京：化学工业出版社.

晏国珍，1988. 滑坡灾害暴发时间预测新模式[C]. 武汉：中国地质大学（武汉）.

杨慧来，2009. 长输油气管道定量风险评价方法研究[D]. 兰州：兰州理工大学.

杨宗佶，乔建平，2009. 基于熵权的典型滑坡危险度评价[J]. 自然灾害学报，18（4）：31-36.

姚伟，催涛，2010. 油气管道地质灾害管理技术[M]. 北京：石油工业出版社.

尹志华，2011. 基于 RS 和 GIS 技术对区域滑坡进行高效快速敏感性评价的模型研究[D]. 成都：成都理
　　工大学.

张博，2012. 涩宁兰输气管道黄土地区地质灾害防治措施研究[D]. 兰州：兰州大学.

张范辉，2008. 油气长输管道风险评价研究[D]. 青岛：中国海洋大学.

张华兵，等，2008. 油气长输管道定量风险评价[J]. 中国安全科学学报，18（3）：161-165.

张梁，等，1998. 地质灾害灾情评估理论与实践[M]. 北京：地质出版社.

张玲，吴全，2008. 国外油气管道完整性管理体系综述[J]. 石油规划设计，19（4）：9-11.

张艳，2007. 天然气长输管道系统风险评价技术研究[D]. 大庆：大庆石油学院.

赵忠刚，等，2006. 长输管道地质灾害的类型、防控措施和预测方法[J]. 石油工程建设，32（1）：7-12.

郑青川，等，2012. 基于云模型的油气管道坡面水毁安全评价[J]. 安全与环境学报，12（4）：234-238.

郑青川，张锦伟，2015. 油气管道坡面水毁风险评价中的不确定性因素分析[J]. 石油工业技术监督，31（4）：
　　34-39.

中华人民共和国建设部，2009. 岩土工程勘察规范：GB 50021—2001[S]. 北京：中国建筑工业出版社.

钟汉涵，2007. 兰州—成都原油管道工程（甘肃段）建设工程地质灾害危险性评估报告[R]. 成都：四川
　　省地质工程勘察院.

钟汉涵，等，2013. 兰州—郑州—长沙输油管道（甘肃段）地质灾害调查与整治规划报告[R]. 成都：四
　　川省地质工程勘察院.

钟汉涵，王敏，2008. 兰州—成都—重庆成品油管道（1∶5 万）地质灾害调查与整治规划报告[R]. 成都：
　　四川省地质工程勘察院.

钟威，高剑锋，2015. 油气管道典型地质灾害危险性评价[J]. 油气储运，34（09）：934-938.

周惊慧，2007. 西气东输工程地质灾害风险评估[D]. 天津：天津大学.

朱建波，2007. 兰州—成都原油管道工程（四川段）建设工程地质灾害危险性评估报告[R]. 成都：四川

省地质工程勘察院.

朱秀星, 2009. 地质灾害环境下埋地油气管线安全性研究[D]. 青岛: 中国石油大学（华东）.

Chau K T, et al., 2004. Landslide hazard analysis for Hong Kong using landslide inventory and GIS[J]. Computers & Geosciences, 30（4）: 429-443.

Darevskii V E, Romanov A M, 1994. Calculation of landslide danger and maximum landslide pressure by the variation method[J]. Soil Mechanics and Foundation Engineering, 31（2）: 79-80.

Gao F P, Gu X Y, Jeng D S, 2003. Physical modeling of untrenched submarine pipeline instability[J]. Ocean Engineering, 30（10）: 1283-1304.

Guzzetti F, Reichenbach P, Cardinali M, 2005. Probabilistic landslide hazard assessment at the basin scale[J]. Geomorphology, 43: 114-123.

Larsen M C, Torres-Sanchez A J, 1998. The frequency and distribution of recent landslides in three montane tropical regions of Puerto Rico[J]. Geomorphology, 24: 309-331.

Ohlmacher G C, Davis J C, 2003. Using multiple logistic regression and GIS technology to predict landslide hazard in northeast Kansas[J]. Engineering Geology, 69: 331-343.

Pistocchi A, Luzi L, Napolitano P, 2002. The use of predictive modeling techniques for optimal exploitation of spatial databases: a case study in landslide hazard mapping with expert system-like methods[J]. Environmental Geology, 41（7）: 765-775.

Porter M, Esford F, Savigny K W, 2005. Andean pipelines, a challenge for natural hazard and risk managers[C]. // Terrain & Geohazard Challenges Facing Onshore Oil & Gas Pipelines.

Soeters R, Westen C J V, 1994. Slope instability: the role of remote sensing and GIS in recognition, analysis and zonation[J]. Natural hazards and remote sensing, 16（3）: 44-50.

Sumer B M, et al., 2001. Onset of scour belowpipelines andself-burial [J]. Coastal Engineering, 42（4）: 313-335.

Van D, et al., 2006. Prediction of landslide susceptibility using rare events logistic regression: a case-study in the Flemish Ardennes（Belgium）[J]. Geomorphology, 76（3）: 392-410.

Watts P, 2004. Probabilistic predictions of landslide tsunamis off Southern California[J]. Marine Geology, 203（3-4）: 281-301.

Wu S, Shi L, Wang R, et al., 2001. Zonation of the landslide hazards in the forereservoir region of the Three Gorges Project on the Yangtze River[J]. Engineering Geology, 59(1): 51-58.

Wu S, et al., 2013. Regional Landslide Risk Assessment Based on GIS and Contributing Weight Model: A Case Study of Wenchuan County [A]. The 21st International Conference on Geoinformatics.